广东省市场监督管理局（知识产权局）

"广东省促进战略性新兴产业发展专利信息资源开发利用计划"项目成果

喷墨关键设备产业
专利信息分析及预警研究报告

国家知识产权局专利局专利审查协作广东中心 组织编写

知识产权出版社
全国百佳图书出版单位
—北京—

图书在版编目（CIP）数据

喷墨关键设备产业专利信息分析及预警研究报告/国家知识产权局专利局专利审查协作广东中心组织编写. —北京：知识产权出版社，2019.8

（战略性新兴产业专利导航工程）

ISBN 978-7-5130-6413-2

Ⅰ.①喷… Ⅱ.①国… Ⅲ.①喷墨打印—专利技术—情报分析—研究报告—中国

Ⅳ.①TP334.8②G306③G254.97

中国版本图书馆 CIP 数据核字（2019）第 182743 号

责任编辑：石陇辉　　　　　　　　责任校对：王　岩
封面设计：刘　伟　　　　　　　　责任出版：刘译文

喷墨关键设备产业专利信息分析及预警研究报告
国家知识产权局专利局专利审查协作广东中心　组织编写

出版发行：知识产权出版社有限责任公司	网　　址：http://www.ipph.cn
社　　址：北京市海淀区气象路 50 号院	邮　　编：100081
责编电话：010-82000860 转 8175	责编邮箱：shilonghui@cnipr.com
发行电话：010-82000860 转 8101/8102	发行传真：010-82000893/82005070/82000270
印　　刷：北京嘉恒彩色印刷有限责任公司	经　　销：各大网上书店、新华书店及相关专业书店
开　　本：787mm×1092mm　1/16	印　　张：17
版　　次：2019 年 8 月第 1 版	印　　次：2019 年 8 月第 1 次印刷
字　　数：400 千字	定　　价：69.00 元
ISBN 978-7-5130-6413-2	

本 书 编 委 会

"喷墨关键设备产业专利信息分析及预警"
课 题 研 究 团 队

一、项目组

承 担 单 位：国家知识产权局专利局专利审查协作广东中心

项目负责人：王启北

项目组组长：孙　燕

项目组成员：刘宏伟　肖西祥　张智禹　郭　祯　程愉悼　刘丹萍
　　　　　　赵　娜　尹梦岩　刘春磊

二、研究分工

数据检索：刘宏伟　肖西祥　郭　祯　刘丹萍　赵　娜　程愉悼

数据清理：程愉悼　郭　祯　刘丹萍　赵　娜

数据标引：刘丹萍　赵　娜　程愉悼　郭　祯

图表制作：郭　祯　程愉悼　刘丹萍　赵　娜

报告执笔：孙　燕　肖西祥　刘宏伟　张智禹　郭　祯　刘丹萍
　　　　　赵　娜　程愉悼

报告统稿：孙　燕　肖西祥　郭　祯　程愉悼

报告编辑：尹梦岩　刘春磊

报告审校：曾志华　王启北　邱绛雯　曲新兴　孙　燕　索大鹏
　　　　　孙孟相　杨隆鑫

三、报告撰稿

孙　燕：主要执笔第 8 章第 8.1 节，参与执笔附录

刘宏伟：主要执笔第 1 章 1.1 节，参与执笔附录

张智禹：主要执笔第 1 章第 1.2 节，参与执笔附录

肖西祥：主要执笔第 8 章第 8.2 节，参与执笔附录

郭　祯：主要执笔第 2 章、第 7 章第 7.1.1 节

刘丹萍：主要执笔第 4 章、第 7 章第 7.1.2 节

赵　娜：主要执笔第 3 章、第 5 章第 5.1、5.3、5.4、5.5 节

程愉悻：主要执笔第 5 章第 5.2 节、第 6 章、第 7 章第 7.2 节

四、指导专家

张小凤：国家知识产权局审查业务部

刘　建：国家知识产权局机械发明审查部

潘志娟：国家知识产权局材料发明审查部

蒋一明：北京国知专利预警咨询有限公司

陈广学：华南理工大学

王小妹：中山大学化学学院油墨涂料研究中心

李亚玲：北京化工大学印刷学院

韦胜雨：珠海塞纳打印科技股份有限公司

冯文照：洋紫荆油墨有限公司

曾明德：珠海艾派克科技股份有限公司墨水工厂

钦　雷：珠海艾派克科技股份有限公司耗材事业部墨盒产品中心

何永刚：珠海天威飞马打印耗材有限公司

前　　言

随着社会经济的快速发展，国际上对打印耗材的市场需求越来越大。中国打印耗材产业已成为世界耗材产业的重要组成部分，而以珠海为中心的珠江三角洲耗材制造企业占据了中国耗材制造企业的 70%，并形成了快捷完善的供应链体系，成为全球最大的打印耗材及零配件生产基地。

由于打印耗材是打印机的附属部件，产业发展很难摆脱来自打印机制造厂商的制约。喷头和墨盒是喷墨打印机的关键设备，也是主要的打印耗材。由于商业、技术等多重原因，国内无法生产商用的打印喷头，基本依靠进口，故国内生产的墨盒须兼容国外巨头生产的打印机。近年来，我国打印耗材相关企业屡次受到美国"337 调查"的困扰；国外打印机巨头为了控制市场，通过多种措施打压国内墨盒生产企业，如定期对打印机产品升级换代、更换墨盒安装口结构、加装识别墨盒的芯片等。因此，在产业迅猛发展的过程中，打印耗材领域的创新主体要向国际一流迈进、在全球贸易环境中占优，知识产权的保驾护航必不可少。为促进喷墨关键设备产业转型升级，广东省市场监督管理局（知识产权局）根据广东省产业发展的统一部署，组织实施"广东省促进战略性新兴产业发展专利信息资源开发利用计划"，委托国家知识产权局专利局专利审查协作广东中心对喷墨关键设备产业进行专利信息分析及预警研究。

项目组调研多家省内外相关重点企业和行业协会，充分了解喷墨关键设备产业发展现状、产业专利状况，以产业现状为研究出发点，发现问题，结合专利分类特点，实现多层次的信息融合，形成详细研究方案，并组织多名行业专家进行论证，几经易稿，最终形成本书。

本书对喷墨墨盒、喷墨喷头两大技术领域的全球、中国、广东省专利进行深度分析，剖析了各领域专利申请的现状和趋势、国内外重要申请人及其重点研发方向、重点技术分支的发展路线、"337 调查"情况等，以期能够促进企业提高研发起点与水平、跟踪国际先进技术发展趋势、明晰创新路径和方向。

本项目得到了社会各界的广泛关注，本书的部分研究成果也已通过各种形式进行示范推广。例如，在项目报告会和油墨行业研讨会上进行宣讲，得到了企业人员和行业专家的认可。

希望本书可为政府引领喷墨关键设备产业发展方向、调整产业结构、延伸产业链以及制定相关产业政策提供数据和理论依据，为推动产业的转型升级提供方向和建议，为产业相关创新主体了解产业技术、规避知识产权风险、开展针对性产业专利布局、明晰创新方向等提供有力支撑。

由于专利数据采集范围等限制，加之研究人员水平有限，报告中的数据、结论和建议仅供社会各界借鉴研究。

目　　录

第1章 概　　述

1.1　喷墨关键设备产业发展概况

1.1.1　墨盒产业发展概况

1.1.1.1　墨盒的行业定义

墨盒主要指的是喷墨打印机（包括喷墨型多功能一体机）中用来存储打印墨水，并最终完成打印的部件。墨盒主体材质一般选用塑料，目前，为了实现耗材环保行动，也有提出可以采用新型材料替代塑料为原材料。墨盒其他部分如智能阀门、芯片则是采用各自领域的特殊材质。

墨盒的组成部分一般包括墨水仓、压力平衡系统、余量检测系统、能量发生器、芯片、墨滴通道等。墨水仓用来储藏墨水。压力平衡系统用来使得仓内的墨水产生一定的负压，保证墨水能够根据需要滴出而又不会自动流出。余量检测系统是通过一定的检测机构（例如浮子、电极）等检测墨盒内墨水的余量，从而判定是否需要更换墨盒。墨滴通道是用于引导墨水到预定位置、控制墨滴的大小的通道。芯片是保证墨盒与打印机之间通信的关键部件，并且可以存储墨盒的生产、余量、型号等信息，芯片是国外打印机生产设备商为了限制通用墨盒生产厂家而逐步被加到墨盒上的。墨水是墨盒的关键材料，化学颜料成分非常复杂。墨水根据打印机的应用需求，被划分为 4 色、5 色、6 色、8 色等，而随着对图像色彩层次和自然过渡要求的不断提高，现在已经出现了 12 色墨水。另外由于墨水在打印过程中的受热、在非打印期间产生的沉淀和分层、墨水的耐磨性、耐候性都会对墨水的喷出性能和图像质量产生影响，因此需要不断优化墨水配方的化学和物理特性，其中包括颗粒体积、颗粒形状、表面张力、墨水黏度、酸碱度、吸收性、传导性、干燥特性等。

1.1.1.2　墨盒分类

1. 按结构分类

从目前市场上墨盒的结构上来看，总体可分为一体式墨盒和分体式墨盒。

（1）一体式墨盒

一体式墨盒是将喷头集成在墨盒上，墨盒和喷头固定在一起。当墨水用完更换一个新的墨盒之后，也就意味着同时更换了一个新的喷头。使用这种墨盒可以实现比较高的打印精度，而且由于喷头随着墨盒更换，不会因为喷头的磨损而使打印质量下降。不过这种墨盒设计结构会使得墨水用尽后喷头也只能寿终正寝，这增加了打印成本，因此此类墨盒的售价都比较高。HP、利盟和佳能的彩色喷头打印机大都采用这一结构。

（2）分体式墨盒

分体式墨盒是指将喷头和墨盒分开设计的产品。这种结构设计的出发点主要是为了降低打印成本，避免不必要的浪费。由于分体式墨盒中的墨盒不是集成在喷头上，因此墨水在用尽后可单独更换墨盒而不必更换喷头，同时也简化了用户对墨盒的拆装过程，减少了人为损伤打印机的机会。但这种墨盒结构也有明显的缺陷，即喷头得不到及时更新，随着打印时间的增长，打印机质量逐渐下降，直到喷头损坏为止。此外，由于墨盒和打印喷头之间分离，安装后二者之间无法密封，因此可能会由于安装接触、灰尘等原因造成喷墨故障。

随着技术的发展和客户的需要，分离式墨盒随之出现，其也属于分体式墨盒的一种。分离式墨盒不仅实现了墨盒和喷头的分离，而且实现了不同颜色墨水之间的分离，当其中一个颜色墨水用尽后，可以单独更换相应的颜色墨水。目前爱普生、惠普、佳能的很多产品都采用了分离式墨盒技术。

（3）连供墨盒

连续供墨系统简称连供系统，它是最近几年在喷墨打印机领域才出现的新的供墨方式。连续供墨系统采用外置墨水瓶再用导管与打印机的墨盒相连，这样墨水瓶就源源不断地向墨盒提供墨水，实现所谓"连供"。连续供墨系统最大的好处是实惠，价格比原装墨水便宜很多；其次供墨量大，加墨水方便，一般一色的容量为100ml，比原装墨盒墨水至少多5倍；此外，连供墨水质量正稳步上升，较好的连供墨水也不会堵塞喷头。

连供系统大都应用了虹吸原理，也就是在两个装有液体并由虹吸管连接起来的容器中，液体总是从压强高的容器中流入压强低的容器中。我们知道，在打印过程中打印机的墨盒会源源不断地向喷头输送墨水，同时墨盒内的压力也在下降，需要吸入同等容量的空气来维持压力平衡。连供系统则是将从墨盒通气孔补充进的空气换成了墨水，墨盒在向喷头输送墨水的同时也补充进了同等容量的墨水，补充进墨盒内的墨水是由外置的大容量墨盒通过软管来输送的，外置墨盒可以随时补充墨水，这样就可以保证打印机内的墨盒始终有足够的墨水供给给喷头。另外，市面上也出现了一种采用流体力学中毛细原理的自动供墨系统，据厂商介绍，它的供墨比虹吸式连供系统更稳定，并能适用于所有类型的喷墨打印机，这种产品实际效果还有待检验。

从连供系统的原理可以知道，连供系统由外墨盒（墨瓶）、软管及支架等附件、内墨盒（墨囊）三大部分组成。

1）外墨盒。外墨盒即放置在打印机外面的大容量墨水容器，它一般是由塑料注塑成形的。外墨盒的容量较大，通常每色都在100ml以上；也有专为家庭用户预备的小容量连供系统，外墨盒每色容量约为50ml。外墨盒一般都带有注墨孔以方便补充墨水，另外还有一个透气孔，以维持容器内外的压力平衡。对于外墨盒来说，控制墨水液面高度是一个非常重要的问题，墨水液面高度过高会导致外墨盒压力过大而使墨水流进打印机的废墨仓里浪费掉，而墨水液面过低则会使内墨盒的墨水通过管线向外墨盒回流，从而导致空气从喷头进入内墨盒中，使墨盒内产生微小的气泡，而这些微小气泡会造成打印断线的现象。为避免出现这些问题，通常要求外墨盒墨水液面要略低于打印机喷嘴，但随着墨水的消耗，外墨盒内的墨水液面会不断下降，这就需要及时调整外墨盒的高度，或者随时补充墨水。为解决这个问题，许多厂商都在外墨盒上设计了调压装置，如有的厂商使用弹簧，有的厂商则利用大气压原理在墨盒中增加了一个平衡仓进行自动调压，这样便可以保持液面高度恒定。采用自动调压的外墨盒被称为恒压墨盒，它可以直接固定在打印机外壳上，搬动起来也非常方便。

2）软管。软管也称排管，它是外墨盒向内墨盒输送墨水的管道，它实际上就是一组虹吸管，将外墨盒和内墨盒按颜色一一对应连接在一起。为方便走线，软管通常是 4 根或 6 根粘成一排。软管上还可能有各种支架或固定块，以方便安装固定。另外，有些厂商还在软管上加上了墨水控制阀以控制墨水的开关与流量大小。

3）内墨盒。装入打印机内部的墨盒称为内墨盒，它的大小和外形与原厂墨盒差不多，可装在打印机的墨车中取代原厂墨盒（也有用原厂墨盒改装的内墨盒）。内墨盒不能通用，特定型号的内墨盒只能装在特定型号的打印机中。

内墨盒是连供系统的重要部分，既要保证墨水供给的连续与流畅，又要杜绝漏墨现象，这是内墨盒设计与生产的难点。2009 年前后的内墨盒大都采用无绵墨盒。和有绵墨盒相比，无绵墨盒的墨水不易产生气泡，空气较难进入喷头，装、取墨盒后断线问题会减少，墨盒的使用寿命也更长一些，它的缺点就是易漏墨。还有部分厂商的内墨盒并没有采用常规的墨盒设计，而是使用墨囊，几乎将软管直接连在墨盒的出墨口上，这种设计让内墨盒的安装更为轻易，走线也更加方便。

连供系统或自动供墨系统大都是由这三大基本部件构成的，它们之间的差别主要是内外墨盒的内部结构的差异，还有就是做工与造型的差别。连供系统基本上是一种"细节决定成败"的产品，很多情况下我们用肉眼就可以分辨出来它的好坏，好的连供系统一定是用料好、做工精细、造型美观（参考 2010 年上半年《中国喷墨打印机市场研究报告》）。

2. 按墨水性质分类

1）黑色墨盒，分为染料型墨盒和颜料型墨盒：染料型墨盒为填充染料墨水；颜料型为填充颜料墨水。

2）单体彩色墨盒，每种颜色装入一个墨盒中独立使用，如 EPSON S020093 墨盒。

3）盒体型墨盒，一个墨盒内设置多个间隔，每个间隔加入一种颜色墨水，如爱普生 S020089 墨盒；

——2 色的 60、94、97、703 等（黑墨、三色墨）墨盒；

——4 色的 364、920、940 等（品红、黑色、青色、黄色）墨盒；

——5 色的 564 等（黑色、蓝色、黄色、品红、黑色相片）墨盒，是目前市场上主流墨盒；

——6 色一般是指黑色、青色、品红色、黄色、浅青色、浅品红色的墨盒；

——8 色一般用于大幅面打印机，包括照片黑、浅黑色、粗面黑、青色、品红色、黄色、浅青色、浅品红色的墨盒。

3. 按生产厂商分类

主要分为原装墨盒、通用墨盒（兼容墨盒）和假墨盒。

原装墨盒为打印机厂商生产的墨盒，其只能用于自己生产的打印机，优点是打印质量好、墨水流畅、不易堵塞喷头。常见的打印机厂商有佳能、爱普生、兄弟、理光等。

通用墨盒是指在功能、质量上符合打印需求的非原装打印耗材产品。品牌通用耗材（例如国内的纳思达、天威生产的通用耗材）在保证打印品质与原装墨盒媲美的基础上，还具有兼容、环保、经济等优点。

假墨盒是纯粹的假冒产品，它与原装墨盒外包装一模一样，但其墨盒内的墨水则是劣质墨水。假墨盒与通用墨盒不同，通用墨盒是合法的，假冒墨盒则是违法行为。假冒墨盒力求与原装墨盒一模一样，并以原装墨盒的价格出售从中牟取暴利。

4. 按产品环保类型分类

分为可再生墨盒、普通墨盒。可再生墨盒是将废弃后的墨盒回收，重新注墨、灌墨，然后进行再销售、再次使用，由于对废弃墨盒进行了回收、处理和再利用，达到了环保的目的；普通墨盒只是可以兼容打印机而不能再循环使用。

1.1.1.3 墨盒技术发展

最初的墨盒采用的是多色一体式设计，即多种颜色合为一体装在一个墨盒中。这种墨盒最大的缺点是对墨水利用率不高。由于多种颜色都存在于一个墨盒中，而打印过程中对不同颜色的墨水的消耗程度不同，当一种颜色的墨水使用完就必须将墨盒整体报废，往往给用户的使用带来更多无谓的投入；此外，报废的墨盒中往往存有尚未使用完的其他颜色的墨水，废弃的墨水还造成了严重的污染问题。

基于多色一体式墨盒在使用和废弃时存在的上述问题，为了提高墨盒的利用率并尽可能减少污染，墨盒结构从最初的多色一体式逐渐过渡到了黑墨和彩墨的分离式结构。采用黑墨和彩墨的分离式结构主要是由于打印黑白文档需要单独消耗大量的黑色墨水，故而将黑色墨水单独剥离出来，从而避免由于黑色墨水快速消耗导致的整个墨盒的报废。

墨盒发展到这一阶段在墨水利用率和环境保护方面都产生了积极的影响。但是由于彩色墨盒仍然由多种颜色组成，一种颜色的快速消耗还是会导致整体彩色墨盒的报废，因此将彩色墨盒进一步细分为多个单个墨盒似乎成了墨盒下一步发展的必然趋势。这一发展趋势也从两大喷墨打印巨头爱普生和惠普的新产品上被证实。爱普生在 ME 系列新品中就将过去所采用的黑色和彩色墨盒的搭配模式遗弃，取而代之的是多个单色墨盒合为彩色墨盒的墨盒搭配模式。例如爱普生 ME200 所采用的整套墨盒就是由T0761（黑色）、T0762（青色）、T0763（洋红色）、T0764（黄色）共 4 个墨盒组成。同样的情况也发生在惠普身上，惠普具有 SPT 全新打印技术的新品也无一不是采用了多个单色墨盒设计。采用这种墨盒设计能够准确地让每种单色墨盒在使用完之后更换，而不用因为一种颜色的更换就导致整个墨盒的报废。墨盒发展到目前这种模式是顺应了市场需求的一种良性发展的必然结果。

目前国内的耗材市场还是以原装耗材为龙头，因为原装耗材厂商具有深厚的打印技术功底，他们可以直接决定墨盒的结构和销售价格，无论是消费者还是通用耗材厂商都无法改变。这种优势转化到墨盒上最直接的表现就是厂商在打印新品上对所采用的墨盒有着直接决定权，这使得分体式的墨盒变化虽然提高了墨盒中墨水的利用率，但是却在墨盒的整体售价上不得不根据原装厂商的要求来提高，即便在发生结构变化之后打印量并没有出现明显的差异。

此外，随着全球打印市场经济的发展和社会的进步，人们的生活得到极大的改变，但也给能源与环境带来了现实负担。目前，环境污染、能源短缺的问题越来越成为世界各个国家共同关注的课题之一。近年来，国外推行的再生墨盒受到一些国内用户认可，不仅产品可以回收利用，而且价格只有原装品牌产品的四分之一。

而在国内，墨盒企业分为原装墨盒、通用墨盒两大阵营。原装墨盒企业都是国际跨国公司，例如爱普生、惠普、佳能等。通用墨盒企业包括国内的纳思达、天威等。国外墨盒企业在中国建厂生产墨盒将墨盒销售到中国，墨盒使用完后，销售厂商不负责将空墨盒回收、处理。大量的空墨盒和空墨盒内剩余的油墨对环境的污染较严重。

天威控股有限公司董事长贺良梅指出，在全新通用和再生耗材中，再生耗材更益于节能环保，这一点在业界已经成为共识。例如，生产一只全新硒鼓或全新墨盒，分别需消耗 2.85 公升或 0.57 公升石油，而制造再生硒鼓或墨盒，能节省 95% 的能源消耗和 65% 的原材料成本（塑料）。另外，耗材是世界公认的污染源。在中国，若打印机及其耗材按 15% 左右的增长率计算，每年都将产生超过 16 万立方米固体废弃物，这些废弃物可装满 3000 节火车皮，埋在地下 1000 年后仍完好无缺，不能降解，而使用再生耗材将会大大减少耗材垃圾的产生。也就是说再生墨盒是未来全球的发展方向。

1.1.1.4 墨盒产业链分析

产业链是产业经济学中的一个概念，是各个产业部门之间基于一定的技术经济关联，并依据特定的逻辑关系和时空布局关系客观形成的链条式关联关系形态。产业链是一个包含价值链、企业链、供需链和空间链四个维度的概念。这四个维度在相互对接的均衡过程中形成了产业链，这种"对接机制"是产业链形成的内模式，作为一种客观规律，它像一只"无形之手"调控着产业链的形成。

产业链的本质是用于描述一个具有某种内在联系的企业群结构，它是一个相对宏观的概念，存在两维属性：结构属性和价值属性。产业链中大量存在着上下游关系和相互价值的交换，上游环节向下游环节输送产品或服务，下游环节向上游环节反馈信息。

1. 墨盒在产业链中的地位

与墨盒相关的"上游"行业为墨水、芯片、压力平衡构件（例如海绵、阀等）、墨量检测构件（例如电极、光学元件、浮子等）、注塑塑胶件、生产设备、能源等。其中芯片和墨水是墨盒的核心技术，墨水的性能直接决定了图像质量、打印速度及打印喷头的质量等；芯片则是关系到墨盒是否能够与打印机进行通信的关键部件。

从目前打印耗材市场来看，"下游"产业对墨盒行业的发展起到了较大的制约作用。"下游"喷墨打印机、多功能一体机对墨盒的需求直接决定了墨盒市场的大小。而由于喷墨打印机的核心部件——打印喷头技术被国际大公司所垄断，国内又不能自主生产喷墨打印机，因此墨盒产业的发展关系到打印耗材市场的景气度以及下游市场的需求和消费量，市场地位比较重要。

从营利模式看，打印设备行业是典型的"剃须刀+刀片"模式。日本和美国等国家的几大跨国公司将高技术含量、高制造难度的打印机低价出售，再通过后续的高价打印耗材销售牟利。同时，他们又申请了十几万件打印机及耗材的技术专利，形成了庞大的专利壁垒，使打印机和耗材行业成为一个高技术、高风险、高投资、高专利保护的行业。

然而，从20世纪90年代起，中国打印耗材产业经历了从无到有、从弱到强的发展过程。目前，中国是全球最大的通用耗材生产基地。据统计，全球90%以上的色带、70%~80%的兼容墨盒、30%的兼容激光鼓粉盒组件在中国制造。中国拥有上千家耗材厂商，且中国耗材产品质量和兼容性得到了众多国际性的经销商和用户的认可。例如，"天威""Print-Rite"品牌在国际上富有盛名；纳思达公司通过了世界著名认证机构——SGS授予的ISO 9001国际质量体系认证和ISO 14000环境体系认证；格之格产品还通过了CE认证和德国TUV认证。

经过快速发展和技术的积累，中国已经形成多家耗材龙头企业，例如珠海纳思达电子科技有限公司、珠海赛纳科技有限公司、珠海天威飞马打印耗材有限公司等。这些企业带动了上下游产业群的发展，形成了完整的产业链。而且随着公司的不断壮大、技术的不断成熟，个别龙头企业已经开始进行产业链的整合，从而控制企业生产成本、提高企业的经济效益。例如，珠海纳思达电子科技有限公司将其自己生产的涉及墨盒上游的墨水、注塑件、芯片、色带等以及下游的激光打印机进行业务连接，基本上已经构建起了产业链，这样对于公司成本、质量的控制都有一定的保障。这些龙头企业的发展和技术创新对中国通用打印耗材产业的技术创新和进步产生了巨大的作用，促进中国打印耗材产业快速成长的同时也带动了多个关联行业的同步发展。

2. 广东墨盒产业现状

经过近20年的发展，目前广东省珠海市打印设备及耗材产业基础配套发展已较成熟，产业链布局发展也已较为完善，生产打印耗材所需的绝大部分配件都可以在本地完成采购，打印耗材的加工制造也较为成熟，使得打印耗材产业是目前珠海所有产业中唯一一个产业链配套完整、上下游产业较为齐全，并在全球占据领导地位的行业。

据统计，目前珠海市注册登记的打印耗材企业共有600多家，与耗材产品生产、研发、贸易、设备、检测服务等直接相关的企业约250家，贸易销售商360多家。其中，赛纳和天威是全球最大的两家通用耗材生产企业，艾派克是全球最大的耗材芯片供应商，珠海耗材展自2010年连续3年蝉联规模世界第一，2012年打印耗材四家企业位居珠海市专利申请前十强。目前，珠海打印设备及耗材产业从业人数超过5万人，年工业总产值达到210多亿元，仅次于家用电器、电子信息、石油化工、电力能源等产业的产值；年产色带框架2亿个、墨盒2亿多支、硒鼓5000多万支，供应了全球70%以上的色带、60%的兼容墨盒、30%的通用硒鼓，已发展为全球打印耗材产业规模最大、产业链最全、技术水平最高的区域之一。不过，随着市场的发展成熟，增长速度也在不断下降，趋于平稳，其中2012年受到国内外整体宏观经济不景气及价格下降影响，打印耗材产值仅实现了0.8%的微幅增长，而打印设备产值更是下降了3.9%；2013年有所好转，打印耗材及打印设备产值分别增长4.6%和2.5%。

珠海市香洲区目前也已形成了以办公设备行业的佳能、松下、天虎和耗材产业的天威飞马、纳思达、新威俊、世纪、格力磁电、天然宝杰、优泰为龙头企业，以多家零部件、材料及油墨等中下游企业为骨干企业的产业集群。集群产值达200多亿元，其中打印耗材销售额占全球耗材销售值的10%。

目前耗材集群产业链主要由表1-1组成。

表1-1 珠海市耗材集群产业链主要配套厂家

企业名称	配套零部件类别
UniNet IMAGINGINC	耗材配件供应商（碳粉、激光硒鼓配件、芯片等）
Static Control Components Ltd	耗材设备、配件供应商（碳粉、激光硒鼓配件、芯片、设备、再生技术）
珠海市保税区天然宝杰数码科技有限公司	打印耗材喷墨类墨水及油墨
珠海优泰化工有限公司	打印耗材喷墨类墨水及油墨
珠海莱茵柯电子有限公司	墨水生产
珠海美绿达打印机耗材有限公司	墨水生产
珠海思美亚碳粉有限公司	生产复印机、打印机碳粉
珠海艾派克微电子有限公司	计算机、打印机控制电路及芯片
珠海天威技术开发公司	电子/机械/化工新产品研发和技术服务
珠海市正阳橡胶有限公司	耗材密封件和五金制品
北京图讯科技发展有限公司珠海办事处	OPC
珠海市奔码打印耗材有限公司	专业生产显影磁辊，充电辊
上海阿格感光材料有限公司珠海办事处	OPC感光鼓
珠海市晶芯有限公司	兼容墨盒芯片
盈贝（珠海）工业有限公司	复印机、打印机用送粉辊
珠海宏威模具有限公司	设计、生产和销售自产的金属及非金属模具、精密模具标准件
珠海易达打印耗材设备有限公司	打印机耗材设备、机械设备、相关机械加工
广东珠海天章信息纸品有限公司	纸品
珠海科耐特办公耗材有限公司人民西路	墨盒、墨水、硒鼓、碳粉、色带等
珠海中润靖杰打印机耗材有限公司南屏科技园	墨盒、硒鼓、碳粉、相机纸张等

资料来源：《珠海打印耗材产业集群规划》。

然而，在珠海打印设备及耗材产业结构中，打印设备处于起步阶段，绝大部分产值源于耗材企业，而且多数企业出口比重高达 90%，耗材产业外贸出口依赖性较高。目前，珠海市部分耗材企业在国际市场上占据了较大的市场份额，但"出口依赖型"的发展模式也增加了产业持续发展的风险，较易受国外经济政策的影响。

此外，虽然珠海市打印设备及耗材产业经过近 20 年的发展，实现了产业向上下游环节的延伸，但从产业链布局和产值分布来看，基础配件和耗材加工制造仍是支撑珠海打印设备及耗材产业的中坚力量。从产业链的角度来看，打印设备整机是整个产业的核心环节，决定着产业的发展方向。珠海于 2010 年推出了中国第一台有核心技术、自主知识产权的激光打印机，打破了国际打印巨头对整机环节的垄断，但在产品产量、技术能力、产业配套、产品市场竞争力等方面，与惠普、佳能、三星等国际厂商仍存在较大差距，产业带动能力还有待进一步提升。在珠海实力较强的耗材环节，由于通用耗材对打印机的附属性，产业发展很难摆脱来自打印机制造厂商的制约。

珠海市打印耗材生产企业规模大部分偏小，仅仅靠贴牌生产，然后借助行业内大企业建立的供应链进行销售。由于没有在市场推广、研发投入、品牌创建等方面的投入，小企业生产成本较低，往往利用价格进行恶性竞争以获得较多的销售。"价格战"使珠海打印设备及耗材领域企业的利益严重受损，企业利润迅速减少，并对企业研发投入和进度产生不利影响，部分企业不得不生产没有自主专利、技术含量更低的假冒伪劣产品，进而形成恶性循环，严重影响了珠海市打印设备及耗材产业的转型升级和健康发展。经过 20 多年的发展，珠海已发展成为全球重要的打印设备及耗材生产基地，但总体而言，珠海市打印设备及耗材企业主要集中在通用耗材领域，耗材企业提供的产品则主要集中在中低端市场，处于产业链低端环节，产品附加值低。从行业的对比来看，珠海市打印设备及耗材单位企业的产出水平较低，打印设备及耗材产业的产业集中度较低，企业多而不强。

1.1.1.5 墨盒市场状况

墨盒领域特殊的商业模式，导致中国墨盒市场较为复杂。原装墨盒由日本、美国等喷墨打印机厂商生产，其价格高、利润高，在市场上占有率高。而通用墨盒则由通用耗材企业生产，其价格低廉，并且没有统一的行业标准，生产企业多而分散，导致通用墨盒的质量良莠不齐。剩下的就是假冒产品，都是非正规企业生产，因此其市场份额难以统计。

根据全球权威调查机构国际数据集团（IDC）提供的统计数据，2014 年全球打印设备（含复印机）出货量达到 1.1 亿台，保有量超过 5 亿台，其中喷墨类打印机出货量占 59%。全球打印机市场销售额超过 1300 亿美元，其中喷墨类打印机市场销售额为 767 亿美元。打印耗材出货 19 亿支，其中墨盒出货量超过 16 亿支，墨盒销售额超过 640 亿美元。通用墨盒的出货量约为 4.8 亿支。2015 年打印设备和打印耗材出货量保持平稳。由此可见，墨盒市场规模巨大。

珠海通用耗材出货量占全球通用耗材出货量 70%，赛纳墨盒占全球墨盒出货量的比例超过 20%，赛纳目前年产量 6000 万个。

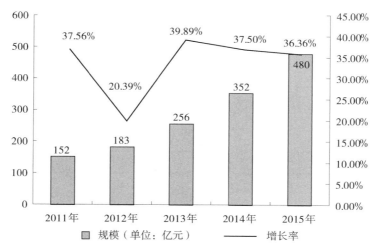

图 1-1　2011~2015 年中国墨盒市场规模现状分析

资料来源：宇博智业市场研究中心、相关行业协会。

图 1-1 统计数据显示，2015 年中国墨盒产品市场规模约为 480 亿元，较上年增长 36.36%。预计 2016 年该行业产品市场规模将达到 651 亿元。

表 1-2、表 1-3 示出了 2013~2015 年中国墨盒细分产品市场规模现状及 2016~2020 年前景预测，从中可以看出，2013~2015 年，分体式墨盒较一体式墨盒占有的市场份额更大，且分体式墨盒和一体式墨盒的市场规模均呈现逐年增长趋势。以分体式墨盒和一体式墨盒的市场规模增幅趋势分析，预计 2020 年分体式墨盒的市场规模将达到 1646.5 亿元，一体式墨盒的市场规模将达到 563.6 亿元。

按利用价值进行分类的兼容墨盒，由于其价格低、质量能够保证，兼容墨盒占有了很大的市场，2015 年兼容墨盒市场规模达到 328.3 亿元，且预计 2020 年兼容墨盒的市场规模将达到 1303.8 亿元。而再生墨盒由于其顺应了环保绿色发展需求，其市场规模将呈现快速、稳步增长的态势，再生墨盒在 2015 年的市场规模达到 151.7 亿元，随着再生墨盒应用的普及，预计 2020 年再生墨盒的市场规模将达到 906.2 亿元。

此外，按应用领域进行分类的墨盒中，商用墨盒的市场规模最大，其次为照片用墨盒，家庭/个人用墨盒则占有了相对小的市场规模。商用墨盒在 2015 年的市场规模为 220.8 亿元，预计 2020 年商用墨盒的市场规模将达到 1071.9 亿元。

表1-2　2013~2015 年中国墨盒细分产品市场规模现状分析

单位：亿元

	2013 年	2014 年	2015 年
按产品结构			
一体式墨盒	77.1	101.7	133.9
分体式墨盒	178.9	250.3	346.1

	2013 年	2014 年	2015 年
按利用价值			
兼容墨盒	215.0	268.0	328.3
再生墨盒	41.0	84.0	151.7
按应用领域			
商用墨盒	116.0	160.2	220.8
家庭/个人用墨盒	45.0	62.0	84.7
照片用墨盒	95.0	129.8	174.5

资料来源：宇博智业市场研究中心、相关行业协会。

表1-3　2016~2020 年中国墨盒细分产品市场规模前景预测　　　　单位：亿元

	2016 年	2017 年	2018 年	2019 年	2020 年
按产品结构					
一体式墨盒	179.0	240.3	319.9	423.8	563.6
分体式墨盒	472.0	649.7	887.1	1206.2	1646.5
按利用价值					
兼容墨盒	420.0	563.4	748.3	992.7	1303.8
再生墨盒	231.0	326.6	458.7	637.3	906.2
按应用领域					
商用墨盒	302.7	418.3	573.3	785.5	1071.9
家庭/个人用墨盒	115.2	158.0	214.8	291.0	395.6
照片用墨盒	233.1	313.7	418.8	556.5	742.6

资料来源：宇博智业市场研究中心、相关行业协会。

1.1.1.6　墨盒行业相关政策、法规和标准

1. 国内墨盒行业政策、法规和标准

（1）墨盒行业管理体制分析

墨盒等打印耗材行业从属于文件处理设备销售及服务行业，主要受工业和信息化部（工信部）、生态环境部的监管政策影响。各主管部门及监管体制的作用具体如下。

1）工信部：制定国家信息产业发展战略、方针政策和总体规划。

2）生态环境部（原国家环保总局）：拟定国家环境保护的方针、政策和法规，制定行政规章；拟定国家环境保护规划；拟定并组织实施大气、水体、土壤、噪声、固体废物、有毒化学品以及机动车等的污染防治法规和规章；控制家用电器与电子产品的废弃量，控制其在回收利用过程中的环境污染。

3）中国计算机行业协会：调查、分析、研究行业产业及产量情况，及时向会员及有关部门提供行业发展情况、市场发展趋势、经济预测等信息，做好政策导向、产业

导向、市场导向；制（修）定本行业有关的国家标准、行业标准并推动其贯彻执行，参与产品质量认证和社会产品质量监督活动。中国计算机行业协会下属包括耗材专业委员会。

4）中国文化办公设备制造行业协会：以文化办公设备制造企业为主体，包括从事文化办公设备科研、教育、服务等有关的设计院所、大专院校、公司和企业自愿组成，是不受部门、地区和所有制限制的全国性社会团体。具有调查研究、提出建议、组织协调、行业自律、信息引导、咨询服务、国际交流等基本职能。

此外，国家发改委、科技部等部门分别从产业发展、科技发展等方面对行业进行宏观指导，国家版权局负责本行业知识产权相关保护工作。墨盒业务中有关销售等业务涉及的监管部门还包括公安部门、外汇管理局、海关等部门。

（2）墨盒行业相关政策

1）企业方面。国内墨盒行业主要依托国家重点建设工程，大规模开展重大技术装备自主化工作；通过加大技术改造投入，增强企业自主创新能力，大幅度提高基础配套件和基础工艺水平；加快企业兼并重组和产品更新换代，促进产业结构优化升级，全面提升产业竞争力；要加快实施高档墨盒、再生墨盒以及相关联产品及原料基础制造装备科技重大专项，重点研发高效化、便捷化、环保化、大容量化的可回收利用的墨盒产品。

2）国家鼓励方面。政府将从基本国情、墨盒产业基础出发，鼓励并大力发展新型绿色环保、高端再生墨盒制造、新材料等重点领域。设立战略性新兴产业发展专项资金，建立稳定的财政投入增长机制。制定完善促进战略性新兴产业发展的税收支持政策。鼓励金融机构加大信贷支持，发挥多层次资本市场的融资功能，大力发展创业投资和股权投资基金。

3）产业进入方面。国家将提高墨盒行业进入标准，将增强行业、市场监管力度。未来政策导向从普及推广低耗、环保、安全产品升级为支持企业节能减排、自主创新，鼓励产业升级。

中国政府发展"循环经济"和"环保产业"的方针政策主要包括以下方面。1983年国务院召开第二次全国环保会议，宣布把环保列为我国一项基本国策；1995年1月31日国家主席令第98号公布《中华人民共和国固体废弃物污染环境防治法》，确定对废弃物实行"减量化、无害化、资源化"的原则；"九五"期间中国实施"污染物排放总量控制"和"跨世纪绿色计划"；1999年原国家环保总局颁布《复印机的绿色环保标志标准》；2003年，时任副总理曾培炎在环保工作会上明确指出，中国要大力发展"循环经济"和"环保产业"；2003年1月1日起投放市场的国家重点监管目录内的电子信息产品不能含有铅、汞、镉、六价铬、聚合溴化联苯（PBB）或者聚合溴化联苯乙醚（PBDE）等；2003年7月1日起实行有毒有害物质的减量化生产措施；2003年底前信息产业部颁布《电子信息产品污染防治管理办法》，确定所有计算机产品等进入重点监管目录，选择无毒、无害或低毒、低害，易于降解和便于回收利用的材料，生产者应承担其产品废弃后的回收、处理、再利用的相关责任；此外，为减少家用电器与电子产品使用废弃后的废物产生量，提高资源回收利用率，控制其在综合利用和处置过程中的环境污染，2006 年原国家环保总局发布了《废弃家用电器与电子产品污染防治技术政策》；2006 年底原国家环保总局还发布了《环境标志产品认证技术要求 传真机和传真/打印多功能一体机》和《环境标志产品认证技术要求 打印机》。

（3）墨盒行业主要政策法律法规

研究资料显示，近几年针对墨盒行业的主要政策法律法规有《中华人民共和国环境保护法》《中华人民共和国循环经济促进法》《产业结构调整指导目录（2013 年修订本）》《关于 2013 年度中央国家机关办公用品及打印耗材定点采购有关事宜的通知》《文化产业振兴规划》《外商投资产业指导目录（2015 年修订本）》《国家中长期科学和技术发展规划纲要（2006~2020 年）》《国家重点支持的高新技术领域》《国务院关于加快培育和发展战略性新兴产业的决定》《国务院关于加快振兴装备制造业的若干意见》《关于促进自主创新成果产业化若干政策》《国家"十二五"科学和技术发展规划》《"十二五"国家战略性新兴产业发展规划》《关于加快培育和发展战略性新兴产业的决定》《工业"节能"十二五规划》《2013 年工业节能与绿色发展专项行动实施方案》《中国制造 2025》《电子信息制造业"十二五"发展规划》等。

此外，我国政府也相继出台了一系列政策法律法规，来支持鼓励我国环保再生耗材业的发展。例如，2005 年 4 月 28 日，国家发改委、科技部、原环保总局发布 65 号通告，将"再生喷墨盒技术"和"再生激光鼓粉盒组件技术"列为《国家鼓励发展的资源节约综合利用和环境保护技术》；2010 年 5 月，国家发改委、工信部等 11 部委发布《关于推进再制造产业发展的意见》；2011 年 9 月，国家发改委发出《关于深化再制造试点工作的通知》。

作为耗材之都，珠海对打印耗材产业也相当重视，一直以来珠海市政府以及相关区政府都大力支持珠海耗材产业的发展。《中共珠海市委珠海市人民政府关于加快工业产业集群发展的若干意见》（珠字〔2008〕1 号）中明确指出，要"以香洲区、斗门区为主要产业载体，抓住通用打印耗材这一拳头产品，大力加强区域品牌建设，打造世界打印耗材之都"，并将打印耗材产业列为全市八大支柱产业之一；2009 年珠海市建立了世界第一个打印耗材专利数据库，有效地支持了行业知识产权的发展；2011 年 11 月 9 日，珠海市政府颁布了《珠海市促进打印设备及耗材产业转型升级加快发展的若干政策》，每年投入 1000 万元资金扶持产业发展；2012 年 7 月 9 日，相关部门颁布了《珠海市打印设备及耗材产业专项扶持资金管理暂行办法》，该政策和办法有效地促进了行业发展；2013 年，《珠海市"三高一特"现代产业体系规划》又将"高端打印设备及环保型耗材"产业列为重点支持和大力发展高端制造业之一。

另外，珠海打印设备及耗材行业生产企业正在积极参与全球相关标准的制订工作，先后参与或主导制订国标、行标和地标近 100 项。全国信息技术标准化技术委员会信息技术设备分技术委员会打印耗材工作组依托单位和广东省打印耗材工程技术研究开发中心依托单位均在珠海。其中，国家耗材质检中心自 2010 年正式批准成立以来，多次担任国家标准、行业标准、广东省地标起草制订小组组长单位或副组长单位，先后参与或主导制订国标、行标和地标 17 项；天威公司已经参与编制了 168 项耗材标准，包括国际标准 25 项、国家标准 69 项、行业标准 66 项、地方标准 5 项、联盟标准 3 项，其中天威主导起草的标准 39 项，作为副主编起草的 ISO 国际标准 3 项。

（4）墨盒行业相关标准

墨盒产业宏观政策和标准的完善可使得行业更加规范化，使得企业有法可依、有章可循。而相关行业标准的出台，一方面使得墨盒技术门槛提高，产品安全性和稳定性更具有保障，新的高要求将促使墨盒行业技术创新；另一方面，对墨盒某个细分行业的具体要求和标准，可能推动其上下游产业、其他墨盒细分行业的发展。

总之，国内墨盒相关管理部门及行业协会要进一步引领行业向标准化、规范化发展；这样不仅有利于墨盒企业的产品出口，而且也是行业顺应我国节能减排政策的一个重要步骤。

1）国家标准《数码一体速印机用油墨盒》（HG/T 4868—2015）。该标准规定了数码一体速印机用油墨盒的产品型号及分类、要求、试验方法、检验规则、标志、包装、运输和贮存等。该标准适用于数码一体速印机所用的盒装油墨，发布日期为 2015 年 7 月 14 日，实施日期为 2016 年 1 月 1 日，发布部门为中国人民共和国工业与信息化部。

2）国家标准《环境标志产品技术要求——喷墨盒》（HJ 573—2010）。为贯彻《中华人民共和国环境保护法》和《中华人民共和国循环经济促进法》，减少喷墨盒在生产、使用和处置过程中对人体健康和环境的影响，促进环保产品的使用，制定该标准。该标准参照日本环境协会环境标志事务局 "生态标志种类 NO. 142 《墨盒 Version1. 0 2008》" 标准制订。该标准对喷墨盒中有毒有害物质及环境设计、回收与再利用和公开信息提出了要求。该标准规定了喷墨盒类环境标志产品的术语和定义、基本要求、技术内容及其检验方法。该标准适用于使用喷墨显像技术设备的喷墨盒，包括新品喷墨盒和再生喷墨盒。该标准不适用于连续打印速度>60 页/min 以及打印速度>70 页/min 喷墨设备所使用的喷墨盒。该标准适用于中国环境标志产品认证。批准日期为 2010 年 5 月 4 日，2010 年 7 月 1 日实施，发布部门为中国人民共和国环境保护部。

3）国家标准《传真机、多功能复合型传真机环境保护要求》（GB/T 22371—2008）。该标准规定了传真机环境保护的要求。该标准适用于采用静电记录方法、喷墨记录方法或热敏记录方法（含热转印方法）的传真机。该标准主要参考德国蓝天使标准《授予传真机、多功能复合型传真机环境标志基础标准》（RAL-UZ95：1998），并结合中国国内的具体情况制定。发布日期为 2008 年 9 月 1 日，实施日期为 2009 年 2 月 1 日，发布部门为中华人民共和国国家质量监督检验检疫总局、中国国家标准化管理委员会。

4）国家标准《危险废物贮存污染控制标准》（GB 18597—2001）。为贯彻《中华人民共和国固体废物污染环境防治法》，防止危险废物贮存过程造成的环境污染，加强对危险废物贮存的监督管理，制定该标准。该标准规定了对危险废物贮存的一般要求，对危险废物包装、贮存设施的选址、设计、运行、安全防护、监测和关闭等提出要求。该标准适用于所有危险废物（尾矿除外）贮存的污染控制及监督管理，适用于危险废物的产生者、经营者和管理者。发布日期为 2001 年 12 月 28 日，实施日期为 2002 年 7 月 1 日，发布部门为国家环境保护总局、国家质量监督检验检疫总局。

5）地方标准《激光打印机用再制造鼓粉盒组件技术规范》（DB31/T 419—2015），实施日期为 2016 年 1 月 1 日，发布单位为上海市质量技术监督局。

6）地方标准《喷墨打印机用再制造喷墨盒技术规范》（DB31/T 407—2015）。依据国家发展循环经济总体战略、建立"环境友好型"和"资源节约型"社会的指导思想，根据国家和上海市相关法律、法规，制定该联合企业标准。上海地区生产的喷墨打印机用再制造喷墨盒，主要面向各大主流打印机产品，经再制造以后与原装喷墨盒完全兼容，并可通用。该标准制定对耗材企业的再制造喷墨盒的质量、出口和推广应用至关重要。该标准规定了喷墨打印机用再制造喷墨盒的技术要求、试验方法、检验规则、标识、包装、贮运。该标准对生产再制造喷墨盒有效，适用于国内外主流打印机。发布日期为 2015 年 11 月 5 日，实施日期为 2016 年 1 月 1 日，发布单位为上海市质量技术监督局。

7）地方标准《喷墨打印机墨盒通用技术规范》。广东省质监局正式批准发布了广东省地方标准《喷墨打印机墨盒通用技术规范》，结束了喷墨打印机墨盒（以下简称墨盒）长期以来无地方及行业（包括国家）的技术标准来指导生产、规范市场的局面。该标准由珠海市质监局、珠海市质量计量检测所会同 6 家国内打印机耗材知名企业共同编写，从保护环境、保护消费者合法权益和符合中国现有消费水平的国情出发，创新地提出了墨盒生产应遵循"头盒分""色体分离""不使用芯片""可填充再利用"的原则，同时规定了墨水的残留量、墨水的安全数据等指标。标准要求：墨盒不应使用对打印效果没有明显作用的、不能表示墨盒中墨水实际用量的、不利于循环再利用的接触式或非接触式芯片。该标准从墨盒的结构设计到环保设计，从性能要求到标识标注规定等方面，为企业生产提供了明晰的指引。按该标准组织生产的墨盒，具有可反复填充墨水、打印头和墨盒腔体相互分离、各种颜色相互独立等特点。《喷墨打印机墨盒通用技术规范》的出台，有助于耗材行业实现环保、节能、降耗，促使耗材企业告别模仿阶段，进入创新时代，不断推出具有自主知识产权的产品。发布日期为 2006 年 5 月 23 日，实施日期为 2006 年 9 月 1 日。

8）地方标准《激光打印机鼓粉盒通用技术规范》（DB44/T 692—2009）。该标准规定了激光打印机单色或彩色鼓粉盒的分类、技术要求、分类方法、试验方法、检测规则、标志、包装、运输、储存；该标准适用于激光打印机用的单色或彩色鼓粉一体或鼓粉分离的鼓粉盒，也适用于复印机、传真机以及多功能一体机用的鼓粉一体的鼓粉盒。

9）行业标准《喷墨打印机用墨水》（QB/T 2730.1—2013）。该标准规定了喷墨打印机用墨水的产品分类、要求、试验方法、检验规则和标志、包装、运输、贮存；适用于喷墨打印机用墨水。

10）行业标准《醇溶性表印凹版油墨》（QB/T 4755—2014）。该标准规定了醇溶性表印油墨的要求、试验方法、检验规则以及标志、包装、运输、贮存；该标准适用于凹版印刷机上使用的醇类溶剂占油墨中溶剂总量 50% 以上的醇溶性表印油墨。

11）行业标准《丝网印刷油墨通用技术条件》（QB/T 4753—2014）。该标准规定了丝网印刷油墨的要求、试验方法、检验规则、标志、包装、运输、贮存；该标准适用于丝网印刷油墨。

12）行业标准《凹版塑料薄膜表印油墨》（QB/T 1046—2012）。该标准规定了凹版塑料薄膜表印油墨的要求、试验方法、检验规则和标志、包装、运输、贮存；该标准适用于凹版轮转印刷机上使用的凹版塑料薄膜表印油墨。

13）行业标准《油墨分类》（QB/T 4751—2014）。该标准规定了印刷油墨产品的分类方法，适用于生产和使用部门划分或判断印刷油墨产品类别及其差异，达到产品管理系列化的目的。

14）行业标准《凹版塑料薄膜复合油墨》（QB/T 2024—2012）。该标准规定了凹版塑料薄膜复合油墨的要求、试验方法、检验规则及标志、包装、运输、贮存；该标准适用于在凹版轮转印刷机上使用的承印物为经处理的聚乙烯、双向拉伸聚丙烯等塑料薄膜里面印刷的凹版塑料薄膜复合油墨。

2. 国外墨盒行业政策、法律和标准

（1）墨盒行业国外政策、法律

随着全球高科技产业迅猛发展，高科技"垃圾"的公害性已日益凸现。打印机耗材使用后产生的残渣废弃物，埋在地下 1000 年后都无法降解。仅以中国香港为例，如果将每年用过的耗材悉数回收利用，节省的配件资源就相当于 188 万吨原油，减少的二氧化碳排放量足以让现时香港人呼吸 9 年。对于这些高科技"垃圾"的回收、利用和处理，各国政府和社会早已高度重视。以下为部分国外发展环保型耗材业的政策、法律。

1）欧盟。2000 年 4 月 11 日，欧洲《再制造法》支持再生产立法；2002 年 12 月 18 日 WEEE 修正案对不符合循环法规的技术举措宣布为非法；2003 年 2 月 13 日《官方公报》公布《报废电子电气设备指令》明确环保要求、产品回收率，鼓励重复使用和循环再利用，明确生产者和进口商责任；2003 年 7 月 1 日《关于在电子电气设备中禁止使用某些有害物质指令》规定设备中不含铅、汞、镉、六价铬、聚溴二苯醚和聚溴联苯等六种有害物质。

2）德国。1986 年颁布《废弃物避免与处理法》，明确避免、回收再利用与最终处理为第一优先；1991 年 7 月颁布《电子电气废弃物法》；1994 年 7 月联邦政府通过《循环经济与废弃管理法》，明确使用环境兼容性高或可回收的材质制造，以回收再利用为处理原则，不可回收的也要符合废弃物最终处置要求；2001 年 1 月推出德国标准 DIN33870《光电打印机、复印机和传真机用填充墨粉盒准备工作的要求和测试》，率先为环保型耗材制定国家标准；2002 年 4 月推出德国标准 DIN33871《信息技术办公设备喷墨打印机填充墨盒和墨水腔准备工作的要求及测试》，为再生墨盒提供了质量评估基础；德国制定蓝天使标准 RAL-UZ95《传真机环境标志》、RAL-UZ85《打印机环境标志》。

3）美国。美国环境保护局（EPA）把再制造碳粉盒列入优先采购的产品名单；1998 年克林顿总统签署 13101 法令，指出代理商应联合实施他们的循环程序，循环、再用或刷新集装箱，并收集碳粉盒，进行加工；西雅图市政府出台《环保采购》中规定，办公设备应采购"能够随时使用再生碳粉盒"的设备，以及"用打印色带的设备必须能够接受重新注墨和重装的色带"；新泽西州政府出台《采购局-新泽西州合同的再循环及环境优先产品指南》，规定碳粉及碳粉盒列为应采购的可回收再利用的办公用品。

4）英国。英国政府出台了《环境优先的 IT 设备》，在"IT 耗材"项中规定："要使用用过的激光打印机碳粉盒以及可回收利用的喷墨盒"。

5）日本。1997 年 7 月，日本通产省推出《循环利用型经济体系》，规定：少使用不可回收资源，多采用可回收资源，减少排放有害物质；1999 年 7 月，日本经济企划厅推出《正常运转的国家经济和恢复经济活力的政策》，规定 3R［Reduce（减少）、Reuse（再用）、Recycle（回收再利用）］作为国策；2000 年 5 月，日本国会推出《鼓励建设循环利用型社会基本法》，规定：环保国策"污染者付费原则"、"扩展生产者责任原则"，处理废物优先顺序为"减少污染—重复使用—回收利用—热处理—妥善处理"；日本建立了"鼓励建设无环境危害型社会的司法框架"，建议"减少资源消耗、重复使用产品、回收利用废物"的新型社会，司法框架包括《鼓励建设循环利用型社会基本法》、《废料处理和公害清洁法》（废料处理法）、《鼓励有效利用资源法》（修改原《促进使用重复资源法》）、《鼓励购置无环境危害产品法》（绿色采购法）、《电子电气产品回收利用法》、《包装材料回收法》等。

6）澳大利亚。政府推出《绿色办公指南》，在"纸及其他消费品"项中规定：购买"复印机、打印机、传真机"时应确保该机可以使用"回收再利用或可填充的碳粉盒或喷墨盒"；1974 年公布《国家贸易惯例法令》，规定了回收内容、再循环使用、能源效益、清洁生产、排放管理。

7）加拿大。推出《环境采购指南》，规定"电脑打印机、碳粉盒及打印色带"列为再回收利用产品；政府推出《地方政府的环境采购政策样板》，规定要求购买再回收/用过的产品中包括复印机和打印机的再生碳粉盒。

8）ISO（国际标准化组织）。2002 年 10 月 ISO/IEC JTCI SC28 分技术委员会推出《含有再利用部件的办公设备的质量和性能标准》，性能要求与原装等同，在产品质量、性能、安全、环境保护方面有全面规定。

9）丹麦。1999 年 3 月颁布《绿色采购政策》。

（2）墨盒行业国外标准

1）国际标准。包括：《含有打印机部件的彩色喷墨打印机和多功能设备用墨盒产量的测定方法》（ISO/IEC 24711—2006）、《信息技术办公设备彩照打印油墨盒油量测量用彩照试验页数》（ISO/IEC 29103—2011）、《信息技术办公室设备用喷墨打印机和包含喷墨打印机元件的多功能装置测定彩色照片打印用墨盒的方法》（ISO/IEC 29102—2011）、《彩色喷墨打印机和含有打印机部件的多功能设备用油墨盒的测定方法》（ISO/IEC 24711—2007）、《彩色喷墨式打印机和包含打印机组件的多功能设备用墨盒产出率测定方法技术勘误》（ISO/IEC 24711—2012）。

2）美国标准。包括：《喷墨墨盒延迟测试的标准操作（启动）》（ASTM F2760—2009）、《打印墨盒的可持续性》（UL2785 2011）、《测定打印机墨盒碳粉使用量的标准实施规程》（ASTM F1856—2009）、《测定打印机墨盒调色剂使用率的标准操作规程》（ASTM F1856—2004）、《测定打印机墨盒调色剂使用率的标准操作规程》（ASTM F1856—2004 e1）、《测试打印机墨盒保质期的标准方法》（ASTM F2734—2008）、《喷墨盒的页面产量测定的标准规程连续打印法》（ASTM F2555—2006）、《混合床离子交换墨盒容量的标准试验方法》（ASTM D7513—2009）、《彩色喷墨打印机和含有打印机部件的多功能设备用油墨盒的测定方法》（ANSI/INCITS/ISO/IEC 24711—2008）、《信息技术-办公设备用于测量印制彩色照片的墨盒的彩色照片试验页》（ANSI/INCITS/ISO/IEC 29103—2012）、《含有打印机部件的彩色喷墨打印机和多功能设备用墨盒产量的测定方法》（ANSI/INCITS/ISO/IEC 24711—2007）。

3）日本标准。包括：《朱砂密封墨盒》（JIS S6020—1992）、《朱砂密封墨盒》（JIS S6020-AMD 1—2009）、《含有打印机部件的彩色喷墨打印机和多功能设备用墨盒产量的测定方法》（JIS X6937—2008）。

4）德国标准。包括：《信息技术办公机械喷墨打印机用喷墨头和墨盒第2部分：兼容墨盒（4色系统）要求及其显著特点》（DIN 33871-2—2009）；《含有打印机部件的彩色喷墨打印机和多功能设备用墨盒产量的测定方法》（DIN ISO/IEC 24711—2013）；《信息技术办公设备再填充式打印机墨盒（单色或彩色）的要求》（DIN-fachbericht155—2007）；《信息技术办公机械喷墨打印机用喷墨头和墨盒第1部分喷墨打印机用可再注墨的喷墨头和墨盒的准备》（DIN 33871-1—2003）；《信息技术办公机械喷墨打印机用喷墨头和墨盒第1部分带CD-ROM喷墨打印机用可再注墨的喷墨头和墨盒的准备》（DIN 33871-1—2012）。

5）英国标准。包括：《信息技术-办公室设备-用喷墨打印机和包含喷墨打印机元件的多功能装置的印制彩色照片墨盒的测定方法》（BS ISO/IEC 29102—2015）；《信息技术-办公设备-测定喷墨打印机和含有喷墨打印机部件的多功能设备彩色印刷时油墨盒照片产量的方法》（BS ISO/IEC 29102—2011）；《信息技术-办公设备用于测量印制彩色照片的墨盒的彩色照片试验页》（BS ISO/IEC 29103—2011）。

1.1.1.7　我国墨盒行业发展分析

根据企业调研可知，中国墨盒一直受到国际打印机设备生产厂家的打压和制约。由于墨盒是安装在喷墨打印机上的，而国内墨盒企业又不生产喷墨打印机，且国内消费者使用的喷墨打印机都是由国际巨头所生产。国内墨盒企业主要生产兼容墨盒，但是价格远远低于原装墨盒，因此对原装墨盒企业的利益造成了一定的冲击。国际企业为了限制国内墨盒的发展，经常推出新的打印机，通过改变打印机与墨盒的接口结构、改变芯片、改进打印机的性能等手段来打压中国企业。中国企业只能跟随国际企业的步伐，不断进行专利的规避、芯片的破解，从而导致国内墨盒企业很被动。而大部分小企业由于公司规模较小，仅仅靠贴牌生产，然后借助行业内大企业建立的供应链进行销售，没有破解芯片、专利规避的实力，就会被产品换代的更新而淘汰或者被迫生产仿制品。中国墨盒企业一直处于被动状态、企业缺乏核心技术，导致市场同质化严重。

在21世纪初，由美国国际贸易委员会对中国产品发起的"337调查"、欧盟连续发起的反倾销、反补贴调查，以及在欧洲、美国、日本的专利诉讼都让国内耗材企业的墨盒产品出口受到了阻碍，市场受到了影响。在这种情况下，国内耗材企业开始注重知识产权的保护，逐渐加大企业的研发力度和专利申请的力度。例如珠海天威飞马打印耗材公司在耗材领域的专利申请量有2500多项，且天威"86T墨盒装置"荣获中国国家专利最高奖"第九届中国国家专利金奖"。天威公司负责人称，现在企业只销售拥有自主知识产权的产品。由此可见，国内耗材企业已经开始注重研发和知识产权的保护。

而未来墨盒行业健康、有序的发展需要政府利用行业标准和环保指标引导并加快产业链垂直整合进程，促进资源优化重组，以行业龙头企业为核心，通过产业链的优化和整合实现扶优扶强。鼓励骨干企业对产业链上下游企业并购整合，对重大并购项目给予支持。

1.1.2 喷头产业发展概况

1.1.2.1 喷头的行业定义

喷头，又叫打印头、喷墨头，是喷墨打印机的核心部件，其能够将油墨、染液、金属分散剂及高分子材料等打印介质以一定速度从喷孔喷射到承印物，从而实现图文、3D造型等数据信息输出的喷墨打印设备的核心部件。

喷头其实是一个组件，包括喷嘴、吸墨嘴（吸墨柱）、电路板、过滤网、压电陶瓷等。喷嘴外层表面镀膜，孔径在 10^{-2} 毫米数量级，内部由陶瓷层、衬板层、储墨层等采用胶体粘接组成。喷嘴又连接吸墨嘴，吸墨嘴形似塑料柱，黑色墨盒中有一个，彩色墨盒中有三个或者五个，以上这些组成一个整体，统称为喷头。墨盒安装上以后，塑料柱的吸墨嘴顶端可以插入墨盒的出墨孔，出墨孔中的橡胶密封圈经吸墨嘴包围并密封，构成了一个墨盒到喷嘴的连续供墨系统。

喷头的性能指标有墨滴大小、喷孔数量、喷头精度、打印精度、喷射频率、打印速度、喷嘴宽度、使用寿命等，见表1-4。其中：墨滴大小是喷孔喷射出的墨滴体积的大小；喷孔数量是一个喷头上喷孔的总数量；喷头精度是指相邻的两个喷孔的中心孔距；打印精度是指喷头在每英寸上可打印的点数，是衡量打印质量的一个重要标准，也是判断喷墨机分辨率最基本的指标；喷射频率是指单位时间内喷孔喷射墨滴的数量，是决定产量的一项重要指标；打印速度是完成一次喷墨所需的时间，也和产量有关；喷嘴宽度是喷孔的直径；使用寿命即多久需更换一次喷头。对于具有高技术含量的打印喷头行业来说，这些是喷头附加值的提升空间，也是选购喷头时所需考虑的因素。

表1-4 四种常见喷头的性能指标

参数	XAAR1001	Spectra	SEIKO510	SEIKO508GS
墨滴大小/pl	6~42	15~150	80	12~36
喷孔数量	1001	512	510	508
打印宽度/mm	70.5	64.9	71.8	71.5
打印精度/dpi	360	200/100	180	180
打印速度/（m/s）	360	260	200	260
喷射频率/kHz	6	8	6	6
使用寿命/年	2~3	3~5	2	2

资料来源：宇博智业。

1.1.2.2 喷头分类

打印喷头根据不同的分类方式可以分为以下几种。

1. 按喷射原理分类

按照喷射原理的不同，喷墨打印头可以分为连续喷墨和按需喷墨两大类。

（1）连续喷墨（Continuous Inkjet，CIJ）

连续喷墨打印头的工作原理是使导电墨水在一个闭合回路内形成连续流动，墨水在压力作用下于电谐振器内形成一种稳定、连续、均匀的微小墨滴流。随后，这些墨滴会经过一个带相反电荷的高压电极板，如果某点需要被墨水覆盖，就无需对墨滴施加电场力，墨滴则直接滴落到印刷物的表面；如果某点不需要被墨水覆盖，则需对墨滴施加电场力，墨滴受到电场力后发生偏转，直接掉落到墨水回收系统，以便再次被利用，这些墨滴靠电场偏转到基质特定的区域或通过一个导流槽回流到墨盒。这类喷墨头由于墨水浪费较大，墨点很难做小，因而只为个别品牌的喷墨印刷机所采用。其工作原理如图 1-2 所示。

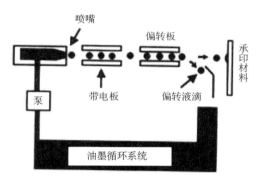

图 1-2   连续喷墨工作原理示意图

连续喷墨技术具有如下优点：一是速度快，因为可连续喷射出墨水，所以连续喷墨技术十分适合高速、大幅面的喷绘，且能保证较高的喷绘精度；二是喷头和被印刷物之间有相当大的一段距离，这样被印刷物材料的厚度就不会受到限制，而且对材料表面平滑度的要求不高；三是连续喷墨技术可使用有机溶剂基墨水，该墨水比水基墨水干燥快，所以连续喷墨技术基本不用干燥，可以节省大量的时间和能源；四是连续喷墨技术设备运行成本低，经济实用。

连续喷墨技术也存在相应的缺点：一是解析度（解析度代表的是单位面积上墨点的数量）不高，通常用在比较粗糙的物质表面；二是连续喷墨中部分不需要的墨滴在回收过程中容易受到污染，污染的墨滴被回收到墨水系统后，势必会污染整个墨水系统，长时间污染物的聚集容易导致喷头堵塞，所以经过一段时间使用后，需要对喷头进行清洗；三是易出现漏墨现象，这主要是因为每一个墨滴离开喷头的时候被充以静电荷，当周围环境有静电干扰时，原本不带电荷的墨滴就会带上静电，受到电场力作用发生偏转后掉落到回收系统，导致那些原本需要被墨水覆盖的地方没有被喷墨，出现了漏墨现象，从而影响打印质量。

连续喷墨方式又可以分为以下两类。

1）单路连续喷墨（Binary Continuous Inkjet）。大都使用于高速打印需求，且承印材料广泛。该系统的主要缺点有：喷印分辨率比 DOD 型喷墨头低；由于它采用的是低黏度的墨水，也没有采用墨路回收装置，会造成一定程度的浪费，相应的耗材成本较高。

2）多路连续喷墨（Multilevel Continuous Inkjet）。主要是带电的墨滴从喷嘴射出后，根据图像信号决定是到达承印物还是进入回收系统内再使用。虽然大都使用在低分辨率、需要高速度的产品上，但也部分使用在中、高档的彩色数字印刷系统中。该系统的主要优点有：喷印速度高，适应性广泛，系统稳定，喷墨头的使用寿命比热感式、压电式喷墨头的寿命长，而且印刷质量、化学性质稳定。但是系统维护费用较高，喷印分辨率相对较低，采用的墨水黏度为 3~6cp，范围较窄。

（2）按需喷墨（Drop-On Demand，DOD）

按需喷墨也叫脉冲给墨或随机喷墨，与连续喷墨技术不同，其墨滴的产生是非连续的，只有在需要墨滴形成部分图像时系统才会产生墨滴。按需喷墨技术就是将计算机里的图文信息转化成脉冲的电信号，然后由这些电信号控制喷墨头的闭合，只有形成图文区的部位才产生墨滴，其成像原理如图 1-3 所示。

按需喷墨技术的设备相对于连续喷墨技术的设备简单。且按需喷墨技术的墨滴是由压电陶瓷形变产生的机械力挤出而成，只有在图文区才会形成墨滴，也不会受到周围环境的静电场干扰，所以漏墨现象较连续喷墨技术而言相对较少。

按需喷墨式喷头可满足较高质量和多功能的需求。根据墨滴喷出方式的不同可分为热喷墨、压电喷墨、静电喷墨、声波喷墨等，其中热喷墨技术和压电喷墨技术是最有代表性的两种按需喷墨技术，而且发展最为迅速。热喷墨打印机，由于低成本、喷头寿命以及耗材等限制，大都使用于办公型打印机。但是压电式喷墨则功能多样，能用于不同的材质，所以适用于数字印刷、包装业、纺织工业和商业印刷等。

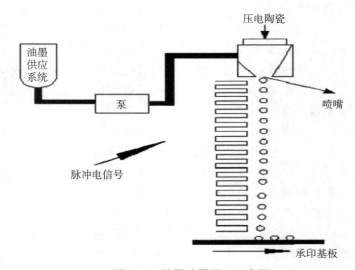

图 1-3　按需喷墨原理示意图

1）热喷墨（Thermal Inkjet，TIJ）。热喷墨技术又称热泡式喷墨或气泡喷墨技术。如图 1-4 所示，其喷墨的基本原理是：将墨水装入一个非常微小的毛细管中，打印时通过一个加热装置迅速将墨水加热到沸点，墨水汽化形成气泡，此时毛细管中压强增大从而将墨水滴挤出。墨滴喷出后气泡破裂，喷出的墨滴断离，飞落到制定的图文区域。停止加热时，墨水冷却导致蒸汽凝结收缩从而使墨水停止流动，直到下一次再产生气泡并形成墨滴。

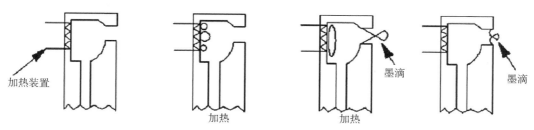

图 1-4　热喷墨技术工作原理

热喷墨技术不需压电晶体的挤压，不存在机械运动，随着半导体集成技术的飞速发展，每个喷头上可集成更多喷孔，实现更高的喷孔密度，从而实现更快的打印速度。而且由于喷孔数量多，就有空闲的喷孔作为备用喷孔，以保障打印头性能的高质量。热喷墨技术的喷头相比压电技术的喷头成本要低很多，更容易被广泛接受。但是，由于使用过程中需要对墨水加热，所以对墨水的要求也更高。加热会使墨水的化学性质发生变化，导致打印出来的画面图像不真。由于喷射的墨滴呈喷溅散射状，很难把握墨滴的形状，墨滴量也会有 10% 左右的误差，从而造成精度低、耗墨量大等问题。

热喷墨技术又分为侧喷型和顶喷型，原理图如图 1-5 所示。

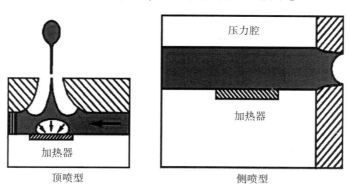

图 1-5　顶喷型与侧喷型热喷头

①侧喷型（Side Shooter Thermal Inkjet）。1977 年，佳能获得侧喷型气泡式喷墨技术专利，与此同时，惠普也发明了与之本质相同的技术，惠普和佳能都宣称是自己的研究人员率先发明了喷墨打印技术，以此建立自己在喷墨打印领域的地位。不过

"Bubble"这一概念已被佳能抢注，惠普只好将此命名为"Thermal Inkjet"。惠普于1984年生产了它的第一台商用侧喷型热喷墨打印机，之后施乐、奥利维蒂公司也纷纷上马生产。其他一些喷墨打印机公司则主要使用这些公司的喷头。

②顶喷型（Roof Shooter Thermal Inkjet）。顶部喷墨孔射出技术最早应用于惠普及利盟的喷墨打印机。

2）压电喷墨（Piezoelect Inkjet）。压电喷墨技术是现在大多陶瓷喷墨机所采用的技术，利用压电传感器的形变对墨水施压。最常用的压电传感器就是压电陶瓷（大部分材料为铅、锆、钽），由压晶体管施加交变电压使其产生形变，压电陶瓷会随电压的变化而发生形变，这种体积的变化会产生压力差。打印头内装有一定容量的墨水，当压电陶瓷的体积膨胀时，打印头内的压强增大，从而挤压喷孔中的墨水喷射出墨滴；当压电陶瓷的体积收缩时，打印头内的压强减小，此时墨滴完全脱离喷孔，墨滴落到打印介质上形成墨点，由不同颜色喷孔喷射的墨点组成所设定的画面。压电陶瓷通过打印控制系统控制打印头喷孔的工作状态。此外，喷孔和墨管相连，因此可通过精确控制墨水容量和墨路压力的供墨系统为打印头连续不断提供墨水，压电喷墨结构及原理示意图如图1-6、图1-7所示。

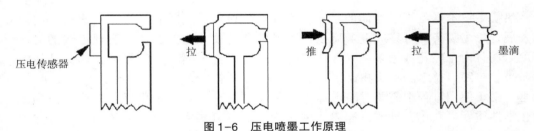

图1-6 压电喷墨工作原理

目前以压电式为主流的喷头不但应用在打印机市场，也由于其印墨选择性多样化，在不同的领域和产业上也被高度重视和采用。除了爱普生将压电喷头成功商业化为高分辨率喷墨（水）打印机外，赛尔和北极星还将其应用于熔融的金属、高分子塑料等材料的喷射与分配，并在电子工业制造上有极大的发展潜力。

压电喷墨技术和热喷墨技术相比，不需要对墨水加热，所以墨水不会发生化学变化；同时墨滴喷出的初速度很高，不易产生拖尾现象；还有就是压电喷墨技术通过控制电压来有效调节墨滴体积的大小，不会产生溅射、定位准确，因此有更高的打印精度。但压电喷头成本较高，为降低成本，一般采用喷头和墨盒分离的设计。

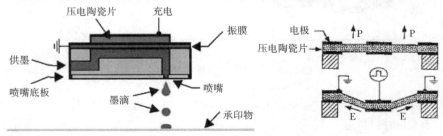

图1-7 压电喷头结构示意

压电喷墨方式又可细分为以下几种（见图 1-8）。

①弯曲型（Bend Mode）。由压电陶瓷片、振膜、压力舱、入口管道及喷嘴所组成。压电陶瓷片承受控制电路所施加的电压，产生收缩变形，但受到振膜的牵制，因而形成侧向弯曲挤压压力舱的液体。喷嘴处的液体因承受内外压力差而加速运动，形成速度渐增的突出液面。其后，作用于压电陶瓷片的电压于适当时间释放，液体压力下降，喷嘴处液滴仍因惯性缘故克服表面张力的牵引而脱离。典型的 300dpi 喷墨头喷嘴直径约 50μm，一次喷出液滴量约 100pl，速度约为 10m/s。为了达到这么高的喷出速度（动压约为 0.5 大气压），并克服液体黏滞性及表面张力，压力舱内液体所承受之压力平均约为 3 个大气压。

②剪力型（Sheer Mode）。由陶瓷片、电极等组成，没有振膜、压力舱等结构。压电陶瓷片承受控制电路所施加的电压，产生收缩变形，喷嘴处液体受压喷出。

③推挤型（Push Mode）。与弯曲型类似，但是它的陶瓷片纵向平行排列，受控制电路所施加的电压推挤制动器脚，液体受压喷出。爱普生早期将多层剪力压电技术引入其喷墨头产品 Stylus Color（1994）和 Stylus Ⅱ（1995），每个喷墨头含有 64 个喷嘴。

④收缩管型（Squeeze Tube Mode）。该技术由 S. L. Zoltan of Clevite 公司于 1970 年发明，1974 年获得美国专利，1977 年西门子公司将其应用于喷墨头产品 PT-80。控制电路所施加的电压引起陶瓷压电管道变形收缩，管内油墨受压喷出。

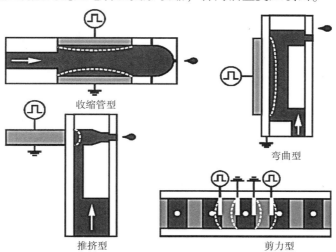

图 1-8　四种压电喷头

2. 按品牌分类

（1）日本精工爱普生（EPSON）

1942 年成立，总部位于日本长野县诹访市，数码映像领域的全球领先企业，以手表起家的精工型企业，针式打印机的创始人，桌面打印机及写真机应用领域的打印头龙头企业。

爱普生公司是全球主要的压电喷头及系统开发商，其产品主要用于爱普生自产自销的办公室及家庭打印机。面向工业喷墨印刷市场，爱普生也开发少量专用工业喷墨打印头供应其他用户。目前日本网屏公司的高速喷墨印刷机 TruePress Jet520 采用了爱普生的喷墨打印头，爱普生自身也开发了面向标签印刷领域的喷墨印刷机。爱普生的产品在喷墨打印头领域具有价格竞争力，但其相对苛刻的合作条款限制了其应用。

日本精工的子公司 SII Printek 公司成立于 2001 年，SII Printek 公司购买了赛尔公司的专利使用权并以此开发出基于赛尔技术的压电式纺织用喷墨打印头，而赛尔本身并不生产这类产品。SII Printek 的产品价格便宜，但由于工作频率低以及寿命短，主要应用于中低端市场。

（2）日本佳能（Canon）

1937 年成立，总部位于日本东京。在 20 世纪 70 年代初研制出日本第一台普通纸复印机。80 年代，佳能首次开发成功气泡喷墨打印技术，并且将其产品推向全世界。其喷头形式以侧喷型热喷墨喷头为主。

（3）日本兄弟（Brother）

兄弟公司为打印机领域的后起之秀，于 2002 年前后进入打印机行业，自 2007 年后发展迅速，现在已经是全球主要打印机生产厂家。

（4）美国惠普（HP）

惠普公司成立于 1939 年，总部位于美国加州帕罗奥多，主要专注于打印机、数码影像、软件、计算机与信息服务等业务。研发了基于 MEMS 技术的热敏喷墨打印头 Edgeline，其印刷宽度为 108mm，每个喷墨头包含两行共 10560 个喷嘴，可以喷印 2 种颜色，分辨率达到 1200dpi，每个喷嘴最高喷射频率为 24kHz，适用于水性墨水。同时，惠普在喷墨打印头的定位方面进行了改进，从而可实现快速更换喷墨头。

（5）日本柯尼卡（Konica）

柯尼卡喷头是新兴的日本品牌，其公司最早以影像为主，涉足生产压电喷头领域时间并不长，但在硬件设施上比较成功。柯尼卡喷头在生产型的喷绘机的运用十分广泛。

柯尼卡美能达喷绘科技公司是日本柯尼卡美能达的子公司，成立于 2005 年。该公司购买了赛尔公司的专利使用权后，开发了基于赛尔技术的压电打印头，其产品以中低端为主，用于广告喷绘、纺织等行业。

（6）日本京瓷（Kyocera）

1959 年成立，世界级的精密陶瓷专业生产商，工业级打印头的杰出代表，但价格十分昂贵。

兄弟公司购买了赛尔及北极星公司的专利使用权并以此开发出基于剪切运动的压电喷墨打印头，京瓷是全球主要压电陶瓷生产供应商。两家公司通过合作，于 2008 年共同推出了 KJ4 系列喷墨打印头。该产品有 2656 个喷孔，是目前喷孔数最多、速度最快的喷墨打印头之一。目前奥西、宫腰和多米诺的高速喷墨印刷机均采用了兄弟-京瓷的喷墨打印头。

（7）日本理光（Ricoh）

1936 年成立，最早探索数字图像输出技术的厂家之一，复印机和传真机曾经长期处于市场领先地位。

（8）英国赛尔（XAAR）

1990 年在英国成立，工业喷墨喷头新兴专业生产厂家，以优良的性价比赢得认可。

（9）美国北极星（Spectra）

北极星公司成立于 1984 年，总部位于美国加州，最早生产热喷墨喷头，后因惠普的出现而最终放弃转而研发工业压电喷头，目前在这个市场已经相当成功。北极星喷头是一种比较高端的喷头，价格比较高，主要用在工业型喷绘机上。

2006 年被日本富士胶片公司收购后改为富士胶片 Dimatix 公司。富士胶片 Dimatix 主要生产高性能压电式喷墨打印头，其特点是技术全面，是目前唯一可以满足各类喷墨打印要求的供应商，但由于产品售价较高，应用受到一定限制。富士胶片公司 Dimatix 的产品采用了一种被称为共享顶（Share Roof）的技术，所有喷嘴可以同时喷射，因此印刷速度较快。

1.1.2.3　打印喷头技术发展

喷墨打印技术主要经历了连续喷墨打印技术、热喷墨打印技术和压电喷墨打印技术三个阶段。而喷墨打印技术的进步及其在工业中的应用也相应推动了工业喷墨打印头的进步与发展。

20 世纪 60 年代，随着墨滴形成及其在电场运动等基础理论的研究，连续喷墨打印理论逐步形成并开始进入应用阶段。20 世纪 70 年代，随着计算机技术的发展，出现了用于喷墨打印机的连续喷墨打印头。

20 世纪 80 年代，热喷墨打印原理被发现。随后热喷墨打印技术得以完善并出现了热喷墨打印头。与连续喷墨打印头相比，热喷墨打印头的工作效率和打印精度更高，同时供墨方式简单，不需要额外加压装置和终端回收装置。因此，热喷墨打印头开始逐步取代用于喷墨打印机的连续喷墨打印头。20 世纪 90 年代，热喷墨打印头开始应用于户外广告用的数码喷绘设备。

20 世纪 90 年代，随着压电喷墨打印技术的进一步发展，压电喷墨打印头开始逐步进入实质性应用阶段。与热喷墨打印头相比，压电喷墨打印头对墨滴的控制能力更强、喷射过程中形成的墨滴体积更小、喷射速度更快、喷射频率更高。同时压电喷墨打印头在喷射过程中无需加热，墨液不会因受高温而发生化学反应，大大降低了设备对墨液质量的要求。此外，压电喷墨打印头还能适用于不带电荷、不受高温汽化产生气泡的打印介质。但与热喷墨打印头相比，压电喷墨打印头的成本较高，因此，压电喷墨打印头仅在对打印质量要求较高的中高端户外广告喷绘领域得到逐步应用。

随着科技的不断进步以及喷墨打印技术应用成本逐步降低，喷墨打印技术在工业中的应用也日益广泛。当前压电喷墨打印头在工业中的应用已经不再局限于中高端户外广告喷绘，而是逐步拓展至纺织印染、陶瓷建材、电子、3D 打印等工业领域；压电喷墨打印头也成为工业喷墨打印头的主流，而热喷墨打印头仍主要应用于家用和办公用打印机。

打印机发展主要时间截点如下：

1885 年，世界上第一台打印机诞生，该打印机为针式打印机。

1976 年，全球首台喷墨打印机诞生。

1976 年，压电式墨点控制技术问世。

1979 年，Bubble Jet 气泡式喷墨技术问世。

1991 年，第一台彩色喷墨打印机、大幅面打印机出现。

1994 年，微压电打印技术出现。

2000 年，全球首款自动双面打印的彩色喷墨打印机 HPDJ970xi 诞生。

2007 年，惠普公司研发设计了带有多喷嘴的大型打印头，即安捷打印技术，采用了跨越整个页面宽度的打印头，打印过程中打印头不动，而打印机运动。

2008 年，澳大利亚的西尔弗布鲁克公司提出了 memjet 技术，使喷墨头呈排列状与纸张同宽，在打印过程中不需要来回移动，可达到每分钟打印 60 页。

2009 年，兄弟公司推出全球首款 A3 幅面喷墨一体机；发展至今已有 12 色的彩色喷墨打印机，以及 A3 幅面以上的大幅面喷墨打印机。

1.1.2.4 打印喷头产业链分析

1. 打印喷头上游行业分析

打印喷头作为打印机的核心部件，影响着打印机的主要使用性能。打印喷头按照喷墨的方式主要分为压电喷墨喷头和热喷墨喷头，其中压电喷墨喷头一般由电路板或电子元器件、压电元件或功能性陶瓷元件、喷嘴板及相应的墨路形成构件形成，而热喷墨喷头则一般由电路板或电子元器件、加热元件、喷嘴板及相应的墨路形成；因此组成喷头结构的上述构件——电路板或电子元器件、压电元件或功能性陶瓷元件、喷嘴板、相应的墨路形成构件形成及用于制造装配喷头的机械加工行业形成了打印喷头的上游行业。其中喷头的使用材质影响着喷头的寿命，一般喷头使用材质都是金属材质；压电元件或功能性陶瓷元件则影响着喷头喷出墨滴的频率和喷出时间的准确性；喷嘴板上喷孔的个数、喷孔的宽度、精度则影响着喷头的尺寸、喷头可打印幅面、喷头的打印分辨率、墨点喷落位置准确性等性能参数，喷嘴板通常采用不锈钢材质；墨路形成构件则是为墨喷头内压力腔室喷出到喷孔外部提供路径；喷头上的电路板或电子元器件则为打印喷头的墨滴喷出工作提供控制信号；而制造装配喷头的机械加工技术则影响着喷头形成的性能、成本，目前，基于喷墨喷头制造成本和精度的要求，国内尚无自主实施的喷头的制造生产线，国际上在喷头制造处于领先地位的企业包括柯尼卡、富士、京资、赛尔、爱普生、佳能、惠普等。

喷头上游行业基本属于充分竞争性行业，打印喷头行业需要的电子元器件及不锈钢等零部件从国内外能够得到充足供应，其产能、需求变化对打印喷头行业自身发展的影响较小，不存在产能供应瓶颈，国内外相关原材料的供应能够保质保量。但基于打印喷头的研发制造成本较高，技术工艺复杂，具有较高的门槛等因素，国内涉及喷头的自主制造技术和设备仍为竞争短板。

2. 打印喷头下游行业分析

打印喷头的下游行业为应用打印喷头的打印产品，包括家用、办公用、商业应用、专用（如存折、票据、身份证件及医疗影像打印领域）及工业应用领域，其中工业应用领域又细分为 3D 喷墨打印、电子、纺织印染、陶瓷建材、广告传媒等行业。打印产品的使用量、功能需求情况决定着打印喷头的行业发展状态及发展方向。从打印产品市场布局来看，2014 年全球打印设备（含复印机）出货量达到 1.1 亿台，保有量超过 5 亿台，全球打印机市场销售额超过 1300 亿美元，全球各类打印设备出货量中喷墨类打印设备占比 59%。在 2016 年各打印厂商占全球打印机出货量比重中，惠普占据了 38.9%，佳能占据了 20.3%，爱普生占据了 14.8%。面对国内喷墨打印需求不断扩大的市场，国外企业在市场和专利布局上都在积极抢占、布局和调整；在专利布局上，爱普生公司随着打印机推出数量的增加，专利数量呈现上升趋势，且其专利数量多，专利保护内容较为细致；在国内以北大方正为代表的企业在喷墨印刷设备研发方面也取得了很大进展。

从图 1-9 可以看出，喷墨打印产品出货量 2014 年为 313.6 万台，与 2013 年相比减少了 3.40%；2015 年前三季度喷墨产品出货总量约 234.2 万台，在中国打印外设市场整体负增长的背景下，实现同比增长 1.3%。喷墨打印机是打印外设市场中唯一同比增长的产品，2015 年第三季度的同比涨幅更是达到了 5.8%。喷墨市场表现突出的原因是喷墨打印机在不同行业领域的应用不断拓展。另外，大容量墨盒产品的不断成长也带动了喷墨市场的增长。2015 年前三季度，大容量墨盒机型的出货量在整体喷墨市场中占比近 35%。继爱普生之后，兄弟、佳能也分别在中国市场发布大墨仓机型，惠普也在 2016 年上市相应产品。相比激光打印机，大墨仓产品在单张打印成本上的优势较为明显。越来越多的用户会选择喷墨打印机，尤其是在家庭办公和中小型企业用户市场中，喷墨打印机所占比例约为 27.4%，比 2014 年增长 1.8 个百分点。相信随着大墨仓机型的不断增长，更多的商用办公领域用户会选择喷墨打印产品。

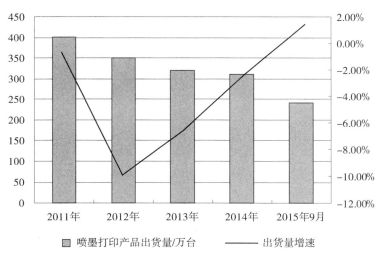

图 1-9　2011~2015 年 9 月喷墨打印产品出货量

资料来源：IDC、宇博智业。

由于喷墨打印机在单张打印成本和彩色成像方面拥有一定的优势，2015 年喷墨打印机商用部分也出现了增长的趋势，喷墨产品在不同行业的应用不断拓展。移动执法办公、医疗、餐饮、服务等行业都越来越多地使用喷墨打印机及相关解决方案。此外，智能化、移动或云打印技术将不断渗入家用和商务办公领域。随着打印机价格的平民化、智能化高度集中、打印技术不断进步，都会催生打印机市场的需求。

在以消费者需求为导向的时代背景下，未来各打印外设厂商必定会通过技术改变和创新来满足用户不断变化的需求。越来越多用户开始关注打印成本，整体喷墨市场的发展前景将更加乐观。

1.1.2.5 打印喷头市场状况

目前，在喷墨打印机领域，技术和市场基本被惠普、爱普生和佳能所垄断。垄断格局的形成，使行业进入壁垒非常高，各企业间也形成了相对封闭的稳定运行体系，大幅提高了芯片、整机研发等高价值环节的转移难度。我国喷头行业总体发展情况如下。

1. 行业资产规模上涨

从图 1-10 可知，2011 ~ 2014 年，打印喷头业总资产四年间平均增长速度为 15.35%，高于工业四年平均增长速度（增长 12.98%）。2011 年我国打印喷头行业资产规模为 13.472 亿元，2012~2015 年 9 月，行业资产规模适中，保持超 15%的增长率发展；2012 年打印喷头行业资产规模达 16 亿元，增速 16.67%；2013 年资产总额为 18.093 亿元，增长 19.78 个百分点；截至 2015 年 9 月，我国打印喷头业总资产达 19.198 亿元，同比增长 18.22%。

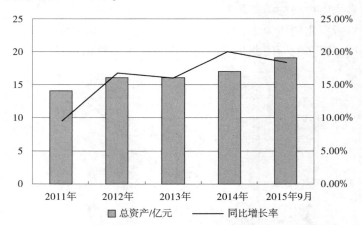

图 1-10　2011~2015 年 9 月打印喷头业总资产增长趋势

资料来源：国家统计局、宇博智业。

2. 行业市场规模稳步运行

从图 1-11 可知，2012 年打印喷头业销售收入总额达到 14 亿元，增速 7.47%；2013 年资产总额为 16.728 亿元，增长 13.17 个百分点；2014 年打印喷头业销售收入总额达超 20 亿元，截至 2015 年 9 月，我国打印喷头业总资产达 16.656 亿元，同比增长 9.75%。

2011~2014 年，打印喷头业销售收入总额平均增速为 9.88%，低于工业四年平均增长速度（增长 14.12%），行业增速一般，整体呈现先加速后减速的趋势。

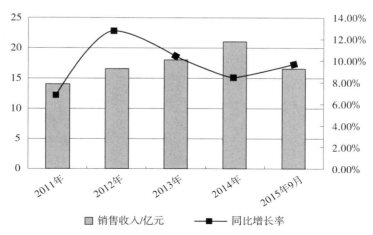

图 1-11　2011~2015 年 9 月打印喷头业销售收入增长趋势

资料来源：国家统计局、宇博智业。

3. 行业产销略微波动前行

2011~2014 年，打印喷头业销售产值总额四年间平均增长速度为 11.61%。2011 年我国打印喷头业销售产值总额 16.10 亿元，2012 年打印喷头业销售产值总额微降至 15.74 亿元，增速 16.67%；2013 年资产总额为 19.04 亿元，增长 10.38 个百分点；2014 年打印喷头业销售产值总额达 21.35 亿元，增速为 8.10%；截至 2015 年 9 月，我国打印喷头业销售产值总额为 17.54 亿元，同比增长 7.28%。

从我国打印喷头业需求情况来看，随着打印机需求面的扩大保持涨势，2011~2014 年打印喷头的需求量稳步增长，增速呈现缓慢下降的趋势。2011 年我国打印喷头的需求量为 510.9 万个，年增速达 11.02%，而到了 2014 年打印喷头的需求量虽然增加到 654.4 万个，同比增速却下降至 8%。

4. 打印喷头行业需求市场稳步增长

打印喷头是精细易损零部件，每年有 30% 的替换率。从图 1-12 可知，2014 年打印喷头的需求量为 645.5 万个，与 2013 年相比增加了 8.00%；2015 年 1~9 月打印喷头需求总量为 527.8 万个，与 2014 年同期相比增加了 7.53%。随着对喷墨打印机的需求不断增加，对打印喷头的需求也将快速增加。预计 2016 年对打印喷头的需求量为 750 万个，到 2018 年突破 1000 万个，2021 年需求量为 1560 万个。打印喷头市场规模将快速增长，到 2016 年打印喷头的市场规模达到 23.63 亿元，2020 年达到 43.00 亿元，2021 年市场规模为 48.98 亿元，年平均增长速度为 15%。

图1-12 2011~2015年9月打印喷头需求情况

资料来源：宇博智业。

1.1.2.6 喷头行业相关政策、法规和标准

1. 喷头行业国内政策、法律和标准

国外喷头行业的相关政策法律读者可参考墨盒行业的相关介绍，以下重点说明国内喷头行业的政策、法规和标准。

（1）喷头行业管理体制分析

打印喷头属于工业化打印技术相关应用产品，行业主管部门为发改委和工信部，行业自律组织为中国印刷及设备器材工业协会。

发改委主要负责研究制定产业政策、提出中长期产业发展导向和指导性意见。工信部对印刷专用设备制造业承担宏观调控和产业方向指引的功能，同时指导行业技术法规和行业标准的制定、监督产业政策的落实。作为政府与企事业单位之间的桥梁与纽带，中国印刷及设备器材工业协会主要负责贯彻国家产业政策，通过信息咨询、技术交流等形式为企业提供服务，维护会员的合法权益。

（2）喷头行业相关政策、法规

1）喷头行业相关国家政策、法规。

工业打印喷头主要为3D喷墨打印、电子、纺织印染、陶瓷建材、广告传媒等工业喷墨打印技术应用领域相关数字化先进喷墨打印设备提供核心部件。近年来，在国家相关主管部门制定的发展规划中，明确了工业喷墨打印行业的发展目标，有助于促进行业的快速健康发展。国家与新型工业喷墨打印技术相关的政策法规如表1-5所示。

表1-5　打印喷头行业政策法规

名称	发布单位	发布时间
《国民经济和社会发展第十二个五年计划纲要》	国务院	2011 年
《当前优先发展的高技术产业化重点领域指南（2011 年度）》	发改委、科技部、工信部、商务部、国家知识产权局	2011 年
《产业关键共性技术发展指南（2013 年）》	工信部	2013 年
《产业结构调整指导目录（2011 年本）（2013 年修正）》	发改委	2013 年
《建筑卫生陶瓷工业"十二五"发展规划》	工信部	2011 年
《电子信息制造业"十二五"发展规划》	工信部	2012 年
《纺织工业"十二五"发展规划》	工信部	2012 年
《国家增材制造产业发展推进计划（2015—2016 年）》	工信部、发改委、财政部	2015 年
《2006—2020 年中国印刷产业发展纲要》	中国印刷技术协会	2006 年
《新闻出版业"十二五"时期发展规划》	新闻出版总署	2011 年
《印刷机械行业"十二五"发展规划》	受工信部委托，由中国印刷及设备器材工业协会组织编制	2011 年

资料来源：宇博智业整理。

在《国民经济和社会发展第十二个五年规划纲要》中，第九章"改造提升制造业"要求装备制造行业要加快应用新技术、新工艺、新装备改造提升传统产业，提高市场竞争能力。支持企业提高装备水平、优化生产流程，加快淘汰落后工艺技术和设备，提高能源资源综合利用水平。

在《当前优先发展的高技术产业化重点领域指南（2011 年度）》中，第七大类"先进制造"第 107 小类"数字化专用设备"指出，数字化喷印设备属于高技术产业化重点领域；第 08 小类"快速制造技术及设备"指出，多点数字化成形技术与装备和直接制作功能零件的技术与装备属于高技术产业化重点领域。

在《产业关键共性技术发展指南（2013 年）》中，第三章第四节"高档印刷装备"，将压电喷墨打印头制造技术列为产业关键共性技术。

在《产业结构调整指导目录（2011 年本）（2013 年修正）》中，第二十大类"纺织类"第 8 和第 10 小类分别指出，采用数码喷墨印花生产技术和纺织机械关键专用基础件的开发与制造属于国家鼓励发展的领域。

在《建筑卫生陶瓷工业"十二五"发展规划》中，第四章"发展重点"将陶瓷装饰用喷墨印刷技术装备列为技术研究与技术改造重点。

在《电子信息制造业"十二五"发展规划》中，第四章"主要任务与发展重点"将印制电路板产品的技术升级及设备工艺研发作为基础电子产业跃升工程。

在《纺织工业"十二五"发展规划》中，第三章"重点任务"将推广数码喷印技术作为纺织、工业节能减排可持续发展的重点工程，第四章"重点领域"要求将喷墨打印头等纺织机械关键配套件作为纺织装备发展重点。

在《国家增材制造产业发展推进计划（2015—2016 年）》中，第二节"总体要求"指出，要扩大 3D 打印在传统制造业中的应用推广，促进工业设计、材料与装备等相关产业的发展与提升；初步掌握 3D 打印关键零部件等重要环节关键核心技术。

《2006—2020 年中国印刷产业发展纲要》指出，喷墨数字印刷的技术发展很快，应注重研究，在开发过程中应发挥我国在系统集成、驱动控制软件等方面的优势，努力开发有自主知识产权的喷墨印刷系统，为工业喷墨印刷控制系统的发展指导了方向。

《新闻出版业"十二五"时期发展规划》强调指出，在"十二五"时期要实现喷墨数字印刷技术自主开发和应用，逐步建立和完善绿色印刷环保质量体系，发挥绿色印刷和数字技术对整个印刷产业实施创新驱动、内生增长的引导作用，带动产业转型和升级。

《印刷机械行业"十二五"发展规划》指出，"十二五"期间印刷装备制造行业要加大数字印刷机，尤其是喷墨数字印刷机的研发力度，研发具有自主知识产权的系列化喷墨数字印刷机。

2）喷头行业相关广东省政策法规。

广东省珠海市于 2014 年 6 月 17 日对外发布了《珠海市打印设备及耗材产业发展规划（2014—2020）》，要求紧抓用户打印设备产品需求不断由喷墨产品向激光产品转移的机遇，大力发展具有知识产权的硒鼓产品，积极参与行业标准的制定，重点加强芯片设计与研发能力、碳粉及感光鼓的研发能力，全面提升从标准、芯片、成品制造与流通等兼容耗材产业链关键环节的竞争力；完善现有兼容墨盒产业发展基础，重点支持喷头创新发展，加快行业标准、产品标准体系建设，大力发展基于产品交易与流通的信息服务业。其具体目标内容如下。

①产业规模目标。

近期目标：主抓高端打印设备、3D 打印、文印外包服务等新方向的拓展，到 2015 年力争产业规模超过 300 亿元（其中高端打印设备收入 120 亿元，高品质耗材收 190 亿元，其他含 3D 打印、文印外包服务等收入 10 亿元）。

中期目标：保持打印设备及耗材产业持续快速发展，到 2017 年力争产业规模达到 500 亿元（其中打印设备收入 200 亿元，打印耗材产值 250 亿元，其他含 3D 打印、文印外包服务等产值 50 亿元）。

远期目标：实现打印设备及耗材产业三大模块的均衡发展，到 2020 年力争产业规模达到 850 亿元（其中打印设备产值 350 亿元，打印耗材产值 350 亿元，其他含 3D 打印、文印外包服务等产值 150 亿元）。形成创新动力强劲、产业环境优越、产业特色鲜明、企业规模聚集、品牌效应显著的打印设备及耗材产业之城。

②载体建设目标。

近期目标：2014～2015 年，加强园区基础设施建设，完善园区产业、生活、商业配套环境，加快承接适合珠海打印设备及耗材产业发展的产业链环节，壮大整机环节，培育 3D 打印，推动企业和项目向园区聚集，积极将珠海市打印设备及耗材产业集群纳入广东省战略性新兴产业基地范畴。

中期目标：2016~2017 年，持续推进产业自主创新能力建设，做大打印设备环节，做强耗材环节，推动 3D 打印等新兴产业快速发展，打造珠海打印设备及耗材产业高端品牌，积极将珠海市打印设备及耗材产业纳入国家级产业集群范畴。

远期目标：2018~2020 年，建成具有全球高端品牌影响力的打印设备及耗材产业制造基地、出口基地和研发基地。把南屏科技工业园建设成为集研发、高端制造、交易和信息服务中心于一体的具有国际影响力的打印设备及耗材产业综合性园区；把富山工业园打造成为中国打印设备及耗材产业新的增长极。

③企业培育目标。

近期目标：到 2015 年，产业集群持续扩大，单位企业规模增大，打印设备及耗材企业总收入上亿元的企业超过 20 家，其中超过 10 亿元的 3 家，超过 50 亿元的 1 家，上市企业总数达到 1 家。

中期目标：到 2017 年，产业链逐步完善，上游配套环节企业、下游应用环节企业逐步增多，打印设备及耗材企业总收入上亿元的企业超过 40 家，其中超过 10 亿元的 6 家，超过 50 亿元的 2 家，上市企业总数达到 2 家。

远期目标：到 2020 年，龙头骨干企业加速壮大，引领带动效应不断增强，力争培育规模以上企业 400 家，总收入上亿元的企业超过 60 家，其中超过 10 亿元的 10 家，超过 50 亿元的 3 家，上市企业总数达到 4 家。

④经济社会目标。

珠海市打印设备及耗材产业集群在逐步做大做强的同时，也将助力珠海市经济社会整体协调发展，实现经济效益和社会效益的双丰收。

近期目标：到 2015 年，珠海市打印设备及耗材产业力争实现利税 30 亿元，带动就业 7 万人。

中期目标：到 2017 年，促进珠海市打印设备及耗材产业利税能力快速提升，力争实现利税 60 亿元，带动就业 10 万人。

远期目标：到 2020 年，力争实现利税 100 亿元，带动就业 15 万人，使珠海市成为珠三角地区特色产业带动经济社会整体发展的典范。

2. 喷头行业相关标准

目前，我国打印喷头相关的行业技术标准如表 1-6 所示。

表1-6　打印喷头行业技术标准

标准编号	标准名称	发布部门	实施日期	状态
SJ/T 11533—2015	24 针点阵式打印头通用规范	工信部	2015-10-01	现行
SJ/T 11538—2015	热打印头通用规范	工信部	2016-04-01	现行
SJ/T 31338—1994	打印头装配线完好要求和检查评定方法	电子工业部	1994-06-01	现行

资料来源：宇博智业整理。

1.1.2.7 我国打印喷头行业发展分析

随着国内经济的快速发展，我国目前已成为全球最重要的工业基地之一，在包括印刷、纺织印染、陶瓷建材、电子等工业喷墨打印头主要应用领域的行业产值规模也已居于世界前列。与此对应，我国喷墨打印设备也具有巨大的现实需求和发展潜力，近年来喷墨打印设备的进出口规模持续增长也表明我国喷墨打印设备的需求量正逐步增加。但由于我国进入打印喷头领域较晚，且喷墨打印头的研发周期长，技术投入要求高，制造工艺精密且复杂，目前我国在喷墨打印产品及喷头领域并无自主生产能力，喷墨打印头市场基本为国外品牌厂商垄断，国内生产所需主要依赖进口，这也成为我国喷墨设备制造企业普遍面临核心技术缺乏带来的发展后劲不足，竞争力不强的重要影响因素。近年来，以爱司凯为代表的少数国产品牌厂商经过多年的工业化打印技术基础研究和持续积累，已开始涉足工业喷墨打印头行业，并有望打破该领域为国外品牌长期垄断的格局。届时，国产品牌喷墨打印头产品"进口替代"效应将逐步显现，前景广阔。基于目前国内打印喷头领域的现状，国内从事打印行业的企业应整合区域资源、人才优势加大技术研发投入力度，也可基于国外喷墨主流品牌近几年在市场上的表现，结合自身的资金链运转情况，对相关喷墨领域企业实施并购业务，提高喷墨领域的研发起点；同时政府应加大企业研发资金投入力度；此外，政府还应引导国内打印或耗材行业龙头企业或产业联盟开展喷头领域的标准、法规的制定。

1.2 课题研究方法

1.2.1 技术分解

结合专利分析的特点和需求，课题组对油墨喷射设备技术领域进行分类和细化，在借鉴国际专利分类（IPC）、日本专利分类（F-term）以及联合专利分类（CPC）的结构形式的基础上，根据油墨喷射关键设备的功能构成，将油墨喷射关键设备的分析主题由上位到下位分成不同的层级，每个层级代表不同的技术分支，采用一级到四级的划分结构（见表1-7）。课题组在制定技术分解表的过程中，综合考虑了油墨喷射设备的行业技术特点和研究需要，并与本技术领域的技术人员和学者进行沟通交流，对技术分解表不断进行修改和完善；同时，为了避免专利分析和行业内实际情况脱节，课题组还通过对行业内企业的调研和企业相关技术人员的咨询，进一步完善了技术分解表的构成。

表1-7　油墨喷射关键设备技术分解表

一级分支	二级分支	三级分支	四级分支
油墨喷射关键设备	喷头	结构	喷嘴结构
			喷嘴布置
			流动路径结构
			供墨室的结构
		安装	连续印刷
			行印刷
		制造	孔板的制造
			喷嘴的制造
			驱动元件制造
			层压型头制造
			非层压型头制造
			制造方法
		维护	防止喷头干燥
			清洁喷头
	墨盒	墨盒重注	
		墨盒余量检测	通过光学
			电极或电阻
			通过磁学
			通过浮子
			振动或超声
			基于打印量
			通过视觉
			其他
		压力平衡系统	通过阀
			通过挤压机构
			通过负压形成材料
		机械结构	

1.2.2　数据检索

　　本报告采用的专利数据主要来自国家知识产权局专利检索与服务系统。其中，中国专利数据主要来自中国专利文摘数据库（CNABS）和中国专利全文文本代码化数据库（CNTXT），并转库至中国专利摘要数据库（CPRSABS）进行数据提取；全球专利数据主要来自世界专利文摘数据库（SIPOABS）、日本专利文摘数据库（JPABS）、外文数据库（VEN）和德温特世界专利索引数据库（DWPI），并转库 DWPI 进行数据提取。

本报告的数据主要涉及喷头分支数据和墨盒分支数据。墨盒分支数据又分为墨盒重注、墨盒余量检测、墨盒机械结构、墨盒压力平衡四大分支，各技术分支之间相似度不高，检索重合度较小，因而采用分总的检索方式进行，首先对各个技术分支分别进行检索，其次将各技术分支的检索结果进行合并去重，得到总的检索结果。各技术分支的数据检索截止日期均为 2018 年 12 月 31 日。

本报告喷头分支总体数据规模如下。

全球文献总量：喷头领域专利申请总量为 45735 项。在未进行合并去重前，涉及喷头结构的为 21615 项，涉及喷头安装的为 6424 项，涉及喷头制造的为 18955 项，涉及喷头维护的为 17647 项。

中文文献总量：喷头领域的中国专利申请共 7574 件。在未进行合并去重之前，涉及喷头结构的为 4675 件，涉及喷头安装的为 1886 件，涉及喷头制造的为 2558 件，涉及喷头维护的为 3019 件。

本报告墨盒分支总体数据规模如下。

全球文献总量：墨盒领域全球专利申请总量为 19174 项。其中在未进行合并去重前，涉及墨盒重注的为 8425 项，涉及墨盒余量检测的为 6386 项，涉及压力平衡系统的为 9675 项，涉及机械结构的为 11383 项。

中文文献总量：墨盒领域的中国专利申请共 8484 件。其中在未进行合并去重之前，涉及墨盒重注的为 5085 件，涉及墨盒余量检测的为 2380 件，涉及压力平衡系统的为 5198 件，涉及机械结构的为 6482 件。

1.2.3　相关事项和约定

1）同族专利。在做全球专利数据分析时，存在一项发明创造在不同国家进行申请的情况，这些发明内容相同或相关的申请被称为专利族。优先权完全相同的一组专利文献称为狭义同族，而具有部分相同优先权的一组专利文献称为广义同族，而通过某个中间纽带把本来优先权完全不同的两组专利文献聚集到一起称为交叉同族。本课题中的同族专利指的是交叉同族，一项专利指的是一组交叉同族。

2）S 系统的外文数据库（VEN）中采用 FN 字段表示交叉族号，因此任意两件专利申请是否属于同族专利的判断依据就是看这两件专利申请的 FN 字段号是否相同；对申请量项数的统计实际上就是统计不重复的 FN 数量；在数据整理时，就将具有相同 FN 字段号的专利申请进行去重、合并处理。

3）项。同一项发明可能在多个国家/地区专利局提交专利申请，德温特世界专利索引数据库（DWPI）将这些相关的多件申请作为一条记录收录。在进行专利申请数据统计时，对于数据库中以一族（这里的"族"指的是同族专利中的"族"）数据的形式出现的一系列专利文献，计算为"一项"。一般情况下，专利申请的项数对应于技术的数目。

4）件。在进行专利申请数量统计时，为了分析申请人在不同国家、地区或组织所提出的专利申请的分布情况，将同族专利申请分开进行统计，所得到的结果对应于申请的件数。一项专利申请可能对应于一件或多件专利申请。

5）合作申请。定义为具有两个及两个以上申请人的专利申请。

6）多边专利。定义为具有三个以上（含）公开公告国家的专利申请。

7）有效专利。定义为到检索截止日专利权处于有效状态的授权专利。

8）失效专利。定义为已取得专利权但专利权已经终止的专利。

9）授权率。取得专利权的发明专利数量/（发明专利数量-待审发明专利数量）。由于实用新型不经过实审，授权率接近 100%，故该指标不用于评价实用新型。

10）维持期限。对于失效专利，该期限起止日期定义为申请日至专利权终止日期；对于有效专利，该期限起止日期定义为申请日至法律状态查询日 2018 年 12 月 31 日。

11）全球申请。申请人在全球范围内的各专利主管机关提出的专利申请。

12）中国申请。申请人在中国国家知识产权局的专利申请，包括中国申请人提交的国内专利申请和外国申请人提交的中国专利申请。

13）3/5 局申请。指同一项专利申请同时向美国专利商标局、欧洲专利局、中国国家知识产权局、日本特许厅、韩国知识产权局中的至少 3 个局提交了专利申请。

14）国内申请。中国申请人在中国国家知识产权局的专利申请。

15）入华申请。外国申请人在中国国家知识产权局的专利申请。

16）国别归属规定。国别根据专利申请人的国籍予以确定，其中欧洲包括欧洲专利局（EPO）下属 38 个国家/地区，在数据统计时，将上述 38 个国家/地区的申请人国籍全部以欧洲籍（EP）计，但不改变申请号、公开号中的国家代码；俄罗斯的数据包含苏联；德国的数据包括东德、西德；中国省市的数据包括中国各省、直辖市和自治区、台湾地区、香港特别行政区和澳门特别行政区。❶

17）国家/地区名称缩写。CN 代表中国，US 代表美国，EP 代表欧洲，JP 代表日本，KR 代表韩国，AU 代表澳大利亚，CA 代表加拿大。

18）申请人名称约定。本报告在检索中涉及大量的申请人（企业）名称，由于翻译、公司并购历史复杂等原因，同一申请人可能对应着多个不同的名称。为了方便统计专利数据，体现申请人真实的专利状况，同时基于图表标注的需要，本报告对出现频次较高的重要申请人进行名称合并和统一约定，而不同名称的合并是综合考虑德温特世界专利索引数据库（DWPI）的公司代码，公司官网中公布的公司合并和收购历史，公司年报中公布的子公司等多方面信息来进行的。关于本报告中出现频率较高的部分专利申请人的名称约定请见附录。

19）近期数据不完整说明。本次课题检索对于 2018 年底以后的专利申请数据采集不完整，课题统计的专利申请量比实际的专利申请量要少，这是由于部分数据在检索

---

❶　中国专利数据库中将中国大陆地区与中国台湾地区提交专利申请的来源地均标引为 CN。为了方便起见，本报告中不对其进行特别区分，即中国专利数据分析中国内省市数据包括了中国台湾地区。

截止日之前尚未在相关数据库中公开。例如，PCT 专利申请可能自申请日起 30 个月甚至更长时间之后才进入国家阶段，从而导致与之相对应的国家公布时间更晚；发明专利申请通常自申请日（有优先权的自优先权日）起 18 个月（要求提前公布的申请除外）才能被公布；以及实用新型专利申请在授权后才能获得公布，其公布日的滞后程度取决于审查周期的长短等。

第 2 章 墨 盒

墨盒是喷墨打印机上用于储墨、导墨的功能性部件。墨盒的主要作用是通过接收程序指令产生动能，使墨水从喷孔内射出，以圆点的形状打在介质上形成文字或图案，实现打印功能。

2.1 检索与统计

本章的数据来源主要为 CPRSABS、CNABS、CNTXT、JPABS、SIPOABS、VEN 和 DWPI，从 CPC、F-term 和 IPC 中选定相关分类号，并选取合适的中、英文关键词，构建适当的检索式对专利信息进行检索，检索截止日期为 2018 年 12 月 31 日，最终涉及样本包括全球专利申请 19174 项、中国专利申请 8484 件。

通过对墨盒领域的技术进行分解，将墨盒领域分为墨盒重注、墨盒余量检测、墨盒机械结构、墨盒压力平衡系统四大技术分支，各技术分支之间相似度不高，检索重合度较小，因而采用分总的检索方式进行，首先对各个分支分别进行检索，其次将各技术分支的检索结果进行合并去重，得到总的检索结果。

2.2 全球专利分析

2.2.1 全球专利申请量趋势分析

图 2-1 显示了墨盒领域的全球专利申请总量随时间变化的趋势，图 2-2 显示了墨盒领域的专利申请技术生命周期。结合图 2-1 和图 2-2 可以看出，墨盒领域的全球专利申请总量发展情况大致可以分为以下三个主要发展阶段。

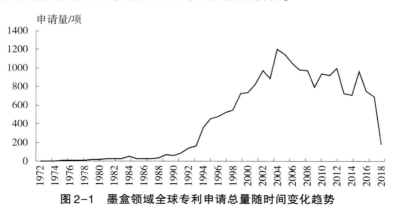

图 2-1 墨盒领域全球专利申请总量随时间变化趋势

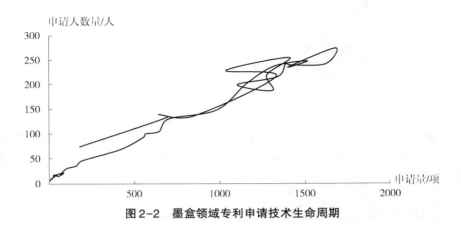

图 2-2　墨盒领域专利申请技术生命周期

第一阶段（1972~1993 年）。这一阶段是墨盒技术的技术萌芽期，该阶段墨盒技术发展缓慢，主要技术处于摸索阶段，墨盒专利申请量较少，在 1991 年以前均在 100 项以内。这一阶段，伴随着打印机技术的发展，打印耗材的应用也逐渐受到人们的关注。其中全球涉及墨盒的第一件申请专利为英国公司所申请的关于墨盒余量检测的专利（公开号 GB1503151），该专利直至 1978 年才获得公开。

第二阶段（1994~2004 年）。这一阶段是墨盒技术的快速发展期，在经历了多年的缓慢发展后，墨盒技术自 1994 年开始进入了快速发展的阶段。全球经济发展迅速，打印机计算机技术得到普及，打印机与计算机相连后拓宽了打印机的应用范围，使得使用者对墨盒的需求量大大增加，墨盒市场迅速扩大，使用者对打印耗材性能的关注度也进一步加深。同时，世界各国均在关注工业对环境的影响程度，例如欧洲国家出台了多项标准限定了墨盒对环境的影响，各项相关规定促进了研发人员对墨盒进行进一步改进，使得墨盒的专利申请数量得到快速增长。

第三阶段（2005 年至今）。这一阶段是墨盒技术的技术成熟期，墨盒技术的专利申请量虽然产生波动，但仍保持了较多的数量。2009 年出现明显回落，这主要是受到当时经济浪潮的影响，导致各企业发展受限，专利申请量减少。此外，由于主要申请人对墨盒相关技术的不断关注和研究的不断深入，技术发展进入了相对成熟期。

2.2.2　全球专利申请人排名分析

图 2-3 为墨盒领域全球专利申请量排名前 10 位的申请人分布图，统计过程中将各子公司的申请量与母公司的申请量进行了合并统计。从图 2-3 中可以看出，全球专利申请总量排名前 10 位的申请人中，日本企业占 5 位（爱普生、佳能、兄弟、理光、富士胶片），这也说明了日本在该领域的技术领先地位。美国企业有惠普，其申请专利总量位于全球第四；而中国企业——天威和纳思达的申请量也跻身前 10 位。从排名可以看出，在墨盒领域，外国企业在申请数量上占据了绝对的优势，拥有雄厚的技术实力，中国企业在专利数量上虽已跻身十强，但与领先企业相比仍存在较大的差距，还需进一步加强对该领域的研发投入。

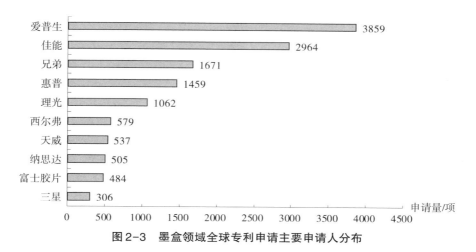

图 2-3 墨盒领域全球专利申请主要申请人分布

2.2.3 全球专利申请人类型及专利申请合作模式分析

图 2-4 为墨盒领域的全球专利申请的合作模式分布。可以看出，在墨盒领域，大部分申请人为企业单独申请，占总申请量的 77%；其次为合作模式的申请，占总申请量的 18%。合作申请通常包含企业-企业、企业-个人、企业-研究机构（包括高校）、个人-个人等不同的合作情形，以企业-企业的合作申请模式居多，占总申请量的 9%，其次为企业-个人的合作模式，占总申请量的 7%。此外，研究机构于墨盒领域的专利申请较少，这与研究机构进行成果保护的形式及墨盒属于技术偏向成熟领域有关。

这说明墨盒领域各项技术以企业研发为主，各企业以专利作为市场竞争的重要武器，其技术发展水平基本代表了行业的整体发展水平，因此通过关注主要公司的技术创新动态即可以了解行业整体发展情况。

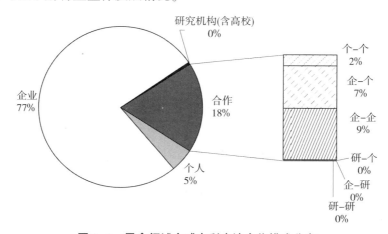

图 2-4 墨盒领域全球专利申请合作模式分布

2.2.4　全球专利申请人国家/地区分析

1. 整体情况

图2-5为墨盒领域全球专利申请国家/地区分布。可以看出，日本专利申请量最多，占据全球专利申请总量的61%。中国专利申请总量排名第二，占比17%。美国占比14%。可见该领域在技术分布上地域集中，技术竞争主要集中在日本、美国和中国。

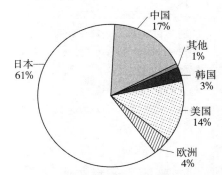

图2-5　墨盒领域全球专利申请国家/地区分布

2. 全球专利公开国及原创国

图2-6为墨盒领域主要专利申请国家/地区公开专利数量与原创专利数量的比例，其中原创申请百分比计算方式为：国家/地区原创申请百分比=该国家/地区原创申请量/该国家/地区公开专利量。专利公开量的多少体现该国家/地区市场被重视的情况，而原创申请的多少体现该国家/地区本身的技术原创能力。

从图2-6中可以看出，全球公开专利申请中，日本申请量位居第一（12540项），其次为美国（7998项），中国（5871项），欧洲（3304项）和韩国（1535项）。日本的原创申请百分比高达99%，美国为35%，中国为58%，韩国为41%，欧洲为25%。日本依托其在打印行业中拥有的绝对技术优势，在整个墨盒领域保有绝对领先的技术原创度，这也从侧面说明了日本对技术投入的活跃度和重视程度。中国的专利公开量虽然位于第三，但在原创能力上表现较好，这也说明中国虽然较晚进入打印行业，但通过近些年不断发展和追赶，在墨盒领域也具备了一定的竞争力。

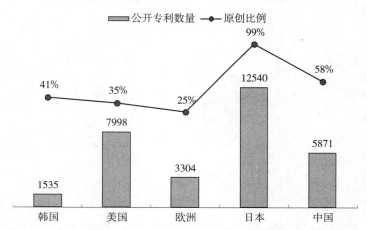

图2-6　墨盒领域主要国家/地区公开专利数量与原创专利数量比例（单位：项）

3. 重点国家/地区的专利动态

图2-7为墨盒领域全球主要国家/地区专利申请发展趋势。可以看出，日本、美国

和欧洲国家在墨盒领域起步较早，从 20 世纪 70 年代就开始涉足并引领全领域的发展，到现在还一直活跃在该领域。

墨盒领域最早的发明专利申请出现在欧洲，但从图 2-7（d）可以看出，欧洲在墨盒领域的发展趋势虽保有平稳发展的态势，但专利申请总量不多，并未对该领域产生较大影响。

日本也是早期申请国，并将墨盒领域发展为本国的传统强势技术，其专利申请量一直保持增长，且申请数量多年来均位居第一。从图 2-7（a）可以看出，其最早申请于 1973 年提出，是关于墨盒压力平衡阀的专利申请，之后迅速发展，从 1993 年开始专利申请就突破了百项，其技术发展代表了全球领先水平。

图 2-7（b）为美国在该领域的发展情况。可以看出，美国在墨盒领域技术研究起步较早，期间经历了快速发展，但是近年来专利申请量有所下降。图 2-7（e）为韩国在该领域的发展情况。韩国起步较晚，专利申请量在经历了短暂的快速增长后迅速回落。这说明在美国及韩国，经过激烈的市场竞争后，部分企业慢慢退出了墨盒市场。

图 2-7（c）为中国在该领域的发展情况。可以看出，虽然中国起步较晚但是发展迅速，近年来年申请量逐渐超过美国，成为第二大申请国，在该领域占据了一席之地。

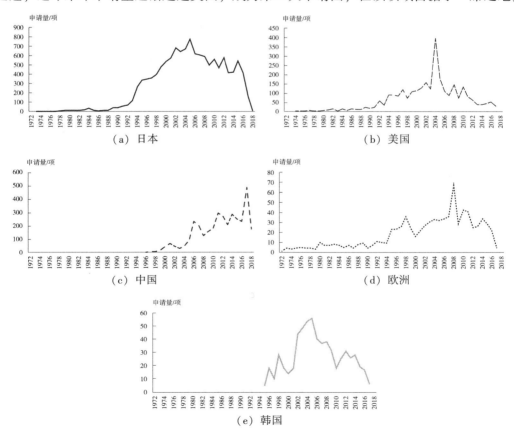

图 2-7　墨盒领域全球主要国家/地区专利申请发展趋势

2.2.5 全球专利活跃度与集中度分析

表2-1为全球墨盒技术专利申请的活跃度与集中度，显示了墨盒技术领域在全球、主要国家/地区以及主要申请人的活跃度与集中度情况。

表2-1 全球墨盒技术专利申请的活跃度与集中度

项目	活跃度[1]		集中度[2]	
全球	2.43	↑↑↑		
主要国家/地区	日本	2.33	↑↑↑	58.46%	
	美国	1.29	↑	20.20%	
	中国	5.04	↑↑↑↑	12.44%	98.92%
	欧洲	1.86	↑↑	4.67%	
	韩国	0.73	↓	3.15%	
主要申请人	爱普生	2.52	↑↑↑	14.88%	
	佳能	0.78	↓	12.02%	
	兄弟	1.86	↑↑	6.42%	
	惠普	0.91	↓	5.67%	
	理光	4.20	↑↑↑	4.13%	
	天威	1.56	↑↑	2.12%	52.00%
	西尔弗	0.31	↓↓	2.06%	
	富士胶片	1.03	—	1.90%	
	纳思达	4.11	↑↑↑	1.59%	
	三星	0.13	↓↓	1.21%	

注：1. 研发活跃度与箭头表示的函数关系如下：

↓↓↓	↓↓	↓	—	↑	↑↑	↑↑↑	↑↑↑↑
0~0.1	0.1~0.5	0.5~0.9	0.9~1.1	1.1~1.5	1.5~2	2~5	5~∞

2. 集中度为申请人的申请总量占该全球专利申请总量的百分比。

从表2-1的活跃度可以看出，墨盒技术在全球的专利申请还处于比较活跃的上升期。而就主要国家/地区的活跃度表现来看，以中国的表现最为突出。近年来中国关于墨盒的专利申请大大增加，得益于以纳思达和天威为代表的中国企业的迅速发展，而中国企业以国内市场为主，说明近年来中国国内墨盒市场较大。

活跃度表现也较高的日本在打印机和墨盒领域技术发展较为充分，专利申请数量也较多，不仅拥有专利申请量占据第一的爱普生，还有佳能、兄弟、理光等均为全球申请量的前十企业。从活跃度分析表中可以看出，目前仍处于较为活跃阶段的企业有爱普生、理光、兄弟等，而佳能活跃度较低，说明其在墨盒领域技术研发重点已经转移，专利申请量增长变缓。

此外，美国企业惠普以及韩国企业三星活跃度均较低，说明其技术发展均已较为成熟，或其技术研发方向已发生转移。

从表 2-1 的集中度可以看出，墨盒领域的地域集中度非常高，五局申请量集中度为 98.92%，且日本专利集中度高达 58.46%，说明日本在该领域具有绝对的技术优势；美国集中度为 20.20%，虽然活跃度不高，但研发及产业实力仍不容小觑；中国企业在墨盒领域的起步较晚，但发展最为迅速，在短时间内申请了大量专利，大有后来居上之势。

从申请人的集中度表现来看，日本的爱普生的专利集中度为 14.88%，且仍处于非常活跃的阶段，为全球领军型企业；佳能虽然活跃度在下降，但其集中度为 12.02%，说明该企业在墨盒领域有一定的技术积累，为墨盒领域的重要申请人。主要申请人总体集中度指数为 52%，这表明该领域的技术垄断程度相对较低，准入门槛不是很高，但企业之间的竞争会更为激烈。

总体来看，墨盒领域各项技术经过了长足发展，各传统企业的专利布局已初步完成，国外各企业除日本龙头企业仍在加强研发外，其他企业专利申请发展势头已开始放缓，而国内市场仍在扩张，企业间的竞争仍然较为激烈。

2.2.6　五局专利申请目的地分析

企业在某个国家的专利布局与企业对该国市场的重视程度密切相关。从图 2-8 可以看出：日本在本国专利申请量和海外申请量分别为 11506 项和 9577 项，美国为 2660 项和 1576 项，中国为 3111 项和 399 项，欧洲为 408 项和 521 项，韩国为 607 项和 375 项；并且，其他国家在日本的专利申请量均不超过 100 项，日本在他国的专利申请量均接近或超过他国在其本国的专利申请量，而美国则是最大的专利输入国。各国情况单独分析如下。

中国的申请量虽然很大，但是主要集中在国内，海外申请量相对偏少，而其他国家也较为注重在中国的专利布局。主要原因是中国在墨盒领域技术起步较晚，虽然近年来技术发展较快，专利申请数量增多，但是整体的技术实力仍然偏弱，在国际市场上缺乏竞争力，没能达到在全球进行专利布局的能力；且中国墨盒市场较为开放，墨盒需求量大，吸引了国外申请人来华进行专利布局。

日本在本国和国外的申请量均最大，且其他国家申请人对日本的输入比例较小，其对任一国家的专利输出数量均大于他国专利输入数量，处于顺差地位，体现了日本申请人在专利布局上立足本国防御、积极对外扩张的状态。由于日本有重视专利申请的传统，且有爱普生、佳能、兄弟等墨盒领域领军型的企业，在墨盒领域各项技术上投入研发较多，故申请量最大；在这些企业形成的专利壁垒下，其他国家考虑到进入日本国内市场难度太大，在日本的专利布局也较少。

韩国整体申请数量较少，且主要集中在国内。韩国在墨盒领域起步较晚，在经过一段时间的发展后，由于竞争激烈，受市场影响，减少了研发投入，因此专利申请量并不是很大，海外专利布局主要集中在美国和中国。

欧洲整体申请量较少，主要分布在欧洲、美国和中国。欧洲为墨盒领域的传统市场，但在美国和日本等企业兴起的情况下，欧洲未产生较强的能与之抗衡的企业，专利申请数量不多，但是较为注重海外专利布局。从图中可以看出其海外专利申请总量超过了本地区专利申请总量，说明欧洲产品仍有大部分用于出口海外，通过对本地区外的专利布局的重视占有市场。

美国的申请量较大，以国内申请为主，此外在欧洲和中国均有专利布局，各国/地区均较为重视在美国的专利布局，是墨盒领域最大的专利输入国，各国/地区向美国提交的专利申请量均多于向其他国家/地区提交的数量。体现出美国是最受重视的市场，美国向来注重知识产权的保护，凡是进入美国的产品都可能会受到专利侵权的影响，在严厉的专利制裁制度下，各国均重视美国的专利技术申请，美国本国企业在墨盒领域的技术发展也很充分，专利申请量较多。

综上，中国企业的专利布局意识已不断增强，但在日本、美国均已形成较为严密的专利布局，并且海外申请人也很注重在中国的专利布局的情况下，中国企业海外布局较少，专利输出数量均小于他国/地区专利输入数量，处于明显逆差地位，面临较大的竞争压力，需在技术上积极寻求突破，注重海外专利布局和专利侵权风险防范。

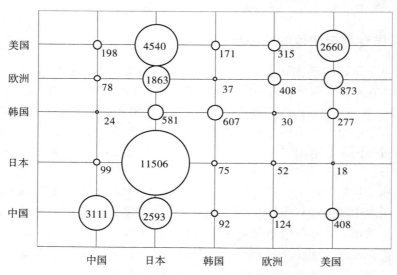

图2-8　墨盒领域五局技术流向（单位：项）

2.3　中国专利分析

从图2-9中可以看出，截止到2018年12月31日，在墨盒领域的中国专利申请中，涉及墨盒重注的为5085件，涉及墨盒余量检测的为2380件，涉及墨盒压力平衡系统的为5198件，涉及墨盒机械结构的为6482件。由此可知，在上述四个技术分支中，涉及墨盒机械结构的专利申请量最多，其次为墨盒压力平衡系统、墨盒重注、墨盒余量检测。其中，墨盒机械结构主要包括了墨盒与喷头之间用于实现墨水连通功能的结构、用于进行墨盒安装检测的结构等；墨盒压力平衡系统则主要涵盖了墨盒内部用于调节墨盒内部的压力以保证墨水能够连续、稳定地向喷头进行供给的结构；墨盒重注则主要涉及在墨盒的墨水耗尽时，借助注墨工具或连供墨盒通过墨盒本身具有的注墨口或重设开设的贯穿孔进行墨水的再填充等实现墨盒的再生相关的专利申请；墨盒余量检测则主要是涉及通过机械、光学、电学、振动、磁学或声学手段对墨盒内部的墨水量进行检测的结构。

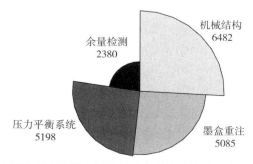

图 2-9　中国专利申请量于墨盒领域各技术分支的分布（单位：件）

2.3.1　中国专利申请量趋势分析

墨盒领域中国专利申请量的变化大致经历了以下三个主要发展阶段（见图 2-10、图 2-11）。

第一阶段：技术萌芽期（1985~1996 年）。我国墨盒领域首件专利申请于 1985 年提交，申请人为意大利好利获得公司。这一阶段墨盒领域的年专利申请量不超过 60 件，申请人数量也相对较少，不超过 15 个，是墨盒技术的萌芽期。该阶段主要为国外公司就墨盒相关技术在中国进行专利布局，占据了该时期中国专利申请的主要比例；与此同时，国内企业由于对墨盒等打印耗材的认识尚处于起步阶段，技术活跃程度不高，这一时期仅有 2 件国内申请，且都是由个人于 1996 年提出。

第二阶段：技术发展期（1997~2006 年）。这一时期，墨盒领域的专利申请稳步增加。随着打印产品市场需求的不断扩大，国内申请人也逐渐开始于墨盒领域投入研发力量并申请专利。国内企业最早由天威飞马打印耗材有限公司于 1997 年提出关于墨盒重注技术的专利申请。这一阶段，申请人保持在两位数，申请量也逐年攀升，结合图 2-11 可以看出，申请人和申请量都有大幅度的增长，显示该技术进入了一个快速发展期。这一阶段的国内申请量有了快速的增长，国外企业也加大了对中国的专利布局，表明国内外申请人越发重视中国市场的开拓，并积极通过专利布局，抢占份额。

第三阶段：技术调整期（2007 年至今）。这一时期，虽然专利申请量有所波动，但总体申请量仍然在增长。2008 年的全球经济衰退对 2008 年、2009 年的专利申请量产生了直接的影响，国内企业和国外企业在华申请的数量均有所下滑，因而这两年墨盒专利申请总量有所下降。之后该领域技术的专利申请量继续增长，于 2012 年达到峰值 560 件，且国内申请人的年申请量开始高于国外申请人在华的年申请量，说明随着国内对墨盒作为打印耗材的功能和其市场潜力认识的不断深入，越来越多的企业进入了该技术领域，给予了该技术领域越来越高的关注度和研发热度。

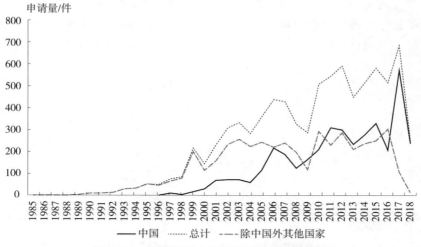

图2-10　墨盒领域中国专利申请量发展趋势

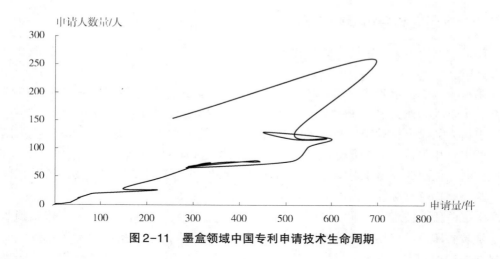

图2-11　墨盒领域中国专利申请技术生命周期

2.3.2　中国专利申请人排名分析

图2-12为墨盒领域中国专利申请的申请量排名前10位的申请人分布图，统计过程中将各子公司的申请量与母公司的申请量进行了合并统计。从图2-12可以看出，墨盒领域中国专利申请总量排名前10位的申请人中，有4家是日本公司（爱普生、佳能、兄弟、理光）、2家美国公司（惠普和施乐）、3家中国公司（大陆的纳思达、天威和台湾地区的研能科技）。国外公司在申请数量上占据了主导地位，尤其是日本的爱普生，专利申请量高达1624件。中国的3家企业在墨盒领域的专利申请量分别为586件、580件和96件，国内其他相关企业和研究机构在该领域的研发热度不高。

这表明随着中国墨盒市场的不断扩大，耗材产品消费需求的不断提高，国内企业在墨盒领域的研究热度或技术创新活跃度更为积极；然而国内其他企业和研究机构在该领域的研发热度不高，自主创新能力和技术产出寻求专利保护的意识还均有待提高。

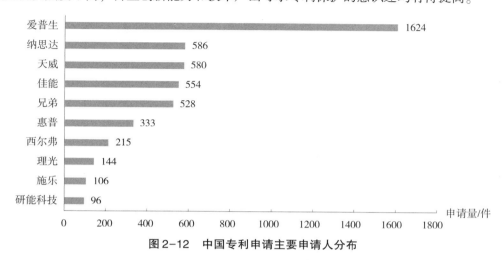

图2-12　中国专利申请主要申请人分布

2.3.3　中国专利申请人类型及专利申请合作模式分析

图2-13为墨盒领域中国专利申请的申请人类型以及专利申请合作模式分布情况。可以看出，在墨盒领域，主要为企业的单独申请，占申请总量的80%；其次为个人申请，占申请总量的17%；研究机构申请量占1%，合作申请形式的申请量占2%。

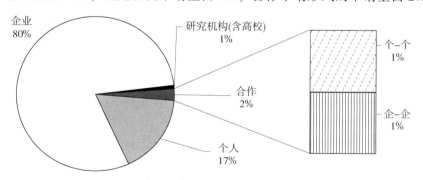

图2-13　中国墨盒领域申请人类型与合作类型

墨盒领域专利申请模式与墨盒的行业特色有关，墨盒市场需求量较大，各企业之间的市场竞争也较为激烈，如日本有爱普生、佳能等，美国有惠普、施乐等，而中国也有纳思达和天威等。专利作为市场竞争和技术保护的重要武器，使得业内企业更加注重专利申请。同时，通过该领域个人申请较多以及合作申请较少的情况，还可以看出墨盒领域的技术准入门槛较低。

企业作为墨盒领域各项技术中的创新主体，其技术发展水平基本代表了行业的整体发展水平，因此通过关注主要公司的技术创新动态即可以了解行业整体发展情况。

2.3.4 中国专利申请国家/地区分析

图 2-14 为墨盒领域中国专利申请国家/地区分布图。可以看出，中国的专利申请量位居第一，占比达 46%；日本专利申请量位居第二，占比 39%。说明在墨盒领域，国内申请人已经认识到技术申请专利保护的重要性，日本则依托其本土的爱普生、佳能、兄弟等几大知名企业作为技术创新主体，创造了较高的专利申请量。此外，美国、韩国等国家也均在中国进行了专利布局，说明随着

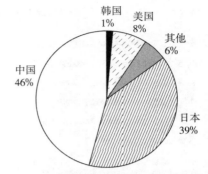

图 2-14 中国墨盒领域专利申请国家/地区分布

中国专利制度的不断完善，打印耗材市场的不断扩大，国外企业对中国市场越来越重视，通过在中国开展积极的专利布局，进而抢占市场。

2.3.5 中国专利申请法律状态分析

图 2-15 为墨盒领域中国专利申请中主要申请国的专利申请类型。可以看出，在墨盒领域的中国专利申请中，发明申请所占比例为 65%，实用新型所占比例为 35%。发明专利申请中，52% 为日本申请，25% 为中国申请；实用新型专利申请中，15% 为日本申请，85% 为中国申请：即绝大部分的实用新型专利均为中国申请，一半以上的发明专利均为日本申请。

说明日本申请人较为注重墨盒领域专利技术的质量和专利的稳定性，倾向于申请专利保护较为稳定的发明专利申请。而中国申请人由于墨盒技术受制于与其配套

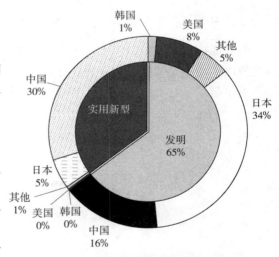

图 2-15 墨盒领域中国专利申请类型

的打印机技术的影响，国内企业为了时时跟进国外打印机墨盒安装技术的变换，需要加快更新换代速度，缩短研发周期，进而倾向于选择申请授权时间快、保护周期短的实用新型专利进行保护；同时，国内申请人发明专利权维持有效率较低，大部分专利技术申请流失成为公众免费获取的现有技术，创新成果质量与日本有一定差距。

图 2-16 和表 2-2 为墨盒领域中国专利申请中主要申请国的专利申请法律状态。可以看出，日本有超过一半以上的发明专利申请以及实用新型专利申请维持专利权有效状态，分别为 1442 件、316 件；此外还有无效专利 383 件，公开待审专利 806 件。由于日本专利申请较早，部分无效专利申请是因为已到达专利保护期限而失效。

申请数量相对较少的美国，其维持有效的发明专利申请为 303 件，占美国发明专利申请总量的 46%，这说明日本和美国专利的专利稳定性较高。中国维持有效的实用新型专利为 1158 件，占实用新型专利申请总量的 57%；有效发明专利为 346 件，仅占中国发明专利总量的 25%，即中国保持有效的申请专利主要以实用新型专利申请为主。

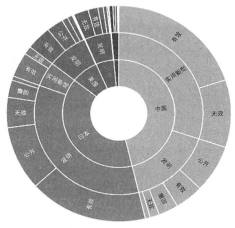

分析其原因，主要是日本企业在进入中国市场之前，其技术实力已较强，对中国市场的关注度也较高，通常只有技术创新度或市场价值较高的专利才会考虑申请海外专利，因此其专利申请中，发明申请所占比例较高，且专利权维持有效比例也高。而中国企业技术起步较晚，早期的专利申请以实用新型为主，在获得一定的原始资本积累之后，才加大研发和知识产权保护力度，进而加大申请量，但在发明专利数量与质量上与日本等国外企业仍存在较大差距。

图 2-16　墨盒领域中国专利申请法律状态

表2-2　墨盒领域中国专利申请法律状态分布　　　　　单位：件

申请类型	法律状态	国家/地区				
		韩国	美国	其他	日本	中国
发明	驳回	3	9	17	53	59
	撤回	48	72	44	222	244
	公开	13	207	65	806	598
	无效	27	62	280	383	114
	有效	27	303	122	1442	346
实用	无效	2	4	22	103	858
	有效	1	7	12	316	1158

2.3.6　中国专利活跃度与集中度分析

表 2-3 为墨盒领域国内、主要国家/地区分布及主要申请人近五年的技术活跃程度和集中程度情况。

表2-3　墨盒领域中国专利申请的技术活跃度与集中度

项目	活跃度			集中度	
主要国家/地区	全球	3.431412	↑↑↑		100.00%
	日本	2.300319	↑↑↑	39.29%	
	中国	2.686651	↑↑↑	45.95%	
	美国	2.597773	↑↑↑	7.84%	
	其他	0.758166	↓	5.50%	
	韩国	0.409259	↓↓	1.43%	
主要申请人	爱普生	2.872289	↑↑↑	19.14%	56.18%
	纳思达	1.577061	↑↑	6.91%	
	天威	0.674518	↓	6.84%	
	佳能	0.788009	↓	6.53%	
	兄弟	1.427795	↑	6.22%	
	惠普	2.09	↑↑↑	3.93%	
	西尔弗	0	↓↓↓	2.53%	
	理光	0.575	↓	1.70%	
	施乐	0.702439	↓	1.25%	
	研能科技	0.375904	↓↓	1.13%	

从表2-3主要国家/地区的活跃度数据来看，墨盒中国专利申请还处于较为活跃的上升期。其中，中国近年来表现最为活跃，其次为日本和美国。主要原因为近几年中国经济形势发展较好，喷墨打印技术发展迅速，打印耗材市场需求不断增长，使得越来越多企业开始关注墨盒领域并积极投入研发力量开展墨盒技术的创新活动；同时国内潜在的庞大打印耗材消费市场也吸引了全球大型企业进入中国市场，这在一定程度上也促进了该领域技术在国内的快速发展。

从表2-3主要申请人的活跃度分布可以看出，日本的爱普生在该领域的表现最为活跃，其次为美国的惠普、中国的纳思达以及日本的兄弟。这一分布表明墨盒技术依旧作为上述在打印行业起主导作用的企业的技术关注点之一。相比较而言，申请量排名靠前的其他企业中，中国的天威、研能科技，日本的佳能和理光，美国的施乐以及澳大利亚的西尔弗，在中国就墨盒技术的专利申请活跃度相对不高。究其原因，一方面可能是由于墨盒技术的不断成熟，创新的难度也随之加大，该领域技术未能成为上述主要申请人的技术研究重点；另一方面也可能是由于上述企业在中国的专利布局已转向其他技术热点，墨盒技术未成为上述企业在中国进行专利布局的主要着眼点。

从表2-3的集中度数据看，墨盒领域中国专利申请的地域集中度非常高，日本、中国、美国和韩国的申请量集中度高达94.50%。而就主要申请人的集中度数据来看，33.59%的专利申请集中在日本的4家企业，14.88%的专利申请集中于中国的3家企业中，可见，随着墨盒领域相关技术的不断成熟，专利申请较为集中的现象仍较明显，中国的企业在全球墨盒领域也展现出了一定的竞争力；墨盒领域的主要技术大部分依旧集中在全球少数大型企业手中，中小型企业与其相比处于竞争劣势。

2.3.7 国内专利申请态势分析

2.3.7.1 国内专利申请量趋势分析

墨盒领域国内专利申请量的变化大致经历了以下几个主要发展阶段（见图2-17、图2-18）。

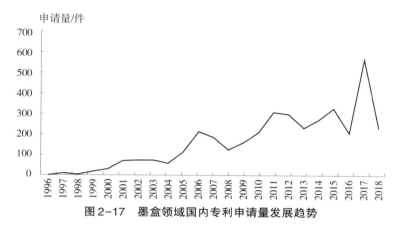

图2-17 墨盒领域国内专利申请量发展趋势

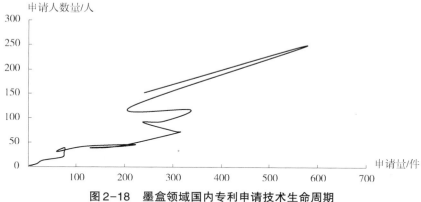

图2-18 墨盒领域国内专利申请技术生命周期

第一阶段：技术萌芽期（1996～2000 年）。墨盒领域国内首件专利申请于 1996 年提出，具体是由郑雍、刘金水分别提出的 2 件关于墨盒结构和墨盒重注的专利申请。这一阶段的特点是申请人数量增长较为平缓，且均不超过 15 个；申请量同样增长缓慢，年均申请量不超过 50 件。国内企业对墨盒技术的认识处于不够深入的阶段，技术活跃度并不高。

第二阶段：快速发展期（2001～2011 年）。2001 年以后，随着专利制度的不断完善，及墨盒市场竞争的加剧，专利的数量和质量也显著影响着企业在该产业中的地位，因而国内越来越多的企业也逐渐开始投入力量研发并申请专利，专利申请量稳步攀升。

这一阶段，专利申请量于 2011 年达到峰值，为 310 件。但该阶段申请人的增长幅度并不明显，这也说明了国内墨盒核心技术的研究还主要集中在少数市场竞争力高的企业中，且这些市场竞争力高的企业的研发热情较高，技术产出也相对较高。我国企业除少数大型企业具备完备的专利保护战略外，很多企业对专利制度不熟悉，不清楚专利能够带来怎样的市场和经济价值，专利保护意识亟待提高。

第三阶段：技术调整期（2012 年至今）。这一时期，专利申请量呈现波动增长的趋势，究其原因，一方面由于随着该领域技术研究不断深入，技术已趋成熟，实现技术突破的难度越来越高，且国外企业采用打印机限定墨盒结构的专利权保护的形式提高技术壁垒，使得国内申请人提高该领域专利技术申请的难度增大；另一方面，该阶段虽然申请人的数量有所增长，但数量不多、研发热度并未很高；此外，由于部分专利尚未公开，数据不全面，也是专利申请总量有所回落的一个因素。

2.3.7.2 国内专利申请人排名分析

从图 2-19 所示的墨盒领域国内申请人排名中可以看出，墨盒领域的国内专利申请量集中度较高，主要集中在国内两家大型打印耗材生产和制造企业——纳思达和天威。纳思达以 585 件位居第一位，反映出在墨盒技术领域，纳思达有着一定的创新研发实力，也具有很高的研发热度和技术创新活跃度，对该行业的发展也发挥着主导作用；天威申请量为 580 件，位居第二，且国内企业最早在该领域提出的专利申请也是由天威于 1997 年提出，可以说是国内企业中从事该领域技术研发的开拓者。同时也表明上述两家公司本身已具备完备的专利保护战略，专利保护意识较高。从图中还可看出，浙江的嘉兴天马、杭州旗捷，以及台湾地区的研能科技、明基电通等一直保持着对该领域技术的关注。而其他国内企业在该领域的专利申请量均不多，究其原因，一方面与企业本身技术创新意识不强有关；另一方面，也与企业对知识产权的认识了解不足有关，很多企业对专利制度不熟悉，也不了解专利能够带来的市场和经济价值，专利保护意识有待提高。

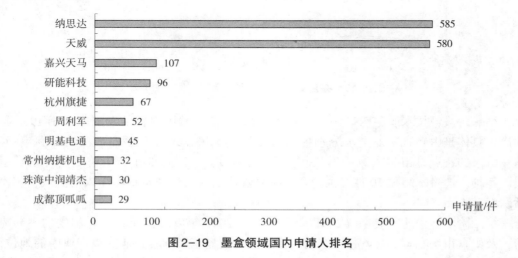

图 2-19 墨盒领域国内申请人排名

2.3.7.3 国内专利申请人类型及专利申请合作模式分析

从图 2-20 中可以看出，墨盒领域的国内申请人以企业形式的申请所占份额最大，其申请量占比为 80%。说明在墨盒技术领域，企业的专利保护意识相对较高，企业作为该领域技术创新的主体，其技术发展水平代表了整个行业的发展现状；但其中也不乏很多企业对专利制度不熟悉，不清楚专利能够带来的市场和经济价值，专利保护意识亟待提高。

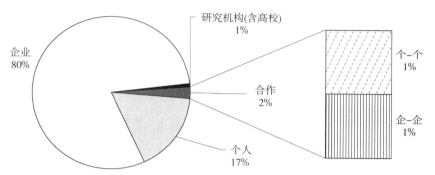

图 2-20 国内专利申请人类型及专利申请合作模式分析

此外，个人形式的申请量占比位居第二，为 17%，说明国内有较多个人从事墨盒相关技术的申请，该领域的技术进入门槛较低。

而合作申请的占比相对较低，为 2%。墨盒领域的合作申请模式主要有个人-个人的合作以及企业-企业的合作。其中企业-企业的合作申请模式，具体体现在北大方正集团有限公司和北京北大方正电子有限公司之间、鸿富锦精密工业（深圳）有限公司和鸿海精密工业股份有限公司之间的合作申请，这也反映出在企业-企业的合作申请模式中，参与市场竞争的国内其他公司之间的技术合作创新相对较少，企业大多依托其自身建立的研发机构进行技术成果的研发，并基于区域发展需要和区域专利技术战略，有针对性的进行专利技术保护。

此外，从图中还可看出，研究机构（含高校）在墨盒领域的申请量比重最低，仅包含 31 件，占比仅 1%，这可能是由于该技术领域目前的技术发展相对成熟，且涉及的基础理论或前沿技术相对较少，使得研发机构在该技术领域的研发积极性不强，创新活跃度不高。

2.3.7.4 国内各省区市专利申请区域分布及申请量趋势情况

各省区市专利申请量在一定意义上反映出该地区的科技发展水平和经济竞争力，也是衡量该地区可持续发展能力的重要指标。墨盒领域的专利申请量的省区市分布不仅与省区市区域内打印耗材企业的产品研发现状有一定关系，而且也受个人、高校和科研机构在墨盒领域的研发热度的影响。

从图 2-21 所示的墨盒领域国内申请人申请量区域分布来看，墨盒领域的国内申请人主要集中在广东省、浙江省、江苏省和台湾地区，这四个区域的专利申请量占墨盒领域国内专利申请总量的 92%。其中尤以广东省的专利申请量为最多，达到 2058 件，占比达 58%，反映出广东省企业对于墨盒的研发在国内处于领先地位。究其原因，一方面主要与广东省在打印耗材的起步较早，且经过长足发展，有了一定的技术积累有直接关系；另一方面，也与广东省集聚了国内打印耗材产业规模最大且技术处于领先的多家企业有关。

结合图 2-22 可看出，广东省在墨盒技术领域的专利申请最早于 1997 年 1 月 3 日提出，该申请具体涉及墨盒重注技术，由天威飞马打印耗材有限公司申请；2006 年开始专利申请量快速增长，并于 2017 年达到峰值，为 214 件。广东省在墨盒领域的主要申请人有天威飞马打印耗材有限公司、珠海纳思达电子科技有限公司、深圳市润天智图像技术有限公司、深圳市打印王耗材有限公司、珠海中润靖杰打印机耗材有限公司等。

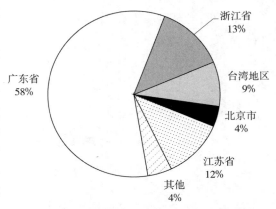

图 2-21　墨盒领域国内申请人申请量区域分布

从图 2-21 可看出，作为长江三角洲打印耗材生产基地一部分的浙江省在墨盒领域的国内专利申请量位居第二，为 369 件，申请量比例达到 13%。结合图 2-22 还可看出，浙江省在墨盒领域的专利申请最早于 2000 年提出，是由杭州宏华电脑技术有限公司提出的关于可反复加注墨水的供墨盒的专利申请，之后专利申请量波动增长，于 2015 年专利申请量达到峰值 65 件。浙江省在墨盒领域的主要申请人有浙江天马电子科技有限公司、嘉兴天马打印机耗材有限公司、宁波必取电子科技有限公司、杭州旗捷科技有限公司等。

从图 2-21 还可看出，江苏省申请量位居第三，江苏省最早于 2003 年开始该领域的专利申请，并于 2017 年专利申请量达到峰值 36 件。江苏省在墨盒领域的主要申请人有常州纳捷机电科技有限公司、江苏锐毕利实业有限公司等。

台湾地区在墨盒领域的国内专利申请量位居第四，为 305 件。结合图 2-22 还可看出，台湾地区最早于 1996 年就已开始墨盒技术的专利申请，具体为刘金水提出的关于一种墨水匣开启装置的专利申请；并于 2001 年专利申请量达到峰值，为 44 件；但从 2008 年至今，台湾地区专利年申请量均不足 10 件，说明台湾地区相关企业已将技术关注点转移。台湾地区在墨盒领域的主要申请人有：明基电通股份有限公司、研能科技股份有限公司、财团法人工业技术研究院、国际联合科技股份有限公司、飞赫科技股份有限公司等。

另外，北京市在墨盒领域的国内专利申请量也占据一定比例，为 4%。北京市最早于 2000 年开始该领域的专利申请，之后年专利申请量均不足 30 件，并于 2014 年专利申请量达到峰值 25 件。北京市在墨盒领域的主要申请人有北京美科艺数码科技发展有限公司、北大方正集团有限公司、北京大学、北京北大方正电子有限公司等。

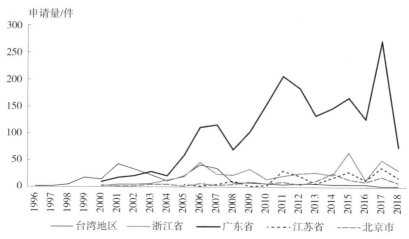

图 2-22 墨盒领域国内各主要省区市专利申请量趋势

2.3.7.5 国内专利申请类型分析

图 2-23 为墨盒领域国内专利申请类型分布。可以看出，墨盒领域的国内专利申请类型以实用新型专利申请为主，占比为 66%，发明专利申请的比重为 34%。

结合表 2-4 中的国内各主要省区市专利申请类型分布和法律状态分布的统计数据可以看出，广东省在专利申请总量领先的同时，其发明专利申请量也处于绝对领先地位，总计达 637 件，其中有效发明专利（232 件）占其发明专利申请总量的 36.4%，这一数据表明广东省在

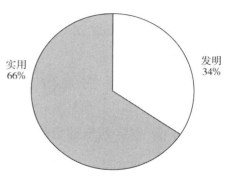

图 2-23 墨盒领域国内专利申请类型分布

墨盒领域的技术创新高度及专利质量都较高，在该行业中发挥着一定技术领先和带头作用。

就发明专利申请和实用新型专利申请的布局来看，广东省在墨盒领域的专利申请中，实用新型专利申请（1421 件）占有较大的比重，为 69.1%。究其原因，首先是打印耗材产业的核心技术主要由惠普、爱普生、佳能、施乐等美国、日本企业垄断，限制了企业在核心技术上的突破进展，因此广东省还需进一步增强创新意识，通过自主创新、合作创新或技术引入等途径提高自主研发能力，以提高其在该产业中的经济竞争力，获得产业的可持续发展；其次是中国申请人由于墨盒技术受制于与其配套的打印机技术的影响，国内企业为了时时跟进国外打印机墨盒安装技术的变换，需要加快更新换代速度，缩短研发周期，进而倾向于选择申请授权时间快、保护周期短的实用新型专利进行保护。

从表 2-4 还可看出，浙江省在墨盒领域的专利申请中，发明专利申请量为 112 件，实用新型专利申请量为 342 件，与广东省相比数量较少，实用新型专利申请占比为

75.4%。这说明浙江省申请人在墨盒领域的研发活跃度不高、技术创新高度也不高。

台湾地区专利申请量虽然位居国内专利申请总量的第三位，但台湾地区的专利申请中发明专利申请（219件）占其专利申请总量（305件）的71.8%，说明了台湾地区在墨盒技术领域的技术创新比较活跃，创新意识也较强。

表2-4　各主要省区市专利法律状态分布

申请类型	法律状态	省区市					
		广东省	浙江省	台湾地区	北京市	江苏省	其他
发明	驳回	40	3	3	6	3	4
	撤回	78	12	79	5	33	37
	公开	263	77	12	27	44	186
	无效	24	2	74		4	10
	有效	232	18	51	36	4	22
实用新型	无效	404	180	74	18	26	156
	有效	1017	162	12	53	88	175

2.4　广东省专利分析

2.4.1　广东省专利申请量趋势分析

图2-24为墨盒领域广东省专利申请量的发展趋势。可以看出墨盒领域广东省专利申请量的变化大致经历了以下几个主要发展阶段。

第一阶段（1997～2005年）。这一阶段是技术萌芽期。广东省墨盒领域最早的专利申请于1997年提出，申请人为珠海天威飞马打印耗材有限公司。这一年共提出了7件关于墨盒的专利申请，均为实用新型专利，主要涉及墨盒重注技术以及墨盒机械结构技术。这一阶段的特点是从事该领域技术研究的申请人数量较少，申请人数量增长平缓，申请量同样增长缓慢，墨盒领域的专利年申请量均为百件以下，广东省企业对墨盒领域的技术研究处于初步阶段，技术活跃度并不高。

第二阶段（2006～2011年）。这一阶段为技术发展期。2006年以后，随着用户对于喷墨打印机内油墨消耗的关注度越来越高，墨盒领域的各项技术逐渐成为打印领域的研发热点；省政府对该领域的技术发展较为重视，于2006年颁布了《喷墨打印机墨盒通用技术规范》，对墨盒的发展要求做出了规范；广东省有更多申请人逐渐开始投入力量研发并申请专利，专利申请量稳步上升，于2011年达到峰值，为213件。纳思达和天威作为广东地区的国内打印耗材龙头企业，起了主导作用。但这一阶段申请人的增长幅度并不明显，这也说明了广东省墨盒领域核心技术的研究还主要集中在少数市场竞争力高的企业中，且上述少数市场竞争力高的企业的研发热情较高，技术产出也相对较高。

第三阶段（2012年至今）。这一阶段为技术调整期。该阶段专利申请量处于波动增长状态，于2017年专利申请量最多，为274件。

墨盒领域广东省的专利申请为2062件，占中国专利申请的55%；广东省PCT国际专利申请量为172件，PCT国际专利申请占比为11.6%。其中天威和纳思达的专利申请量分别为572件和487件，两家企业的专利申请量为广东省专利申请量的71.2%。天威的PCT国际专利申请量为73件，PCT国际专利申请占比为12.8%；纳思达的PCT国际专利申请量为76件，PCT国际专利申请占比为15.6%。

广东省企业的PCT国际专利申请占比不高，作为国内耗材领军企业的天威和纳思达的产品出口国外较多，需加大海外布局，以避免产品侵权风险。

图2-24　墨盒领域广东省专利申请量发展趋势

2.4.2　广东省专利申请人排名分析

从图2-25可以看出，墨盒领域广东省专利申请量排名前10位的申请人中，纳思达以585件高居榜首，天威以580件位于第二，其余申请人的申请量则均为30件以内。这也说明广东省墨盒领域申请人虽然多，但申请量的集中度相对较高，主要集中在纳思达和天威。纳思达企业作为全球最大的打印耗材制造商之一，通过自主创新，以及与大连理工大学、浙江大学等的产学研合作模式，在打印耗材领域也表现了非常高的技术活跃度。天威作为中国打印耗材行业的拓荒者和领军企业，以"自主创新"为核心竞争力，在打印耗材领域具有领先的技术活跃度，同时也非常注重在打印耗材领域的技术投入，具有较强的对技术成果进行专利权保护的意识。

该数据也说明，墨盒领域在广东省技术集中明显，中小企业力量较弱，政府可以适当加大中小企业创新主体的扶持力度，加大研发投入，鼓励创新，多点开花。

此外，广东省排名前10位的申请人中，个人申请相对较多，且部分个人申请的申请量高于其他企业，这也说明，广东省大部分耗材企业对墨盒领域的认识和关注度不足，技术创新高度不够，在知识产权保护方面的意识也相对不强。广东省大部分从事该行业的企业还需依托其自身在技术和资源储备方面的优势，提高研发热度和创新高度，同时提高创新成果专利权保护的意识。

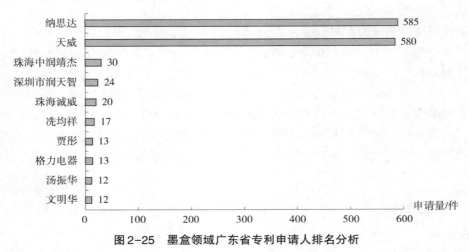

图2-25　墨盒领域广东省专利申请人排名分析

2.4.3　广东省专利申请人类型及专利申请合作模式分析

从图2-26可以看出，墨盒领域的广东省专利申请中，企业是专利申请的主体，占比84%。这一方面与企业作为市场的主体，是技术改进的主要力量有关；另一方面，也与广东省集聚了国内打印耗材产业规模最大且技术处于领先的多家企业相关，企业作为市场竞争的主体，积极通过专利布局的方式抢占市场份额。

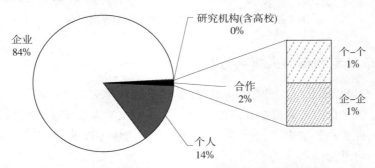

图2-26　墨盒领域广东省专利申请人类型及专利申请合作模式分布

同时，个人申请的比重位居第二，占比14%，说明了该领域存在研究起点较低的技术。而合作申请则占比较低，为2%，说明广东地区的专利申请主体更加注重企业独立申请形式，企业、个人、研究机构和高校之间的合作申请模式或合作创新形式还并未得到重视。

此外，从图2-26中还可以看出，广东省墨盒领域的专利申请主体中高校和研发机构占比为0，这主要与高校和研发机构选择的研发技术成果的保护形式有关。高校和研发机构更加侧重基础理论和前沿技术的研究，且研究的成果也多采用论文的形式进行发表，采用专利权进行保护的意识相对薄弱；且墨盒领域的技术分支主要涉及墨盒重注技术、墨盒余量检测技术、墨盒压力平衡技术和墨盒机械结构技术等，各个分支与高校或研发机构的研究关注点不重合也可能导致研发机构或高校并未投入较多的研发力量到该领域，进而出现该地区研发机构和高校并未有墨盒领域专利申请的现象。

2.4.4 广东省专利申请区域分布分析

图 2-27 为墨盒领域广东省专利申请区域分布，图 2-28 为墨盒领域广东省各区域的专利申请量发展趋势。从图 2-27 可以看出，广东省的专利申请中，申请量最大的城市集中在珠海，占广东省专利申请总量的 72%。结合图 2-28 可以看出，2011 年珠海于墨盒领域专利申请量达到峰值，为 173 件。珠海作为打印耗材产业集聚区，集聚了该产业中产业规模最大、技术水平领先的龙头耗材研发与生产企业，且其中大部分企业建立了自己的

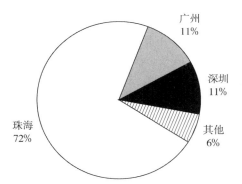

图 2-27　墨盒领域广东省专利申请区域分布

研发机构；该地区还形成有耗材行业协会，这均促成了珠海在该领域的专利申请的领先地位。但在 2011 年以后，珠海专利申请量有所下降，说明该区域对墨盒的研发热度开始下降，部分企业的研发重点开始转移。

深圳和广州在墨盒领域的专利申请量均占广东省专利申请总量的 11%，其他地区专利申请量占 6%。说明广东省的墨盒领域各项技术主要集中在珠海，深圳和广州申请量略高于其他地区部分原因是由于这两地经济发展快速，推动了企业的发展，部分企业或个人对墨盒的技术研究有所涉足，但并未形成规模效应。

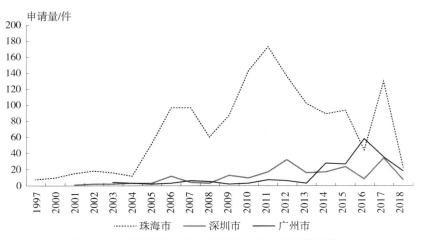

图 2-28　墨盒领域广东省各区域专利申请量发展趋势

2.4.5 广东省专利法律状态分析

从图 2-29 可以看出，墨盒领域广东省的专利申请以实用新型为主，占比 69%，发明专利占 31%。实用新型专利较发明专利申请门槛低，创造性要求以及申请难度也较低，一方面说明广东省在墨盒领域专利申请的创新性投入还不够，专利申请质量有待提高；另一方面，由于墨盒墨盒技术受制于与其配套的打印机技术的影响，墨盒企业为了时时跟进打印机墨盒安装技术的变换，需要加快更新换代速度，缩短研发周期，进而倾向于选择申请授权时间快，保护周期短的实用新型专利进行保护。

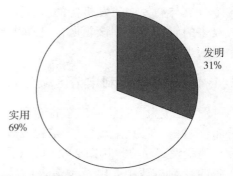

图 2-29　墨盒领域广东省专利申请类型分布

结合图 2-30 以及表 2-5 可知，珠海有效发明专利为 200 件，有效实用新型专利为 701 件，分别占据该区域发明和实用新型专利申请总量的 49% 和 70%，说明该地区专利申请质量相对较高，专利稳定性相对较好；此外，珠海公开待审专利为 98 件，相对较高，表明该区域墨盒领域仍保持一定发展速度。

深圳有效发明专利为 23 件，占发明专利申请总量的 38%，有效实用新型专利为 109 件，也超过了该地区实用新型专利申请总量的一半，但被驳回、撤回以及无效的专利申请比例也相对较高。

广州的有效发明专利仅 4 件，但有 101 件申请为公开待审状态，为广东省各地区最高，说明广州在墨盒领域起步较深圳和珠海更晚，但存在较大发展潜力，有小幅快速发展的趋势。

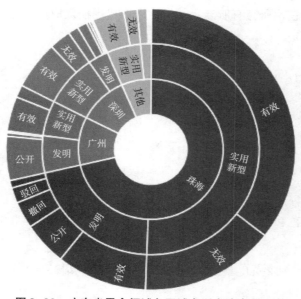

图 2-30　广东省墨盒领域各区域专利申请类型分布

表2-5 广东省墨盒领域各区域专利法律状态分布 单位：件

申请类型	法律状态	城市			
		珠海	广州	深圳	其他
发明	驳回	35	—	4	1
	撤回	61	8	5	4
	公开	98	101	22	22
	无效	17	—	6	1
	有效	200	4	23	4
新型	无效	298	28	48	30
	有效	701	79	109	70

2.5 本章小结

本章通过对墨盒领域技术进行分解，将墨盒领域分为墨盒重注、墨盒余量检测、墨盒机械结构和墨盒压力平衡系统四大技术分支，通过对全球、中国和广东省的墨盒领域相关专利申请数据的整体分析，本课题组得出以下结论。

1. 全球整体发展趋势

1）墨盒领域全球专利申请总量为 19174 项。在未进行合并去重前，涉及墨盒重注的为 8425 项，涉及墨盒余量检测的为 6386 项，涉及墨盒压力平衡系统的为 9675 项，涉及墨盒机械结构的为 11383 项。墨盒领域近几年的专利年申请量以及申请人数量均保持基本稳定状态，处于稳定发展的阶段。

2）墨盒领域申请人中，日本地区专利申请量最多，占全球专利申请总量的 61%，且日本自 20 世纪 90 年代以来，每年在墨盒领域的专利申请量均保持第一位，在该领域占据绝对的优势地位。其次为中国，占申请总量的 17%；美国占 14%，与日本相比均存在很大的差距；欧洲占 4%，韩国占 3%。以上 5 个国家/地区的专利申请量占据墨盒领域专利申请总量的 99%，可见该领域技术集中度非常高。

全球专利申请总量排名前 10 位的申请人中，日本企业占 5 个（爱普生、佳能、兄弟、理光、富士胶片），其数目占到了一半，这也说明了日本在该领域的技术领先地位。而中国企业——天威和纳思达的申请量也跻身入前 10 位。外国企业在申请数量上占据了绝对的优势，拥有雄厚的技术实力，中国企业在专利数量上虽已跻身十强，但与领先企业相比仍存在较大的差距，还需进一步加强对该领域的研发投入。

3）墨盒领域的全球专利申请模式主要为企业单独申请，占比 77%。合作申请模式占比 18%，而专利合作模式中，企业与企业之间的合作申请占申请总量的 9%，企业与个人间的合作申请占申请总量的 7%，个人与个人之间的合作申请占申请总量的 2%。表明在墨盒领域，各企业将专利申请作为市场竞争的重要武器，企业的技术发展水平基本代表了行业的整体发展水平，通过关注主要公司的技术创新动态即可以了解行业整体发展情况。

2. 中国整体发展趋势

1）墨盒领域的中国专利申请共 8484 件。其中在未进行合并去重之前，涉及墨盒重注的为 5085 件，涉及墨盒余量检测的为 2380 件，涉及墨盒压力平衡系统的为 5198 件，涉及墨盒机械结构的为 6482 件。目前墨盒领域中国专利申请专利年申请量还在增长，专利申请人数量基本保持稳定，该领域技术渐趋成熟。

2）中国国内申请人于 1996 年提出第一件关于墨盒领域的专利申请，起步较晚，技术基础较为薄弱，但是发展迅速。直至目前，国内申请人在中国的专利申请量（46%）已经超过日本籍申请人在中国的专利申请量（39%）。美国及其他国家/地区也较注重在中国进行专利布局，说明随着中国专利制度的不断完善，打印耗材市场的不断扩大，国外企业对中国市场越来越重视，通过在中国开展积极的专利布局，进而抢占市场。

3）在墨盒领域的中国专利申请中，发明申请所占比例为 65%，实用新型所占比例为 35%。其中，发明专利申请中，52% 为日本申请，25% 为中国申请；实用新型专利申请中，15% 为日本申请，85% 为中国申请。也就是说即绝大部分的实用新型专利均为中国申请，一半以上的发明专利均为日本申请。说明日本申请人较为注重墨盒领域专利技术的质量和专利的稳定性，倾向于申请专利保护较为稳定的发明专利申请。而中国申请人由于墨盒技术受制于与其配套的打印机技术的影响，国内企业为了时时跟进国外打印机墨盒安装技术的变换，需要加快更新换代速度，缩短研发周期，进而倾向于选择申请授权时间快，保护周期短的实用新型专利进行保护；同时，国内申请人发明专利权维持有效率较低，大部分专利技术申请流失成为公众免费获取的现有技术，创新成果质量与日本有一定差距。

4）国内申请区域分布中，广东省为主要申请区域，其专利申请总量占据国内申请人专利申请总量的 58%，其次为浙江省、江苏省和台湾地区。表明国内墨盒领域的技术研究和创新活动主要集中在广东省，广东省显示了较好的研发实力。

3. 广东省整体发展趋势

1）从申请量来看，广东省专利申请量逐年上升，申请人数量也维持增长状态，正处于活跃发展期。从广东省主要地区专利发展情况来看，广东省的墨盒领域产业发展主要由珠海掌控。

2）广东省墨盒领域申请人主要有纳思达和天威，其申请量不仅位于广东省申请人专利申请量的第一和第二位，也位居全国专利申请总量的第一和第二位，专利申请集中度非常高。这也说明虽然广东省申请人数众多，但大多数并未形成技术规模。

第 3 章　墨盒余量检测

墨盒内存储有供打印机进行打印的打印材料（如墨水），当墨盒内的墨水量不足或用尽时，会导致打印质量下降，甚至使打印头发生空打，极易造成打印头损坏。因此，通过检查墨盒内是否有充足的墨水，并提示何时更换墨水或墨盒等，可以提高打印机的输出效率。此外，墨水量的检测数据也是打印机对墨盒执行指令的重要依据。检测墨盒中墨水量的方式通常有很多种，主要包括通过光学、电学、浮子、振动或超声、磁性装置、基于打印量检测等手段。

3.1　检索与统计

本章的数据来源主要为 CPRSABS、CNABS、CNTXT、JPABS、SIPOABS、VEN 和 DWPI，从 CPC、F-term 和 IPC 中选定相关分类号，并选取合适的中、英文关键词，构建适当的检索式对专利信息进行检索以及去噪。最终得到墨盒余量检测领域的专利总体情况，涉及的样本包括全球专利 6386 项，中国专利 2380 件。

墨盒的专利数据集中分布在 B41J2/175 分类号下，该项 IPC 分类号并未对墨盒的技术分支进行具体细分，因此，在使用 IPC 分类号检索时需要加入关键词限定。墨盒余量检测领域在 CPC 分类号下具有对应墨盒余量检测及上述墨盒余量检测各子分支的较为准确的分类号，分别为 B41J2/17566、B41J2002/17569、B41J2002/17573、B41J2002/17576、 B41J2002/17579、 B41J2002/17583、 B41J2002/17586、 B41J2002/17589。因此，在制定检索策略过程中通过上述 CPC 分类号进行准确检索，而散落在 B41J2/175 及其下级分类号内的其他关于墨盒余量检测的专利申请数据则通过关键词与分类号同时限定而得到。考虑到日本在该领域的绝对技术领先特点，在检索过程中除采用 CPC 分类号及 IPC 分类号制定检索策略外，还特别对 JPABS 进行检索，检索方式主要是通过对应墨盒余量检测及上述墨盒余量检测子分支相关的准确 F-term 分类号，以及所收集的日文关键词进行检索，以尽可能减少漏检。

对于中国专利数据的检索，在 CNABS 和 CNTXT 进行全面检索之后，再通过转库检索，同时将 SIPOABS 以及 JPABS 中检索得到的中文同族文献一同转库至 CPRSABS 中进行专利数据的最终导出。对于全球专利数据的检索，则首先是分别在 SIPOABS、JPABS 中进行全面检索，将检索结果转库至 DWPI，同时将中文库中检索结果转库至 DWPI，最后与 DWPI 内的全面检索结果合并，作为最终的全球专利数据检索结果，并进行专利数据的导出。

对于墨盒余量检测技术专利检索结果的去噪方法，主要采用分类号批量去噪和人工阅读去噪等方式。采用分类号进行去噪时，CPRSABS 中直接用最不相关的分类号：B41J2/14、B41J2/165、B41J2/06、B41J2/095、B41J2/10、B41J2/085 进行去噪；SIPOABS中将最可能造成噪声的 CPC 分类号（包括 B41J2/035、B41J2/0452、B41J2/04511、B41J2/04555、B41J2/04576、B41J2/04581、B41J2/06、B41J2/095、B41J2/10、B41J2/085）的检索结果转库至 DWPI 进行去噪。此外，为了减少人工标引量，还采用了涉及分类号 B41J2/00、B41J2/165 的检索结果进行了去噪。

根据对墨盒余量检测领域专利文献的阅读分析，本章将墨盒余量检测技术具体划分为通过光学检测、通过浮子检测、通过电阻或电极检测、通过振动或超声检测、通过磁学检测、基于打印量检测、通过视觉检测，以及其他共 8 种检测方式，并通过分类号以及关键词的具体限定对墨盒余量检测的上述细分技术进行了分类检索。

通过检索得到的墨盒余量检测样本，包括全球专利 6386 项，其中通过光学检测 2423 项，通过浮子检测 716 项，通过电阻或电极检测 1605 项，通过振动或超声检测 924 项，通过磁学检测 669 项；人工标引 1241 项。中文专利 2380 件，其中通过光学检测 631 件，通过浮子检测 158 件，通过电阻或电极检测 240 件，通过振动或超声检测 199 件，基于打印量检测 32 件；人工标引 1303 件。

此外，通过对 1241 项外文专利数据以及 1303 件中文专利数据进行人工标引以及人工去噪后，最终得到墨盒余量检测领域全球专利 6386 项，中国专利 2380 件。将所有专利申请数据划分至上述 8 类中，得到墨盒余量检测技术各分支的专利样本库。

3.2 全球专利分析

本节从专利申请整体发展趋势对墨盒余量检测技术领域的全球专利状况进行系统分析。

3.2.1 全球专利申请量趋势分析

图 3-1 为墨盒余量检测技术领域全球专利申请量随时间的变化趋势。从该图中可以看出墨盒余量检测的全球申请量逐年稳步上升，其大致可以分为三个发展阶段。

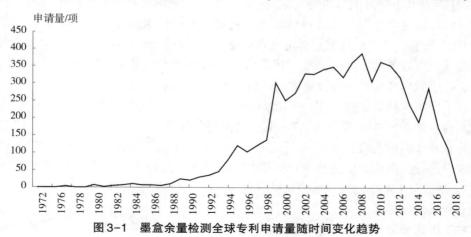

图 3-1　墨盒余量检测全球专利申请量随时间变化趋势

第一阶段（1972～1993年），为技术萌芽期。这一阶段墨盒余量检测技术发展缓慢，全球年申请量均未超过50项。这一时期主要是伴随着打印技术的兴起，人们开始对与打印耗材的消耗相关的检测技术加以关注和研究。但基于墨盒余量检测存在的必要性、市场的需求度等因素，墨盒余量检测技术的技术研究活跃度不高，因此相关研究也就长期处于低速发展阶段。申请国家主要集中于日本和美国，这也与日本和美国在打印技术领域的起步较早相吻合。

第二阶段（1994～2008年），为快速成长期。此阶段专利申请量呈现快速增长的势头，并于2008年达到峰值，为388件。这一阶段，随着墨量检测或显示对打印机的使用性能产生的重要影响，墨盒余量检测技术发展迅速。这一时期，一些创新实力强劲的企业逐渐脱颖而出，但主要还是集中于日本和美国的企业，如日本的爱普生、佳能，美国的惠普、施乐等。这表明墨盒余量检测技术被不断认识和挖掘，越来越多的研究者认识到墨盒余量检测技术的重要性，从而投入到该领域中并加大了研发力度，竞争日益激烈。此外，该阶段国内申请人的数量有所增加，这说明国外打印领域领先企业在中国的专利布局、市场需求不断扩大，在一定程度上激励了国内申请人在墨盒余量技术领域的关注和投入。但是在该阶段申请人的分布格局仍然保持着外重内轻的局面，基于该阶段的总体申请量，国内申请人的比重仍相当低。

第三阶段（2009年至今），为技术成熟期，这一时期，专利申请量有所波动和回落，主要是由于主要申请人对墨盒余量检测技术不断关注和研究不断深入，技术发展进入了相对成熟期，相应地提高了该技术领域的准入门槛，间接导致了近几年专利申请量的有所回落。

3.2.2 全球各分支专利申请趋势及重点领域分析

从图3-2中可以看出，墨盒余量检测全球专利申请中，通过光学检测方式的专利申请量排名第一位，占比达36%。其次为采用电阻或电极的检测方式，占比为24%。由此可见，目前墨盒余量检测技术的研究主要集中在通过光学检测和通过电极或电阻检测技术。

通过振动或超声的检测方式的专利申请量占比为13%。采用振动或超声的检测装置中通常包含压电传感器，压电传感器中的压电陶瓷片在墨盒内有墨水和没有墨水时振动

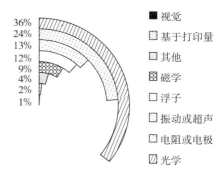

图3-2 墨盒余量检测全球专利申请于各分支技术的分布

的频率不同，可以通过检测传感器的振动频率来检测墨盒内墨水剩余量。由于这种压电陶瓷片对制作工艺要求很高，且制作成本也较高，因此基于成本、功效及市场需求的综合考量，申请人并未将采用振动或超声的检测方式作为研发热点。

通过浮子的检测方式由于可移动部件上浮动部分容易受到墨水表面气泡的影响，

使得可移动部件移动不顺畅，容易造成误检测的问题。因此采用浮子检测墨余量方式的专利申请占比也相对较低，为11%。

此外，由于检测准确性和墨盒余量显示直观性的限制，采用视觉观察方式或基于打印量方式的检测方式占比最低，分别为1%和2%。

下面对墨盒余量检测各技术分支的全球专利申请发展趋势进行分析。

从图3-3可以看出，全球涉及通过光学检测方式的专利申请量总计3121项。该技术分支最早的专利申请出现在1973年，1993年后专利申请量得到快速增长。1999~2012年，专利申请波动增长，但该区间年申请量均超过其他分支的年申请量，并于2006年专利申请量达到峰值，为194项。这也说明相对于其他检测技术分支，各申请人对光学检测分支的研发活动更为活跃。

全球涉及采用电阻或电极检测的专利申请量总计2050项。最早专利申请出现在1976年，1998年后专利申请快速增长。1999~2013年，专利申请呈现波动增长，在2003年达到峰值，为128项。

全球涉及采用振动或超声检测的专利申请量总计1109项。最早专利申请出现在1978年，由爱普生、SHINSHU SEIKI KK等联合提出。1998年后专利申请快速增长。在2005年达到峰值，为97项。从图3-3中还可看出该技术分支的年申请量均不足100项。

全球涉及采用浮子检测的专利申请量总计998项。最早专利申请出现在1977年，分别由IBM和理光提出。1994年开始缓慢上升，2003年后专利申请量得到快速发展，在2007年达到峰值，为107项。

全球涉及采用磁学手段检测的专利申请量总计759项。最早专利申请出现在1979年，由佳能提出。1997年开始缓慢增长，至1999年达到峰值，为59项。

全球涉及采用视觉检测的专利申请量总计仅68项。最早专利申请出现在1993年。该分支的年申请量均不足10项，说明基于视觉的直接观察方式虽然具有检测方便的特点，但由于其在检测准确性及在墨盒壳体或材料方面上的限制，该分支一直未成为研发热点。

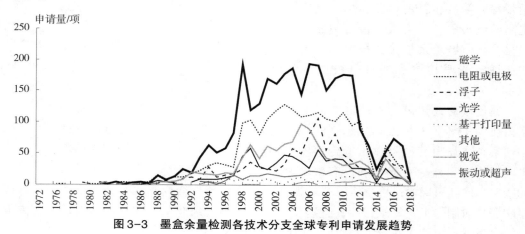

图3-3　墨盒余量检测各技术分支全球专利申请发展趋势

3.2.3　全球专利申请人排名分析

图 3-4 为墨盒余量检测领域全球专利申请量排名前 10 位的申请人分布，统计过程中将各子公司的申请量与母公司的申请量进行了合并统计。从图 3-4 可以看出，全球专利申请总量排名前 10 位的申请人中，有 5 家是日本公司（爱普生、佳能、兄弟、理光、富士胶片），2 家美国公司（惠普和施乐）、2 家中国公司（纳思达和天威）和 1 家澳大利亚公司（西尔弗）。从排名可以看出，国外公司在申请数量上占据了主导地位，尤其是日本的爱普生、佳能有着雄厚的研发实力。此外，中国的两家企业申请量也跻身于前 10 位，说明这两家企业在墨盒余量检测领域的技术创新活跃，且积累了一定的技术实力，但与日本和美国企业相比还存在较大差距。同时，国内目前其他企业和研究机构在该领域的研发活动相对不活跃，因此国内企业对该技术领域的认识、研发和创新力量还需进一步加强。

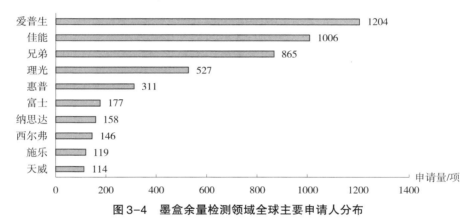

图 3-4　墨盒余量检测领域全球主要申请人分布

3.2.4　全球专利申请人类型及专利申请合作模式分析

墨盒余量检测领域的申请人类型包括企业、合作申请、个人及研究机构（含高校）等，合作申请模式中主要包括企业-企业合作、企业-个人合作和个人-个人合作等。

从图 3-5 可以看出，在墨盒余量检测领域，申请人以企业独立申请为主，占比高达 74%；其次是合作申请模式，占比为 23%。一方面，可以看出企业对该技术领域的技术发展和技术创新水平所起的主导作用，这也符合打印耗材用户对墨盒余量检测准确性的功能需求激励企业不断进行技术创新的特点；另一方面，合作申请模式由于其在技术合作、资源共享等方面的优势，将成为促进技术发展不可或缺的研发模式。个人申请的申请量虽然比重仅占 2%，但也在墨盒余量检测领域表现出了一定的技术活跃度。而包括高校在内的研究机构在墨盒余量检测领域的专利申请量仅为 19 项，占比为 1%，说明该领域由于其技术成熟度并未成为研究机构关注的技术热点。

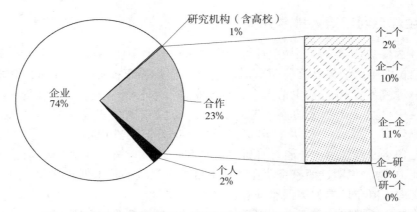

图3-5　墨盒余量检测领域全球专利申请人类型及申请合作模式

　　在合作申请模式中，企业-企业、企业-个人的申请量占比分别为11%和10%，个人-个人的合作申请仅占2%。由于包含高校的研究机构本身在该领域的申请量非常少，因此企业与研究机构、研究机构与个人之间合作申请形式的专利申请并未占有比例。从企业的独立申请模式占比（74%）与企业-企业合作申请模式占比（11%）的比较可以看出，企业更加注重依托企业自身的研发机构实现核心技术的自主突破创新，并通过专利权的形式获得技术的保护。这也反映出在墨盒余量检测领域，技术研发和创新的推动力主要源自参与市场竞争的公司。

3.2.5　全球专利申请人国别分析

1. 整体情况

　　由图3-6可以看出，日本的专利申请量位居第一，比例达到68%，共计4308项。美国位居第二，占比15%，共计933项。中国则排名第三，比例为10%。这三个国家的申请量占据了全球申请专利的93%，可见该领域的专利申请集中度非常高。

2. 全球专利公开国及原创国

　　图3-7为主要国家/地区原创/公开专利数量情况。从图中可以看出，日本依托其在打印行业中拥有的绝对技术优势，在

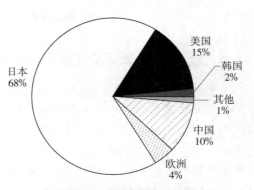

图3-6　墨盒余量检测领域全球专利
申请国家/地区分布

墨盒余量检测领域也保有绝对领先的技术原创度，原创申请百分比（4265/4417）高达97%，这从侧面说明了日本对技术投入的活跃度和重视程度。美国的原创百分比为30%，美国专利公开数量为3140项，这说明了各国/地区较为重视美国地区市场。中国的专利公开量虽然不及美国，但在原创能力（为35%）上高于美国，这说明中国虽然较晚进入打印行业，但通过近些年的不断发展和追赶，在墨盒余量检测领域也具备了

一定的技术竞争力。

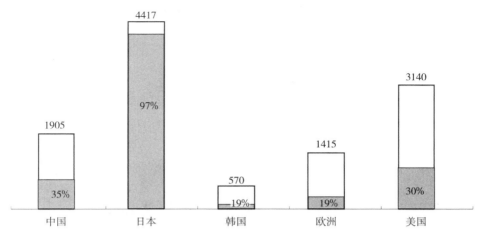

图 3-7　墨盒余量检测领域主要国家/地区原创/公开专利数量（单位：项）

3. 重点国家/地区专利动态

从图 3-8 可以看出，日本、美国和欧洲从 20 世纪 70 年代就开始在该领域申请专利；韩国是在 1995 年首次出现该领域的专利，具体是由三星提出的关于采用浮子装置进行墨盒余量检测的专利申请。而中国从 2000 年开始进行该领域的专利申请，具体是由飞马耗材有限公司于 2000 年 4 月 3 日提出的采用光学装置进行墨盒余量检测的专利申请。这表明中国在墨盒余量检测领域的专利申请比日本、美国和欧洲晚了至少十几年。

由图 3-8（a）可以看出，日本作为在打印领域起步较早且具有绝对技术优势的国家，在墨盒余量检测领域的专利申请最早于 1977 年由理光提出，具体涉及采用浮子装置进行墨盒余量检测。1992 年之后发展迅速，专利申请量快速增长。1998～2013 年年申请量均在 100 项以上。2007 年申请量达到最大，为 265 项。说明其在墨盒余量检测领域的技术投入和技术活跃度都很高。

由图 3-8（b）可知，中国在墨盒余量检测领域起步较晚，于 2000 年才开始该领域的专利申请。一方面是原因为我国建立专利制度的时间较晚，专利普及程度和专利意识均不高，制约了专利申请量的增长；另一方面的原因在于我国打印行业基础薄弱，发展时间短。进入 2005 年之后，专利申请量涨幅明显，但申请量仍较小。2011 年专利申请量达到最大，为 104 项。

由图 3-8（c）可知，美国的专利申请也是于 1977 年开始，1998 年之后专利申请量得到了增长，2004 年专利申请量达到峰值，为 92 项。但与日本于 1998～2013 年年申请量均在 100 项以上的活跃度相比，还存在一定差距。这一方面在于美国参与该领域研究的重要申请人数量与日本参与该领域研究的重要申请人数量相比存在差距；另一方面，也可能是由于墨盒余量检测技术并未成为美国的主要研发热点。

相比于日本、中国和美国，欧洲专利局于 1972 年就出现了墨盒余量检测领域的专利申请。此后，专利申请量发展趋于平缓，到 2008 年达到高峰。从图 3-8（d）中可以看出，从欧洲首次出现墨盒余量检测领域的专利申请至今，提交欧洲专利局的专利申请量始终没有大的突破，表现在年申请量基本维持在 45 项以下。

韩国首次出现墨盒余量检测专利申请的时间虽然早于中国，但在该领域的专利申请量发展整体处于平稳的状态，且年申请量均在 20 项以下，这也在一个侧面反映出墨盒余量检测技术并未成为其技术研究重点。

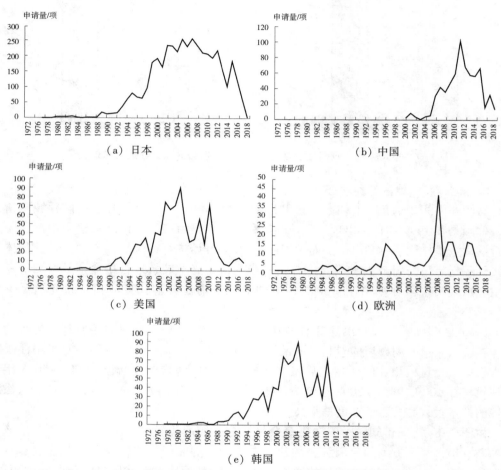

图 3-8 墨盒余量检测领域全球主要国家专利申请发展趋势

3.2.6 全球专利活跃度与集中度分析

从表 3-1 中墨盒余量检测领域全球和主要国家/地区总体活跃度可以看出，墨盒余量检测全球专利申请还处于较为活跃的上升期。其中，中国近年来表现最为活跃，其次为日本。这主要是由于近几年中国经济形势发展较好，喷墨打印技术发展迅速，打印耗材市场需求不断增长，吸引了全球各大型企业进入中国市场，在一定程度上促进了该领域技术在中国的快速发展。

此外，从表 3-1 中主要申请人的活跃度可以看出，最活跃的主要申请人集中于日本和中国。其中又以日本的理光在该领域的表现最为活跃，其次为爱普生和兄弟，这一分布表明墨盒余量检测技术依旧作为上述在打印行业起主导作用的企业的技术关注点之一。相比较而言，美国的两家企业——惠普和施乐在墨盒余量检测领域的活跃度不高，即该技术在美国的发展增速已放缓，究其原因可能在于随着墨盒余量检测技术的成熟，创新的难度也随之加大，开创性发明申请逐渐减少，因此基于成本和功效的综合考虑，该领域技术未能成为美国地区主要申请人的技术研究重点。

而从表 3-1 中集中度数据来看，全球范围的墨盒余量检测专利申请集中度比较高，日本、美国、中国、欧洲和韩国 5 个国家/地区专利申请总量占到全球专利申请总量的 87.94%，在全球的墨盒余量检测技术领域呈技术主导地位。而就主要申请人的集中度数据来看，52.81% 的专利申请集中在日本地区的 5 家企业，接近全球专利申请总量的一半。可见，墨盒余量检测技术大部分集中在全球少数大型企业手中，中小型企业与其相比处于竞争劣势。

表3-1　墨盒余量检测技术全球专利申请的活跃度与集中度

项目		活跃度		集中度	
全球		2.54	↑↑↑	—	—
主要国家/地区	日本	1.67	↑↑	60.20%	87.94%
	美国	0.45	↓↓	13.04%	
	中国	1.84	↑↑	9.40%	
	欧洲	0.05	↓↓↓	3.76%	
	韩国	0.27	↓↓	1.54%	
主要申请人	爱普生	1.37	↑	16.83%	64.66%
	佳能	0.62	↓	14.06%	
	兄弟	1.45	↑	12.09%	
	理光	2.63	↑↑↑	7.36%	
	惠普	0.46	↓↓	4.35%	
	富士胶片	0.27	↓↓	2.47%	
	纳思达	0.73	↓	2.21%	
	西尔弗	0.00	↓↓↓	2.04%	
	施乐	0.59	↓	1.66%	
	天威	0.69	↓	1.59%	

3.2.7　五局专利申请目的地分析

从图 3-9 可以看出全球主要国家的五局申请量分布情况如下。

日本特许厅的本国申请占比最高，为 4265 项，且本国对任一国家的专利输出数量均大于他国专利输入量，体现了日本在专利布局上立足本国防御、积极对外扩张的布局意图。而其他国家可能考虑到日本在该领域的技术领先水平，进入日本国内市场难度太大，因而在日本的专利布局也较少。

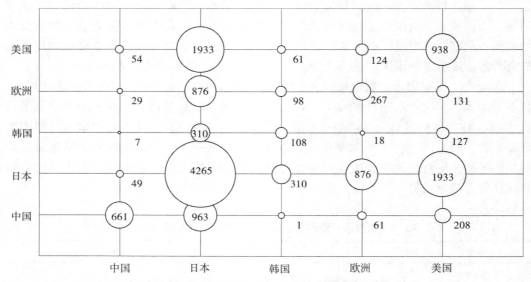

图3-9　墨盒余量检测领域全球主要国家五局申请量分布（单位：项）

美国作为最受重视的市场，各国向美国提交的专利申请量均较多，美国的市场需求量也较大，且美国向来注重知识产权的保护，使得美国成为各主要国家专利布局的必争之地，技术竞争激烈，因此也是风险最大的区域。

中国的专利申请布局主要集中在本国，在其他四个国家/地区提交的数量最多的仅为54项，其专利输出数量均小于他国专利输入数量，在国际市场上缺乏竞争力。由于中国在该领域的起步相对较晚，技术基础相对薄弱，未达到在全球进行完善专利布局的能力。而中国墨盒市场较为开放，墨盒需求量大，使得中国市场成为其他各国在发达地区之外布局的首选，这也需要引起国内的重视，注意防范专利技术输入的风险。

3.3　中国专利分析

3.3.1　中国专利申请量趋势分析

从图3-10和图3-11中可以看出墨盒余量检测的在华申请量逐年增多。墨盒余量检测技术中国专利申请量的变化大致经历了以下三个主要发展阶段。

第一阶段（1985～1999年）。这一阶段是墨盒余量检测技术在中国的技术萌芽期。该阶段专利申请量较少，技术发展缓慢，年申请量均未超过50件，且全部为外国申请人所申请。第一件进入中国的专利申请是由美国的艾里斯绘图公司于1985年提出，该专利记载了采用电阻或电极进行墨盒余量检测的技术。之后日本的爱普生和佳能也相继在中国提出了关于墨盒余量检测技术的专利申请，其墨盒余量检测技术也呈现多样化，日本企业开始占据在华申请的主要申请人位置。这一时期打印技术在国内兴起并有了一定市场，人们开始对与打印耗材的消耗相关的检测技术加以关注和研究。但基于墨盒余量检测存在的必要性、市场的需求度等因素，墨盒余量检测技术的技术研究活跃度不高，因此相关研究也就长期处于低速发展阶段。

第二阶段（2000~2006 年）。这一阶段为快速成长期。该阶段专利申请量呈现快速增长的势头，专利申请量也突破了 100 件。中国企业开始对墨盒余量检测技术进行自主研究，并于 2000 年天威提出了第一件关于墨盒余量检测的专利申请，该专利名称为"智能处理打印机墨液计量数据的控制电路"。由此可见，随着墨量显示对打印机使用性能的重要影响，墨盒余量检测技术发展迅速，尤其是中国企业，专利申请量逐年稳步增加，但是与外国企业相比还是存在很大的差距，这与中国在打印领域的起步较晚、对专利技术的认知较低有一定关系。在该阶段，主要的申请人仍然集中在日本和美国，如日本的爱普生、佳能，美国的惠普、施乐等。为了更好的抢占墨盒市场，各企业加大了对墨盒余量检测的研究力度，竞争日益激烈。

第三阶段（2007 年至今）。这一阶段为技术调整期。这一时期，虽然专利申请量有所波动，但专利申请总量仍然增长。其中，2008 年、2009 年专利申请量有较大幅度的下滑，主要是由于当时的金融危机，日本、美国等企业均受到不同程度的影响，导致其专利申请量有所下降。虽然中国专利申请量得到了保持，但由于技术尚未得到充分发展，总量与外国申请量仍存在差距，因而这两年墨盒余量检测技术专利申请总量有所下降。之后该技术的专利申请量保持了基本的增长，尤其是中国申请量增长较为快速。这说明随着中国国内打印耗材市场的不断扩大，外国企业在中国的专利布局、市场需要也在不断扩大，国内企业技术投入增加，发展迅速。

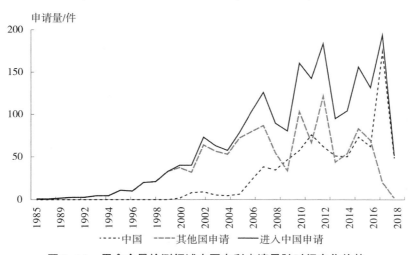

图 3-10　墨盒余量检测领域中国专利申请量随时间变化趋势

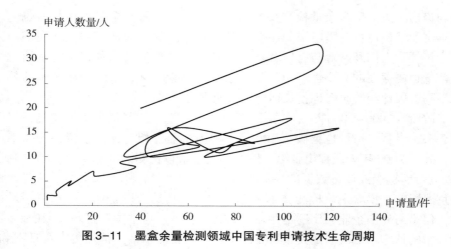

图 3-11 墨盒余量检测领域中国专利申请技术生命周期

3.3.2 中国专利各分支申请趋势

图 3-12 为墨盒余量检测技术各个技术分支在中国的专利申请情况。可以看出，与墨盒余量检测技术全球专利申请中各技术分支的专利申请分布情况相似，申请量最高的技术分支为通过光学检测的专利申请，占比达到 41%；其次为通过电极或电阻，此外还有通过振动或超声、通过浮子方式、通过磁学、基于打印量、通过视觉等检测技术。不同企业可能采用不同的墨盒余量检测方式，各技术手段各有所长，可以根据墨盒制作成本以及性能需要对各技术方式进行进一步研发。

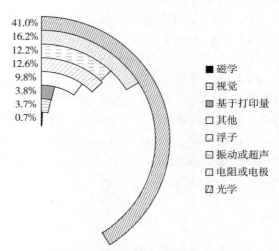

41.0%	■ 磁学
16.2%	□ 视觉
12.2%	▨ 基于打印量
12.6%	□ 其他
9.8%	□ 浮子
3.8%	□ 振动或超声
3.7%	□ 电阻或电极
0.7%	▨ 光学

图 3-12 墨盒余量检测领域中国专利申请中
各技术分支专利申请量

3.3.3 中国专利申请人排名分析

图 3-13 为墨盒余量检测领域中国专利申请的主要专利申请人分布。可以看出，墨盒余量检测领域中国专利申请的主要申请人中，包括 4 家日本企业（爱普生、兄弟、佳能、理光），3 家中国企业（纳思达、天威、嘉兴天马），2 家美国企业（惠普、施乐），此外还有 1 家韩国企业（三星）；从上述申请人的国别分布来看，该技术的地域分布较为集中。此外，日本的爱普生在专利申请量上拥有绝对的优势，在墨盒余量检测技术领域是主要的技术追踪对象、技术借鉴和学习对象，同时也是最大的竞争对手。

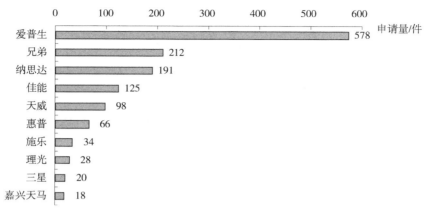

图 3-13 墨盒余量检测领域中国专利申请主要申请人分布

3.3.4 中国专利申请人类型及专利申请合作模式分析

图 3-14 为墨盒余量检测领域中国专利申请的专利申请人的类型情况以及专利申请合作模式分布。可以看出，在墨盒余量检测领域，绝大部分申请人为企业单独申请，占总申请量的 91%，其次为个人申请，占 7%，而合作申请仅占总量的 1%。这一申请人类型分布形式与墨盒的行业特色有关。墨盒市场需求量较大，各企业之间的市场竞争也较为激烈，而墨盒余量检测技术作为提高墨盒性能的重要技术，其能够实现研发与产业较好的结合，此外专利作为市场竞争的重要武器，使得业内企业更为注重该技术的专利申请。研究机构在该技术领域的申请量很少，占比 1%，这主要因为墨盒余量检测技术已发展相对成熟，可能与研究机构更集中于前沿技术和基础理论的研究方向不一致有关。

企业在墨盒余量检测技术创新中占据主导地位，其技术发展水平基本代表了行业的整体发展水平，因此通过关注主要公司的技术创新动态即可以了解行业整体发展情况。

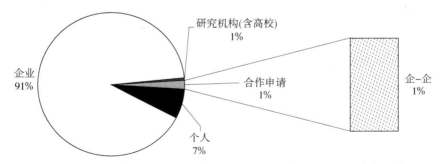

图 3-14 墨盒余量检测领域中国专利申请申请人类型与专利申请合作模式

3.3.5 中国专利申请国别分析

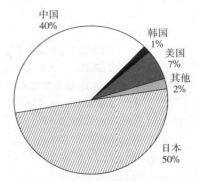

图3-15为墨盒余量检测领域在中国的专利申请国家/地区分布。可以看出，日本的中国专利申请量位居第一，比例达到50%，其次为中国，所占比例为40%。此外，美国、韩国等也均在中国有专利布局。总体来看，外国专利占到墨盒余量检测领域专利的一半以上，即其掌握着墨盒余量检测的主要技术，对中国本土企业专利技术的发展有一定的制约作用。

图3-15 墨盒余量检测领域中国专利申请国家/地区分布

3.3.6 中国专利申请法律状态分析

图3-16为墨盒余量检测领域中国专利申请主要申请国的专利申请类型。由图中可以看出，实用新型申请占比30%，发明申请占比70%。发明专利申请中，64%为日本申请，21%为中国申请；实用新型专利申请中，17%为日本申请，83%为中国申请。即绝大部分的实用新型专利均为中国申请，一半以上的发明专利均为日本申请。中国虽然在专利申请量上增长迅猛，但是主要集中在实用新型专利申请上，技术创新度较高的发明专利申请占比不多。

图3-17为墨盒余量检测领域中国专利申请中主要申请国的法律状态对比。可以看出日本的发明专利申请中，有超过一半以上的专利申请维持专利权有效状态。日本的发明专利申请中存在部分无效专利和待审专利，无效专利中有一部分是因为已到达专利保护期限失效。即便是数量较少的美国专利申请，其专利权维持有效的发明专利申请比例也较高。而中国专利申请中维持专利权有效的比例并不高。

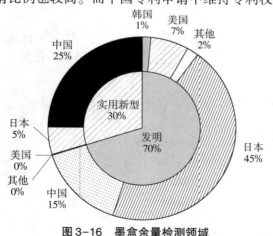

图3-16 墨盒余量检测领域中国专利申请类型

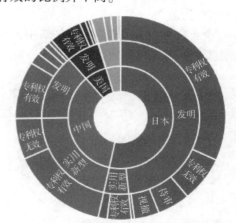

图3-17 墨盒余量检测领域中国专利申请主要申请国的法律状态

分析其原因，主要是日本企业在进入中国市场之前，其技术实力已较强，对中国市场的关注度较高，加之通常只有技术创新度或市场价值较高的专利才会考虑申请海外专利，因此其专利申请中，发明申请所占比例较高，且专利权维持有效比例也高。而中国企业技术起步较晚，早期的专利申请以实用新型为主，在获得一定的原始资本积累之后，才加大研发和知识产权保护力度、加大申请量，但在发明专利数量与质量上与日本等国外企业仍存在较大差距。

3.3.7　中国专利活跃度与集中度分析

从表 3-2 的活跃度可以看出，墨盒余量检测技术在中国的专利申请还处于非常活跃的上升期。从主要国家/地区、主要申请人的活跃度表现来看，以中国表现最为活跃，其次为日本和美国。中国的企业以纳思达和天威为代表，发展最为迅速，这说明目前国内的墨盒领域相关技术发展迅猛，且已具备一定研发实力；日本集中了该领域的多个主要申请人，其中又以爱普生和兄弟的活跃度最高，可见该企业近 5 年在墨盒余量检测领域的研发力度仍在加强。美国企业主要为惠普和施乐，惠普仍然保持较高的活跃度；施乐活跃度较低，但仍具备较强的技术实力。

从表 3-2 的集中度可以看出，墨盒余量检测技术的中国专利申请集中度非常高，97.75% 的专利申请量集中在全球主要的 4 个国家中，且排名前 10 的主要申请人掌握了71.49% 的专利申请量，这说明墨盒余量检测技术在中国存在一定的技术垄断现象，其中日本兄弟和爱普生公司具有绝对的优势，国内以纳思达表现最为突出。

虽然国外部分企业在中国的活跃度有所下降，但是由于国外企业已经历了多年的技术积累，具备雄厚的技术实力，国内企业还需加强发展才能与之抗衡。

表3-2　墨盒余量检测技术中国专利申请的活跃度与集中度

项目		活跃度		集中度	
国内		2.63	↑↑↑	—	—
主要国家/地区	中国	2.80	↑↑↑	40.04%	97.75%
	日本	1.94	↑↑	49.62%	
	美国	1.42	↑	6.61%	
	韩国	0.47	↓↓	1.48%	
主要申请人	爱普生	2.61	↑↑↑	30.91%	71.49%
	兄弟	1.76	↑↑	10.19%	
	纳思达	1.14	↑	9.56%	
	佳能	1.19	↑	6.70%	
	天威	0.70	↓	5.32%	
	惠普	1.50	↑↑	3.21%	
	施乐	0.48	↓↓	1.89%	
	理光	0.33	↓↓	1.55%	
	三星	0	↓↓↓	1.14%	
	嘉兴天马	0	↓↓↓	1.03%	

3.3.8　国内专利申请态势分析

3.3.8.1　国内专利申请量趋势分析

墨盒余量检测国内专利申请量的变化大致经历了以下几个主要发展阶段（见图3-18、图3-19）。

第一阶段：技术萌芽期（2000~2005年）。国内墨盒余量检测领域的首件专利申请于2000年提出，具体是由珠海飞马耗材有限公司提出的分别采用电极、光学装置进行墨盒余量检测的2件专利申请。这一阶段的特点是申请人数量增长较为平缓，申请量同样增长缓慢，国内企业对墨盒余量检测技术的认识处于不够深入的阶段，技术活跃度并不高。

第二阶段：技术发展期（2006~2011年）。2006年以后，随着墨盒余量检测技术逐渐成为打印耗材领域的一个研发热点，国内更多申请人也逐渐开始投入力量研发并申请专利，专利申请量也逐年攀升，其中占据主导地位的申请人仍以企业形式为主。这一阶段，申请人保持在两位数，申请量也逐年攀升，于2011年达到峰值，为76件。这一阶段，申请人的增长幅度并不明显，这也说明国内墨盒余量检测领域核心技术的研究还主要集中在少数市场竞争力高的企业中，且上述少数市场竞争力高的企业的研发热情较高，技术产出也相对较高。

第三阶段：技术调整期（2012年至今）。这一时期，专利申请人数量依旧有所增长，但专利申请量呈波动增长趋势，在2017年出现了一个申请高峰。究其原因，一方面可能是由于随着该领域技术研究的不断深入，实现技术突破的难度也越来越高，且国外核心技术采用专利权保护的形式提高技术壁垒，使得国内申请人提高该领域技术的专利申请质量的难度增大；另一方面，受国内专利激励政策的影响，国内企业越来越注重知识产权保护，导致专利申请数量大幅增加。

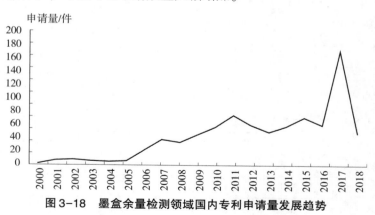

图3-18　墨盒余量检测领域国内专利申请量发展趋势

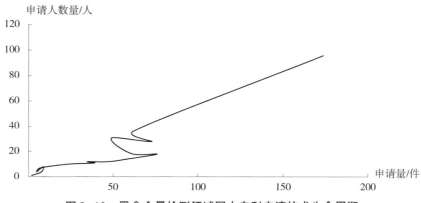

图 3-19　墨盒余量检测领域国内专利申请技术生命周期

3.3.8.2　国内专利申请人排名分析

图 3-20 为墨盒余量检测领域国内专利申请的主要申请人分布。可以看出，国内申请人中，仍然是纳思达和天威在专利申请数量上遥遥领先。说明目前国内虽然有众多墨盒生产厂商，大部分厂商对技术研发的投入还不够、技术创新的意识还不强；相对来说，纳思达和天威注重该领域的研发投入，同时具有较好的专利技术保护意识。

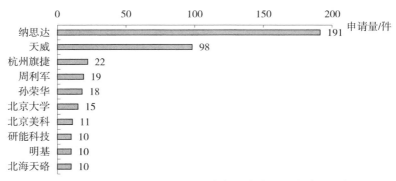

图 3-20　墨盒余量检测领域国内专利申请主要申请人分布

3.3.8.3　国内专利申请人类型及专利申请合作模式分析

图 3-21 为墨盒余量检测领域国内专利申请的申请人类型及合作模式，申请人类型具体包括企业、个人、合作申请和研究机构（含高校）等，中国专利申请的国内申请人类型与总体的国内外申请人类型相比，各比例有些微差别。

从图 3-21 可以看出，墨盒余量检测领域的国内申请中主要申请人的形式也是企业，其申请量占比 78%。个人申请量占比 17%，与中国整体专利申请中个人申请量占比 7% 相比有较大差别，说明国内有较多个人从事墨盒余量检测相关技术的申请，该技术进入门槛并不高。此外，合作申请占申请总量的 4%，其中主要是企业-企业的合作申请模式，具体体现在北大方正集团有限公司、北京北大方正电子有限公司的合作申请，这也反映出在企业-企业的合作申请模式中，参与市场竞争的国内其他公司之间的技术合作创新的情形相对较少，企业大多依托其自身建立的研发机构进行技术成果的研发。从图中还可看出，研究机构（含高校）在墨盒余量检测领域的申请量比重最低，仅为1%，这可能是由于该技术领域目前的技术发展相对成熟，且涉及的基础理论或前沿技术相对较少，因此研发机构在该技术领域的研发积极性不强，创新活跃度不高。

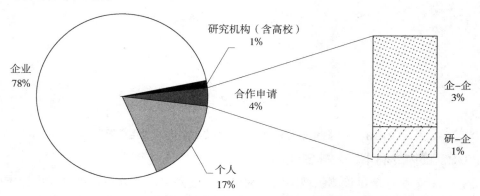

图3-21 墨盒余量检测领域国内专利申请申请人类型及合作模式

3.3.8.4 国内各省区市专利申请区域分布及申请量趋势情况

从图3-22可以看出，墨盒余量检测领域的国内申请人主要集中在广东省、浙江省、北京市和台湾地区，这四个区域的专利申请量占墨盒余量检测领域国内专利申请总量的78%，其中又以广东省的专利申请量为最多，达到475件，占比达57%，这与广东省在打印耗材的起步较早有直接关系，结合图3-23还可看出，广东省的专利申请量于2006年后开始快速增长，并于2011年达到峰值，为56件。

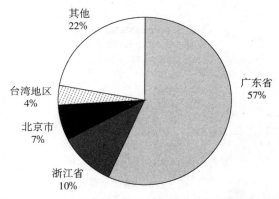

图3-22 墨盒余量检测领域国内申请人申请量区域分布

由于广东省专利申请量占据了国内专利申请总量的较大比重，因此图3-23中国内申请量的发展趋势与广东地区申请量的发展趋势基本一致。

同时结合图3-24和表3-3的国内各主要省区市专利申请类型分布和各主要省区市专利法律状态分布还可以看出，广东省在专利申请数量领先的同时，其发明专利申请量也处于绝对领先地位，总计达167件，其中有效发明专利占发明专利申请总量的51%，这一数据表明广东省在墨盒余量检测技术领域的技术创新高度及专利质量都较高，在该行业中发挥着一定技术领先和带头作用；就专利申请中发明专利申请和实用新型专利申请的布局来看，广东省在墨盒余量检测技术领域的专利申请中，实用新型专利申请占比较高，为65%，这也与打印耗材产业的核心技术主要由惠普、爱普生、佳能、施乐等美国、日本企业垄断，使得打印耗材产业的进入壁垒非常高有关，限制了企业在核心技术上的突破进展，因此广东省企业还需进一步增强创新意识，通过自主创新、合作创新或技术引入等途径提高自主研发能力以提高竞争力，获得产业的可持续发展。广东省在该技术领域的主要申请人有天威飞马打印耗材有限公司、珠海纳思达电子科技有限公司、深圳市润天智图像技术有限公司等。

从图3-22还可看出，作为长江三角洲打印耗材生产基地的一部分的浙江省在墨盒余量检测领域的专利申请量位居第二，为87件，申请量占比达到10%。结合图3-23还可看出，浙江省最早于2005年开始墨盒余量检测技术的专利申请，具体是由范岩松等提出的采用浮子方式进行墨盒余量检测的专利申请和由浙江天马电子科技有限公司提出的采用视觉方式进行墨盒余量检测的专利申请，之后的年申请量均低于20件。同时结合图3-24和表3-3还可看出，就专利申请中发明专利申请和实用新型专利申请的布局来看，浙江省在墨盒余量检测技术领域的专利申请中，实用新型专利申请占比87%。这说明了浙江申请人在墨盒余量检测领域的研发活跃度不高，同时该地区的专利申请质量也还需进一步提高。浙江省在该技术领域的主要申请人有浙江天马电子科技有限公司、嘉兴天马打印机耗材有限公司、宁波必取电子科技有限公司、杭州旗捷科技有限公司等。

从图3-22还可看出，北京市和台湾地区在墨盒余量检测领域的专利申请量位居第三和第四，分别为52件和37件。结合图3-23还可看出，北京市最早于2006年开始墨盒余量检测技术的专利申请，并于2015年专利申请量达到峰值，为13件。北京市在该技术领域的主要申请人有北京美科艺数码科技发展有限公司、北大方正集团有限公司、北京大学、北京北大方正电子有限公司等。台湾地区最早于2001年开始墨盒余量检测技术的专利申请，之后专利申请量呈现下降趋势，年专利申请量均低于10件。台湾地区在该技术领域主要申请人有明基电通股份有限公司、研能科技股份有限公司等。

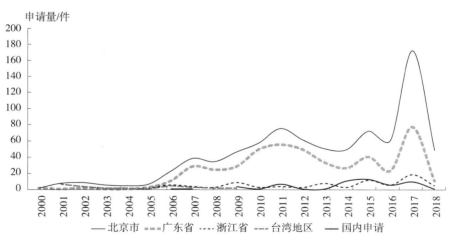

图3-23 墨盒余量检测领域国内各主要省区市专利申请量趋势

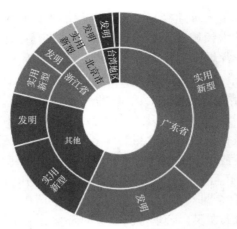

图3-24 墨盒余量检测领域国内各主要省区市专利申请类型分布

表3-3 各主要省区市专利法律状态分布　　　　　　　　　　单位：件

	发明					实用新型	
	驳回	待审	视撤	专利权无效	专利权有效	专利权无效	专利权有效
北京市	2	4		0	21	2	28
广东省	6	32	15	30	84	63	245
台湾地区	0	1	8	10	5	7	1
浙江省	0	14	3	0	14	23	33

3.4 广东省专利分析

3.4.1 广东省专利申请量趋势分析

　　墨盒余量检测领域广东省专利申请量的变化大致经历了以下几个主要发展阶段（见图3-25）。

　　第一阶段：技术萌芽期（2000~2005年）。广东省墨盒余量检测领域首件专利申请于2000年提出，具体是由珠海飞马耗材有限公司提出的2件专利申请，分别涉及采用电极、光学装置进行墨盒余量检测的技术。这一阶段的特点是从事该领域技术研究的申请人数量非常少，申请人数量增长非常平缓，申请量同样增长缓慢，广东省企业对墨盒余量检测技术的研究处于初步阶段，技术活跃度并不高。

　　第二阶段：技术发展期（2006~2011年）。2006年以后，随着墨盒余量检测技术逐渐成为打印耗材领域的一个研发热点，广东省也有更多申请人逐渐开始投入力量研发并申请专利，专利申请量稳步上升，于2011年达到峰值，为56件。但这一阶段，申请人的增长幅度并不明显，纳思达和天威作为广东地区的国内打印耗材龙头企业，起了主导作用，这也说明了广东省墨盒余量检测领域核心技术的研究也还主要集中在少数市场竞争力高的企业中，且上述少数市场竞争力高的企业的研发热情较高，技术产出也相对较高。

第三阶段：技术调整期（2012 年至今）。这一时期，专利申请量处于波动增长状态，于 2015 年达到小高峰，为 41 件，并在 2017 年达到峰值，为 78 件。说明广东省在墨余量检测技术领域仍处于积极研发的状态。

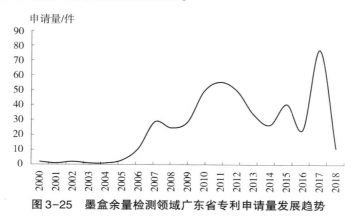

图 3-25　墨盒余量检测领域广东省专利申请量发展趋势

3.4.2　广东省专利申请人排名分析

从图 3-26 可以看出，广东省墨盒余量检测领域专利申请量排名前 10 位的申请人中，纳思达以 191 件的申请量高居榜首，天威则以 98 件位于第二，其余申请人的申请量相对较少。这反映出广东省墨盒余量检测领域申请人虽然多，但申请量的集中度相对较高，主要集中在纳思达和天威。此外，广东省排名前 10 位的申请人中，个人申请相对较多，且部分个人申请的申请量高于其他企业，一方面说明墨盒余量检测的技术门槛并不高，另外一方面是部分企业受资金等原因的影响，采用个人申请的方式进行专利申请。因此广东省可以适当增加对企业在该领域的技术研发支持，而从事该行业的大部分企业需依托其自身在技术和资源储备方面的优势，提高研发热度和创新高度，同时提高创新成果专利权保护意识。

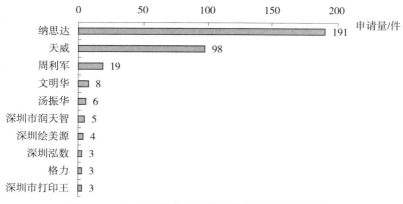

图 3-26　广东省墨盒余量检测领域专利申请人排名

3.4.3 广东省专利申请人类型及专利申请合作模式分析

从图 3-27 可以看出，企业形式的申请人以 327 件的专利申请量占广东省专利申请总量的 85%，这主要是由于作为国内打印耗材的龙头企业，纳思达和天威对该地区的技术发展起到了主导和推动作用；此外，企业作为市场竞争的主体，积极通过专利布局的方式抢占市场份额。从图中还可看出，个人申请所占比例位居第二，为 14%，说明该领域的技术进入门槛相对较低，吸引了较多个人从事该领域的技术研究活动。而广东省并没有从事该领域技术研究的研究机构（含高校），这一方面可能是由于墨盒余量检测技术目前已发展的相对成熟，研究机构并未将该技术作为研究热点，另一方面则可能是由于研究机构并未将专利申请作为研发成果保护的主体形式。此外，广东省墨盒余量检测领域的合作申请模式占比较低，且主要体现在企业和企业之间的合作，这与广东省集聚了国内打印耗材产业规模最大且技术处于领先的多家企业相关。

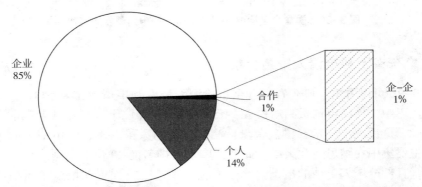

图 3-27　墨盒余量检测领域广东省专利申请申请人类型及合作模式

3.4.4 广东省专利申请区域分布分析

从图 3-28 可以看出，广东省的专利申请分布中，珠海占比最大，为 70%。由于珠海作为打印耗材产业集聚区，集聚了国内该产业中产业规模最大、技术水平领先的龙头耗材研发与生产企业，且其中大部分的企业也建立了自己的研发机构，这也促成了珠海市在该领域的专利申请的领先地位。

除珠海外，作为珠江三角洲打印耗材生产基地中的广州和深圳在打印耗材领域也有快速的发展。其中广州和深圳在墨盒余量检测领域的专利申请量均占广东省专利申请总量的 10%；而其他市的专利申请量相对较少，总共为 10%，且专利申请人相对集中，主要有广东科达机电股份有限公司、佛山市三水盈捷精密机械有限公司、佛山凯德利办公用品有限公司等。

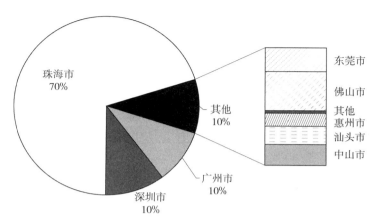

图 3-28　墨盒余量检测领域广东省专利申请区域分布

3.4.5　广东省专利法律状态分析

结合图 3-29 和表 3-4 可知，珠海在专利申请总数领先的同时，其发明专利申请量也处于绝对领先地位，总计达 111 件，其中有效发明专利占发明专利申请总量的 74%。由此可见，珠海在墨盒余量检测技术领域的技术创新高度及专利质量都较高，在该行业中发挥着一定的技术领先和带头作用。珠海的专利申请中，实用新型专利申请占比较高，为 66%，因此，珠海在保持现有技术创新实力的基础上，还需进一步增强创新意识，通过自主创新、合作创新或技术引入等途径提高自主研发能力以提高在该产业中的经济竞争力。珠海在墨盒余量检测

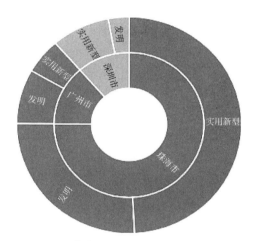

图 3-29　墨盒余量检测领域广东省各主要城市
专利申请类型分布

领域中具有代表性的申请人有：珠海纳思达电子科技有限公司、天威飞马打印耗材有限公司、珠海市拓杰科技有限公司、珠海中润靖杰打印机耗材有限公司、珠海诚威电子有限公司、珠海格力磁电有限公司等。

此外，从表 3-4 可以看出，广州发明专利权有效数量以及待审量均高于深圳，这也说明广州在墨盒余量检测领域的专利申请质量和技术活跃度稍微要高于深圳。其中深圳和广州在墨盒余量检测领域的主要申请人包括：广州麦普实业有限公司、广东柯丽尔新材料有限公司、深圳市润天智图像技术有限公司、深圳泓数科技有限公司、深圳市打印王耗材有限公司、深圳市全印图文技术有限公司等。

表3-4 墨盒余量检测领域广东省各主要城市专利法律状态分布 单位：件

	发明					实用新型	
	驳回	待审	视撤	专利权无效	专利权有效	专利权无效	专利权有效
广州市	—	10	4	—	20	9	17
深圳市	—	2	1	—	10	6	29
珠海市	6	16	8	3	75	43	166

3.5 本章小结

本章对墨盒余量检测技术进行分析，将墨盒余量检测技术分解为光学检测、浮子检测、磁学检测、电阻或电极检测、振动或超声检测、基于打印量检测、视觉检测以及其他共8种检测方式，通过对全球、中国和广东的墨盒余量检测技术领域相关专利申请数据的整体分析，本课题组主要结论如下。

1. 全球整体发展趋势

1）全球墨盒余量检测技术领域专利申请总量为6386项。在未进行合并去重前，涉及墨盒余量检测技术的申请量为8649项，具体涉及浮子检测申请量为998项，光学检测申请量为3121项，电阻或电极检测申请量为2050项，振动或超声检测申请量为1116项，磁学检测申请量为759项。墨盒余量检测技术近几年的年专利申请量有所回落，说明墨盒余量检测技术发展已日趋成熟。

2）墨盒余量检测技术领域申请人中，日本申请量最多，占全球专利申请总量的68%，且日本1998~2013年，年度申请量均在100项以上，在该领域技术活跃度很高且占据绝对的技术领先地位。其次为美国，占申请总量的15%，中国占10%，与日本相比均存在很大的差距；欧洲占4%，韩国占2%。以上五个国家/地区的专利申请量占据墨盒余量检测领域专利申请总量的99%，可见该领域技术集中度较高。

其中全球专利排名前四的企业均为日本企业，分别为爱普生、佳能、兄弟和理光，全球专利排名前十的企业中，日本还有富士胶片，位居第六位。而中国企业也有纳思达和天威，分别位于第七和第十位，这两家企业具有一定的研发实力且发展潜力较大。

3）从全球专利公开国及原创国看，日本原创申请百分比高达97%，说明日本在墨盒余量检测领域保有绝对领先的技术原创度。美国的原创百分比为30%，美国专利公开数量为3140项，这也说明了各国/地区较为重视美国地区市场。中国的专利公开量虽然不及美国，但在原创能力上高于美国，为35%，这也说明中国虽然较晚进入打印行业，但通过近些年不断发展和追赶，在墨盒余量检测技术领域也具备了一定的技术竞争力。

4）全球墨盒余量检测技术领域的专利申请模式主要为企业单独申请，占据专利申请总量的74%，其次为合作申请，占比23%。而专利合作申请模式中的企业与企业之间的合作占申请总量的11%，企业与个人间的合作占申请总量的10%，个人与个人之间的合作占申请总量的 2%。这表明墨盒余量检测技术领域，企业对该技术领域的技术发展和技术创新程度所起的主导作用，企业的技术发展水平基本代表了行业的整体发展水平，通过关注主要公司的技术创新动态即可以了解行业整体发展情况。

5）全球涉及墨盒余量检测的专利申请中，涉及墨盒余量光学检测方式的专利申请量排名第一位占比达 36%，其次为采用电阻或电极的检测方式，占比为 24%。说明墨盒余量检测方面的研究主要集中光学检测和利用电极或电阻检测这两个方面。

2. 中国整体发展趋势

1）中国专利 2380 件，目前专利年申请量仍在快速增长，国内申请人的数量有所增加，中国在该技术领域较为活跃，已成为全球不可忽视的重要力量。中国国内墨盒余量检测领域首件专利申请于 2000 年提出，具体是由珠海飞马耗材有限公司提出的 2 件专利申请，分别涉及采用了电极、光学装置进行墨盒余量检测技术。

2）中国墨盒余量检测技术领域的所有专利申请中，实用新型申请占比 30%，发明申请占比 70%。其中发明专利申请中，64% 为日本申请，21% 为中国申请；实用新型专利申请中，17% 为日本申请，83% 为中国申请。即绝大部分的实用新型专利均为中国申请，一半以上的发明专利均为日本申请。

可见，中国虽然在专利申请量上增长迅猛，但是主要集中在实用新型专利申请上，而技术创新度较高的发明专利申请仍不多，说明我国专利申请在创新性方面与发达国家相比仍存在一定差距。

3）国内申请区域中，以广东省为主要申请人区域，其专利申请总量占据国内申请人专利申请总量的 57%，其次为浙江省、北京市和台湾地区。广东省在专利申请数量领先的同时，其发明专利申请量也处于绝对领先地位，总计达 167 件，其中有效发明专利又占了发明专利申请总量的 51%，这一数据表明广东省在墨盒余量检测技术领域的技术创新高度及专利质量都较高，在该行业中发挥着一定技术领先和带头作用。就专利申请中发明专利申请和实用新型专利申请的布局来看，广东省的墨盒余量检测技术领域专利申请中，实用新型专利申请仍占有较大的比重，为 65%，因此广东省还需进一步增强创新意识，通过自主创新、合作创新或技术引入等途径提高自主研发能力以提高其在该产业中的经济竞争力，获得产业的可持续发展。

4）中国涉及墨盒余量检测的专利申请中，申请量最高的技术分支为光学检测技术，占比为 41%，其次为通过电阻或电极检测技术，与全球专利申请趋势相同，说明技术关注点也相同。

3. 广东整体发展趋势

1）从墨盒余量检测申请量来看，广东省近几年专利申请量呈现波动增长的趋势，技术研发势头较好。从广东省专利申请人申请量区域分布来看，广东地区的专利申请量集中在珠海市，占广东省专利申请总量的 73%。珠海市在专利申请数量领先的同时，其发明专利申请量也处于绝对领先地位，总计达 111 件，其中有效发明专利占发明专利申请总量的 76%，实用新型专利申请占比较高，为 64%。由此可见，珠海在墨盒余量检测技术领域的技术创新高度及专利质量都较高，在该行业中发挥着一定技术领先和带头作用，但珠海在保持现有技术创新实力的基础上，还需进一步增强创新意识。

2）广东省申请人主要有纳思达和天威，其申请量位居广东省申请人专利申请量的第一（191件）和第二（98件）的同时，在国内申请量也位居第一和第二位，而广东省其余申请人的申请量较少。反映出，广东省墨盒余量检测领域申请人虽然多，但申请量的集中度相对较高，大多数企业或申请人并未形成技术规模或进行专利技术保护的意识不强。

第 4 章 墨盒重注

墨盒作为打印机最主要的耗材之一，多为一次性消耗品，墨水用尽后的墨盒若通过简单废弃方式进行处理：一方面使打印机使用者的使用成本过大，另一方面墨盒中不易降解的塑料壳体、残留的有色墨水等也会对环境产生很大危害。随着绿色打印理念的提出及国家与政府对环境保护的重视，催生了墨盒重注或再填充技术的出现与发展。墨盒重注是实现墨盒循环再利用的关键，主要是指当墨盒的墨水耗尽时，借助注墨工具或连供墨盒通过墨盒本身的注墨口或重新开设的贯穿孔进行墨水的再填充，实现墨盒的再生。

4.1 检索与统计

本章的数据来源主要为 CPRSABS、CNABS、CNTXT、JPABS、SIPOABS、VEN 和 DWPI，从 CPC、F-term 和 IPC 中选定相关分类号，并选取合适的中、英文关键词，构建适当的检索式对专利信息进行检索，检索截止日期为 2018 年 12 月 31 日，涉及样本包括全球专利 8425 项、中国专利 5085 件，最终得到墨盒重注领域的专利总体情况。

墨盒重注领域的专利申请主要分为包括墨盒再生的对单个墨盒进行重新注墨的方法，以及安装在打印机中的墨盒重注方式。根据墨盒重注领域的专利在各个数据库中的分布特点制定合适的检索策略。

墨盒的专利数据集中分布在 B41J2/175 分类号下，IPC 分类号并未对该技术分支进行具体细分，因此，在使用 IPC 检索时需要加入关键词限定。墨盒重注领域在 CPC 分类号下具有较为准确的分类号，分别为 B41J2/17506 及其下级分类号 B41J2/17509，因此在检索策略制定过程中通过该 CPC 分类号进行准确检索，而散落在 B41J2/175 及其下级分类号内的其他关于墨盒重注的专利申请数据则通过关键词与分类号同时限定而得到。考虑到日本在喷墨打印领域技术领先的特点，在检索过程中除采用 CPC 分类号及 IPC 分类号制定检索策略外，还特别对 JPABS 进行检索，检索方式主要是通过 F-term 分类号，以及所收集的日文关键词进行检索。

对于中国专利数据的检索，在 CNABS 和 CNTXT 数据库进行全面检索之后，再通过转库检索，将 SIPOABS 数据库以及 JPABS 数据库中检索得到的中文同族文献一同转库至 CPRSABS 中进行专利数据的导出。对于全球专利数据的检索，则首先是分别在 SIPOABS、JPABS 数据库中进行全面检索，将检索结果转库至 DWPI 数据库，再与 DWPI 数据库内的全面检索结果合并作为最终的全球专利数据结果，然后进行专利数据的导出。

4.2 全球专利分析

4.2.1 全球专利申请量趋势分析

截至检索日，全球涉及墨盒重注领域的专利共 8425 项，墨盒重注领域全球第一项专利申请于 1972 年在美国提出。图 4-1 为全球专利申请量随时间变化情况，图 4-2 为全球专利申请技术生命周期。

从图 4-1 和图 4-2 可以看出，墨盒重注的全球申请量在逐年稳步上涨后目前处于波动增长状态，大体可以分为三个阶段。

第一阶段是技术萌芽期（1972~1993 年）。这一阶段墨盒重注领域全球每年的申请量均不超过百项，专利申请人数量也比较少，从 1972 年的 1 位上升到 1993 年的 30 位。专利申请主要分布在美国、德国和日本，可见美国、德国和日本是墨盒重注领域最早发展的地区。尤其是日本，虽然起步比美国和德国晚几年，但专利增长速度最快，后来居上成为该领域专利积累最多的国家，是该领域很多开创性、基础性的专利申请的拥有者。

第二阶段是快速增长期（1994~2004 年）。随着环境问题以及资源紧缺等因素越来越受到全球范围的重视，墨盒重注技术也获得了更好的发展，这一阶段该领域专利申请快速增长，其中在 2004 年专利申请量最多，达到 547 项；同时年专利申请人数量迅速增长，于 2004 年已增长至 162 位。在该阶段，欧洲国家出台了多项标准以对墨盒对环境的影响做出限定，如德国推出的 DIN33870《信息急速办公设备喷墨打印机填充墨盒的墨水腔准备工作的要求及测试》国家标准。世界对环境问题的关注促进了有益于环境保护的墨盒重注技术的研发，使得该领域专利申请数量获得快速增长；同时基于成本及环境保护的考虑，越来越多的申请人投入到墨盒重注领域的技术创新活动。

第三阶段是波动发展期（2005 年至今）。这一阶段每年的申请量及申请人数量仍然很多，2005 年，专利申请人数量达到 170 位，为历年最多；专利申请量在 2005~2016 年，也均超过 300 项。但该阶段申请量及申请人数量发展不稳定，呈现波动发展态势。从 2008 年开始有下降趋势，这主要是受 2008 年的全球金融危机的影响，全球各主要经济体一直没有走出金融危机的阴影，其中墨盒领域的主要申请国日本的企业也在金融危机中受到重创，限制了企业对研发的投入，使得专利申请量有小幅下降。

总体来说，墨盒重注技术正趋于成熟，产业集中度正在提高，仍然有新生企业投入墨盒重注的研发。

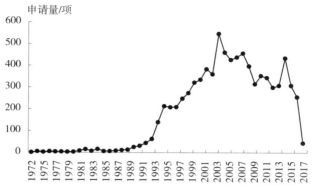

图 4-1　墨盒重注领域全球专利申请量随时间变化情况

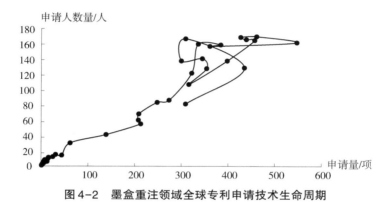

图 4-2　墨盒重注领域全球专利申请技术生命周期

4.2.2　全球专利申请人排名分析

图 4-3 为墨盒重注领域全球专利申请量排名前 10 位的申请人分布。从图 4-3 可以看出，申请总量在全球排名前 10 位的申请人中，5 家为日本公司（爱普生、佳能、兄弟、理光、富士胶片），1 家美国公司（惠普），1 家澳大利亚公司（西尔弗），2 家中国公司（天威和纳思达）和 1 家韩国公司（三星）。

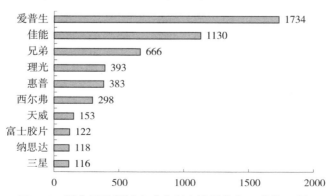

图 4-3　墨盒重注领域全球专利申请量排名（单位：项）

发达国家推行"生产者责任"制度，图4-3的排名从侧面反映出该制度取得的成效。全球墨盒重注领域主要申请人基本都是OEM产品制造商，根据"谁生产谁回收"的原则，率先发展了相关产品的再生循环利用技术。其中作为OEM产品制造商的日本的爱普生和佳能公司，其专利申请量分居第一和第二位，远超其他国家申请量，在墨盒重注领域具有领先的研发和创新能力。此外，从图4-3还可以看出，中国企业（天威和纳思达）在墨盒重注领域的研究在全球范围内也占据着一定的地位，但与日本和美国企业还存在较大差距。

4.2.3　全球专利申请国别分析

4.2.3.1　重点公开国及原创国分析

由图4-4可以看出，在全球墨盒重注专利申请中，日本的专利申请量位居第一，比例达到62%，共计5191项。美国位居第二，占比16%，共计1345项。中国则排名第三，达13%，共计1086项。

图4-5为主要国家/地区原创/公开专利数量情况，其中原创申请百分比计算方式为国家/地区原创申请百分比＝该国家/地区原创申请量÷该国家/地区公开专利量。专利公开量的多少体现该国家/地区市场被重视的情况，而原创申请的多少体现该国家/地区本身的技术原创能力。

日本在打印机行业拥有着绝对领先的技术优势和市场地位，从图

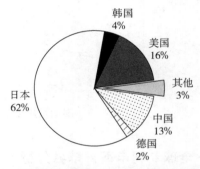

图4-4　墨盒重注领域全球专利申请国家/地区分布

4-5中可以看出，日本在墨盒重注领域也具有深厚的技术实力，原创申请百分比（5398/5560）高达97%。美国的原创申请百分比（1340/3777）为35%，美国的原创专利数量高于中国和韩国，同时也可以看出美国地区专利公开数量较多，各国均很重视在美国进行专利申请保护。中国原创申请百分比（971/2114）为46%，可以看出，中国在打印耗材技术起步晚于世界水平的基础上，通过近些年不断发展和追赶，在墨盒重注领域已具备了一定的技术竞争力，同时中国市场也成为各国进行墨盒重注领域技术专利布局的重点。韩国原创申请百分比（49%）较高的原因主要在于韩国地区的公开专利数量相对较少。

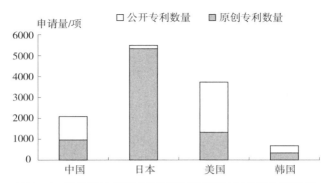

图 4-5　墨盒重注领域主要国家/地区原创/公开专利数量

4.2.3.2　重点区域专利动态分析

从图 4-6（a）可看出，日本在该领域的起步较早。日本最早在 1976 年开始墨盒重注领域的专利申请，并于 1994 年后发展迅速，专利申请量快速增长，1995～2016年，日本的年专利申请量均保持在 120 项以上，2005 年申请量则达到峰值 328 项。这不仅与日本地区拥有像佳能、爱普生、兄弟、东芝和理光等拥有绝对技术领先和市场竞争优势的原始产品制造企业有关，也与日本地区在循环再生耗材领域所作出的一系列举措相关，如制定优先采购再生耗材的政策、条例，建立低碳耗材的技术标准和回收网络以及售后服务体系等。上述因素都在一定程度上促进日本在墨盒重注或再生耗材领域重注研发投入及技术成果的专利保护。因此，不仅是其再生技术，日本地区再生政策及相关 OEM 产品制造商在再生耗材产业链方面的发展也都值得整个行业借鉴和学习。

从图 4-6（b）可看出，美国在墨盒重注领域的专利申请早于日本，于 1972 年就已进行墨盒重注领域的专利申请，1993 年后其专利申请保持平稳增长的态势，于 2004年专利申请量达到最大，为 242 项，之后申请量又迅速回落。美国也非常重视绿色环保打印，将利用和保护再生耗材写进了法律，例如美国环保法规定联邦机构必须使用再生墨粉盒，同时消费者对再生耗材的认识更加趋于理性，这些相关法律政策及成熟的市场都促进了美国地区在墨盒重注或再生领域的发展。

从图 4-6（c）可看出，中国在打印耗材行业起步较晚，且我国建立专利制度的时间较晚，专利普及程度和专利意识相对不高，中国在墨盒重注领域的专利申请也比较晚，1996 年才开始该领域的专利申请，2004 年以后专利申请量得到快速增长，2009～2017 年年专利申请量均超过 50 项，2017 年专利申请量达到最大，为 166 项，但这与日本和美国的最高申请量仍存在一定距离。专利申请量的多少在一定程度上也体现该领域在该地区的被重视程度及技术发展现状。人们对经墨盒重注得到的再生墨盒的认识误区、国内尚未建立循环再造的国家标准和行业标准、国家尚未出台强制性的打印耗材回收利用法规等因素都限制了目前中国墨盒重注领域专利申请量的增长及技术的发展进度。

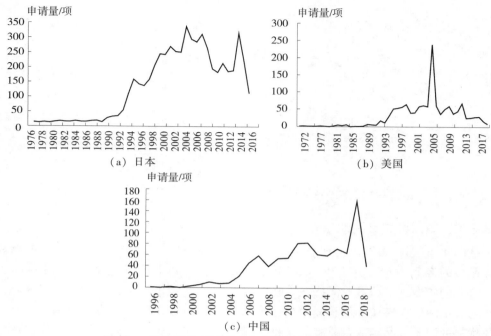

图 4-6　墨盒重注领域全球主要国家专利申请发展趋势

4.2.4　全球专利技术活跃度与集中度分析

表 4-1 从不同角度显示了全球范围墨盒重注技术专利申请活跃程度和集中程度，包括全球总体情况、主要国家/地区、主要申请人等多个方面。

表4-1　全球墨盒重注技术专利申请的活跃度与集中度

项目		活跃度		集中度	
全球		2.13	↑↑↑	—	—
主要国家/地区	中国	2.87	↑↑↑	11.60%	93.88%
	日本	1.93	↑↑	62.02%	
	美国	0.89	↓	16.18%	
	韩国	0.73	↓	4.09%	
主要申请人	爱普生	1.83	↑↑	20.72%	56.83%
	佳能	0.52	↓	13.50%	
	兄弟	0.81	↓	7.96%	
	理光	1.51	↑↑	4.70%	
	惠普	0.26	↓↓	4.58%	
	西尔弗	0.00	↓↓↓	3.56%	
	天威	0.63	↓	1.83%	

从表 4-1 中的全球活跃度以及主要国家/地区活跃度数据分析来看，墨盒重注全球专利申请还处于非常活跃的上升期，中国、日本近年来表现仍较为活跃，尤其中国最为活跃，这主要基于近几年中国经济形势发展较好，喷墨打印技术整体发展较好，并且全球对环境问题的重视度也在进一步加强，不仅使国内有更多企业和科研机构致力于墨盒重注技术的研究，也吸引了全球各大型企业进入中国市场。

从图 4-7 可以看出，墨盒重注技术领域全球专利申请中日本在 3/5 局以上的专利申请量占比高达 71%，表明日本于该技术领域的活跃度较高且研发技术水平相对较高，使得日本更注重相关技术于各个国家/地区的专利申请及布局。美国在 3/5 局以上的专利申请量占比为 18%，其技术研发活跃度低于日本，且在该领域 3/5 局以上专利布局量相对较少，说明该技术在美国的发展增速已放缓，主要是因为墨盒重注技术门槛较低，随着墨盒重注技术的成熟，该技术为企业所带来的利润有所降低而导致。而中国在 3/5 局以上的专利申请总量虽然只占 1%，但从活跃度表现来看，中国在墨盒重注领域技术研发活跃度较高，表明中国在墨盒重注技术领域的发展热度较为高涨，但应更注重技术研发质量及于各国家/地区的专利技术布局。

表 4-1 中的主要申请人是全球范围墨盒重注专利申请量排名前七位的申请人，从表 4-1 中主要申请人的活跃度可以看出，日本的爱普生和理光的研发最为活跃；而中国的天威、日本的佳能和美国的惠普近几年研发较不活跃，说明其技术研发侧重点已不集中在墨盒重注技术。

结合图 4-8 可以看出，日本的爱普生、佳能、兄弟及理光在 3/5 局以上的专利申请量高达 86%，其中又以爱普生在 3/5 局以上的专利申请量最大，这与日本国内在循环再生耗材领域推行的一系列举措且其在该领域起步较早，技术处于绝对领先地位有关。佳能和惠普虽然近几年于该领域的研发较不活跃，但上述两个公司在 3/5 局以上的专利申请量比例仍相对较高，表明其在墨盒重注领域仍掌握较多关键技术。而国内目前则较少有企业就墨盒重注技术向 3/5 局以上申请专利，表明国内企业在该领域保持

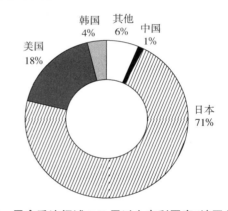

图 4-7　墨盒重注领域 3/5 局以上专利国家/地区分布

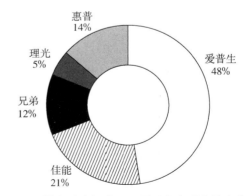

图 4-8　墨盒重注领域 3/5 局以上专利申请人分布

活跃度的同时，还应注重技术研发的高度及于国外各国家/地区的布局以拓宽市场。

从表 4-1 中的集中度数据看，全球范围的墨盒重注专利申请集中度比较高，申请

量比较集中的中国、日本、美国和韩国四个国家，专利申请总量占全球专利申请总量的 93.88%，在全球的墨盒重注技术领域呈垄断态势，技术集中度较高；排名前五位的申请人掌握了 51.46% 的专利申请，占全球专利申请总量的一半以上。可见，墨盒重注的主要技术大部分集中在全球少数大型企业手中，中小型企业在专利申请上与其相比处于劣势。

4.3 中国专利分析

4.3.1 中国专利申请量趋势分析

从图 4-9、图 4-11、图 4-12 可以看出，墨盒重注领域中国专利申请的发展态势分为四个阶段，分别为技术萌芽期、缓慢增长期、快速增长期、波动发展期。

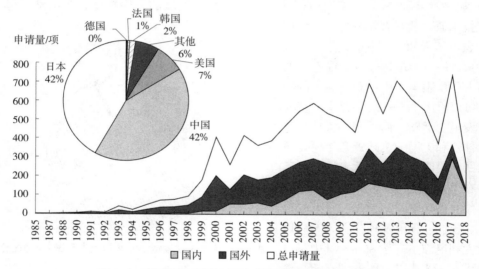

图 4-9 墨盒重注领域中国专利申请量随时间变化情况

第一发展阶段（1985~1992 年）。这一发展阶段为墨盒重注行业的技术萌芽期，中国墨盒重注领域的专利申请的发展极为缓慢，每年的申请量极少，均为 10 件以下，且全部为外国申请人所申请，年专利申请人数量均不超过 2 位。这与当时国内喷墨打印行业市场较小，对墨盒的需求量不大，国内企业技术较为落后，专利意识相对薄弱具有很大关系。

中国的第一件墨盒重注领域的专利申请是在"中华人民共和国专利法"实施当天提出，来自意大利的发明专利申请，其申请号为 CN85101188，发明名称为喷射导电油墨的连续印刷头，该申请公开了使容器重新注满油墨的装置及方法。

第二发展阶段（1993~1998 年）。随着国内经济的不断发展，市场对喷墨打印行业的需求不断增加，同时关于墨盒重注的专利申请量也逐渐增多，中国墨盒重注领域的发展进入到缓慢增长期，但年专利申请量仍没有超过百件，年专利申请人数量也均不超过 15 人。从图 4-10 可以看出，自 1996 年开始国内已有申请人在墨盒重注领域申请专利，国内开始兴起关于喷墨及其耗材产业的生产与研发企业，如天威等，这表明这一阶段国内企业以及发明人的专利意识已逐渐增强，但由于技术起步较晚，在专利申请的数量以及质量上跟国外企业相比还存在很大的差距。

第三发展阶段（1999~2007 年）。这一阶段为墨盒重注领域的快速增长期，墨盒重注领域的专利申请量呈快速增长趋势，年专利申请人数量也呈倍数增长，2002~2007年年专利申请人数量均超过了 50 人。在此期间，由于墨盒领域的高利润率驱使，国内从事喷墨打印机耗材生产的企业大量增加，开始抢占国外企业关于墨盒的市场份额，国内申请的年专利申请量达到了 10 件以上，且增长迅速，到 2007 年甚至超过了包括日本在内的其他所有国家，增长到了 132 件。国外企业为了保住在中国的市场地位，迅速在中国内进行专利布局，因此使得这一时期的专利申请量发展极为迅速。

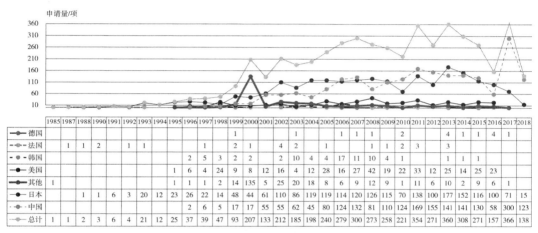

申请量/项

	1985	1987	1988	1990	1991	1992	1993	1994	1995	1996	1997	1998	1999	2000	2001	2002	2003	2004	2005	2006	2007	2008	2009	2010	2011	2012	2013	2014	2015	2016	2017	2018
德国													1			1		1	1	1		2					4	1	1	4	1	
法国		1	1	2		1	1			1					2	1		4	2			1				2	3					
韩国										2	5	3	2	2		2	10	4	17	11	10	4	1					1	1	1		
美国								1	6	4	24	9	8	12	16	4	12	28	16	27	42	19	22	33	12	25	14	25	23			
其他	1							1	1	1	2	14	135	5	25	20	18	8	6	9	12	9		1	11	6	10	2	9	6	1	
日本			1	1	6	3	20	12	23	26	22	14	48	44	61	110	86	119	119	114	120	126	115	70	138	100	177	152	116	100	71	15
中国										2	6	5	17	17	55	55	62	45	80	124	132	81	110	124	169	155	141	141	130	58	300	123
总计	1	1	2	3	6	4	21	12	25	37	39	47	93	207	133	212	185	198	240	279	300	273	258	221	354	271	360	308	271	157	366	138

图 4-10　墨盒重注领域各国申请量变化趋势

第四发展阶段（2008 年至今）。这一阶段，墨盒重注领域进入了波动发展期，其中中国专利申请总量最高峰为 2017 年，达到了 376 件，专利申请人数量也达到了最大，为 160 人。打印行业带来的环境压力受到了各个部门的重视，使得墨盒重注中的墨盒再生技术得到了更好的发展。不同地方或部门分别出台了关于墨盒的标准政策，如工信部 2007 年 3 月实施的《电子信息产品污染防治管理办法》和 2006 年颁布的行业标准《电子信息产品中有毒有害物质的限量要求》（SJ/T 11363—2006），2006 年广东省质监局发布地方标准《喷墨打印机墨盒通用技术规范》，在一定程度上促进了墨盒重注领域的发展，该领域的专利申请量呈稳步增长状态。

特别要注意的是，2010 年本领域专利申请量出现了小幅下降，究其原因，主要是国内 2009 年禁止进口回收墨盒，且日本经济在 2009 年出现了大衰退导致。墨盒再生为墨盒重注领域的重要分支，在此之前，小企业做再生的渠道不规范，同时没有考虑环境问题，这也对整个墨盒再生行业环境产生了影响。该禁令对国内墨盒再生行业产生了一定的抑制作用，企业正在努力寻求合适的开放机会。

总体来看，墨盒重注技术年专利申请人和年专利申请数量都呈现线性上升的趋势，表明该技术在中国目前仍然处于蓬勃发展的阶段。

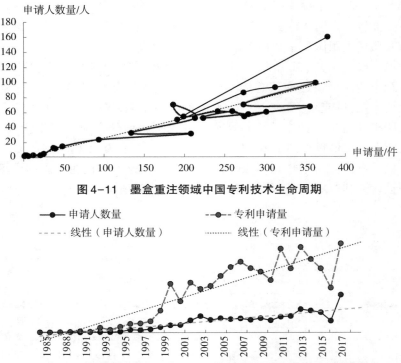

图4-11　墨盒重注领域中国专利技术生命周期

图4-12　墨盒重注领域中国申请人数量和专利申请量的发展态势

4.3.2　中国专利申请人排名分析

从图4-13可以看出，中国专利申请量前10名申请人排名中，有7家外国企业，日本爱普生在中国专利申请量排名第一，申请量高达1080件。爱普生也是中国打印机市场占有率领先的公司，说明爱普生非常重视中国市场，并逐渐加强在国内保护知识产权的力度。日本其他著名的打印机产品制造商佳能、兄弟和理光的申请量分别排名第三、第四和第八。

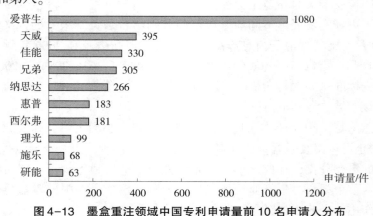

图4-13　墨盒重注领域中国专利申请量前10名申请人分布

中国专利申请量排名前 10 位的申请人中仅有两家国内企业，分别为天威和纳思达，专利申请量排名分别为第二位、第五位，虽然其申请量与爱普生存在一定的差距，但在墨盒重注技术领域也表现了很高的活跃程度，此外，结合图 4-14 可知，国内除天威、纳思达、嘉兴天马外，台湾地区的研能科技、明基、国际联合也涉足了墨盒重注领域，专利申请量排名分别位列第四位、第六位和第十位，但其专利申请量均不足百件，说明其技术关注点还未重点扩展到墨盒重注领域。总体来看，国内专利申请量排名前 10 位的除天威和纳思达以外的其他国内申请人在墨盒重注的专利申请量均不到百件，这也说明了国内大部分打印耗材企业在墨盒重注技术领域的技术研发程度较国外优势企业还很低，对墨盒重注技术进行专利权保护的意识也不强。

美国的惠普、施乐两家企业虽然在打印耗材方面拥有的先进的技术储备，但在中国就墨盒重注领域的专利申请相对较少，专利申请量排名分别位列第六和第九。

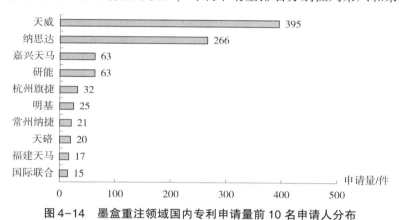

图 4-14　墨盒重注领域国内专利申请量前 10 名申请人分布

4.3.3　中国专利申请人类型及专利申请合作模式分析

由图 4-15 可知，在墨盒重注领域，主要以企业名义的申请，占据了 89% 的比重，其次是个人申请，占比为 9%。可以看出企业对该技术领域的重视程度，这也符合墨盒重注技术依托其在成本、环保、性能等方面的优势能够激励企业不断进行相关领域的技术创新的发展趋势。包括高校在内的研究机构和合作模式的申请形式占比都相对比较小。

从图 4-15 中还可看出，在该领域存在着企业、研究机构、个人之间的相互合作申请模式，其中企业和企业的合作申请模式居多，占比达到 53%；其次为企业与个人的合作，占比 21%；而企业与研究机构之间合作申请形式占比最少，仅为 6%。此外，虽然在合作申请模式中，企业-企业合作申请模式占有最大的比重，但就具体的专利申请数量而言，企业-企业合作申请的专利数量仅为54 件。可以看出，在墨盒重注领域，企业更多的是采用独立申请方式，合作申请涉及的数量较少，这从一定程度上说明了企业更加注重依托企业自身的研发机构实现在核心技术的自主突破创新，并通过专利权的形式获得技术的相应保护。

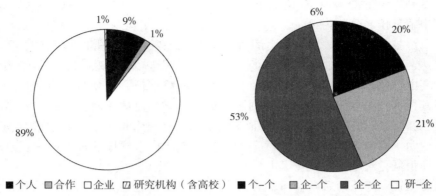

■个人　■合作　□企业　▨研究机构（含高校）　■个-个　■企-个　■企-企　□研-企

图4-15　墨盒重注领域中国专利申请人类型和合作模式

虽然合作申请的专利数量并不能完全表征企业在产学研合作方面的发展现状，但基于研究机构（包括高校）在基础理论研究、科研人才储备等方面的优势，企业与研究机构间应该更积极的进行合作，利用高校的技术资源提高企业在产品研发方面的速度和高度；此外，企业之间在技术上各有优势，也各有侧重，企业与企业之间也应该寻求更多的合作，对各自的优势技术、先进设备进行资源整合构建技术联盟、创新联盟及产业联盟以最终寻求技术壁垒的突破。

4.3.4　中国专利申请国别分析

图4-16为墨盒重注领域中国专利申请国别分布情况。可以看出，日本和中国专利申请量占比均为42%，说明国内在墨盒重注领域也已具备一定的技术储备及竞争力；美国、韩国等国家也在中国进行了相应的专利布局。总体来看，国外专利申请量占到墨盒重注领域中国专利申请总量的一半以上，掌握着墨盒重注的主要技术，在一定程度上制约着本土专利技术的发展。

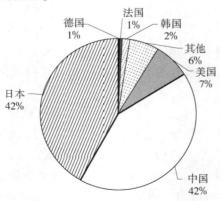

图4-16　墨盒重注领域中国专利申请申请人国别分布

下面进一步分析各国在华的专利申请状况。从图4-17可以看出，墨盒重注领域的中国专利申请中66%为发明专利，34%为实用新型专利。从图4-18可看出，各国的在华申请的专利申请类型比例各有不同，其中，日本、美国的专利申请大部分为发明专利申请，而国内专利申请以实用新型专利居多，这表明国内申请人在墨盒重注领域的发明创造性还存在不足，其专利申请数量主要由实用新型支撑。

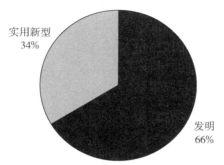

图 4-17　墨盒重注领域中国专利申请类型

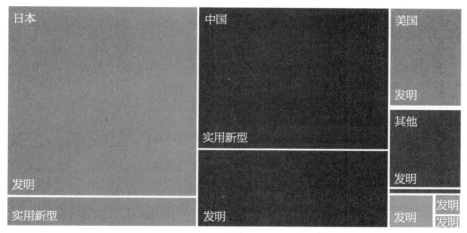

图 4-18　墨盒重注领域各国在华专利申请类型

从表 4-2 可以看出，日本、中国、美国、韩国、法国、德国的技术发展连续性都比较好，但是各个国家的发展状况有所不同。法国自技术萌芽期开始在中国申请专利，但是之后并没有较大发展，在耗材领域的市场占有率一直不大。美国虽然不是最早在中国申请专利的国家，但是由于美国有好几家专注喷墨打印的企业，如惠普、施乐等，在其开始进入中国后申请了大量专利，为目前在华申请专利的第三大申请国。日本自1988 年便开始了在中国的墨盒重注领域专利申请，且随着中国墨盒重注领域技术的不断发展，日本申请人的专利申请也不断增多，呈现递增趋势。相比较而言，中国墨盒重注领域技术发展较晚，技术基础比较薄弱，但是近年来发展很快，专利申请量以超过日本的增速在增长，自 2008 年以来专利申请总量上升为第一位。国内企业在发展过程中，一直积极开拓海外市场，不断受到海外知识产权诉讼，需要应对各种知识产权问题，这更加促进和加强了国内企业的专利权保护意识，进而增加了对技术的研发投入，提高了专利申请量。

表4-2　主要申请国的发展趋势　　　　　　　　　（单位：件）

国别	1985~1992	1993~1998	1999~2007	2008 至今
日本	11	117	821	1180
中国	0	13	587	1532
美国	0	34	132	215
韩国	0	10	52	18
法国	5	2	10	10
德国	0	0	4	14
其他	1	5	240	67

4.3.5　中国专利申请法律状态分析

由图4-19可知，中国墨盒重注领域专利申请整体授权率（有效+无效）为74%，驳回率为2%，撤回率为8%，公开的案件为16%。其中74%的高授权率表示墨盒重注领域的专利申请质量较高，其技术发展水平在不断加深。目前有51%的案件处于有效状态，无效案件只有23%，即该领域专利稳定性较高，大部分专利目前还属于有效的被保护状态。

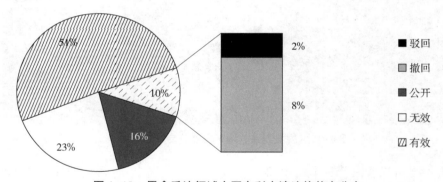

图4-19　墨盒重注领域中国专利申请法律状态分布

由图4-20可知，日本作为目前墨盒重注领域的最大申请国，其有效申请保持率也最高，超过了1000件，占到了其专利申请总量的一半以上；其次是中国，目前的有效专利在数量上仅次于日本，但同时无效专利量也比较多，有效专利数量约为专利申请总量的一半，专利稳定性还有待加强；第三为美国，大部分专利仍处于有效状态，其专利有效数量超过了美国专利申请总量的一半，可见其专利稳定性也较高。可以看出，墨盒重注领域国内市场以及技术分布较为集中，同时日本、中国和美国墨盒重注领域的技术也集中在几个主要企业：日本主要为爱普生、佳能、兄弟，中国主要为天威、纳思达，美国主要为惠普。

由此可见，虽然中国在墨盒重注领域起步较晚，但是发展势头强盛，在中国专利申请总量上已与日本几乎持平，然而专利有效率还有待进一步提高，中国专利在专利质量方面与日本相比仍存在一定差距。

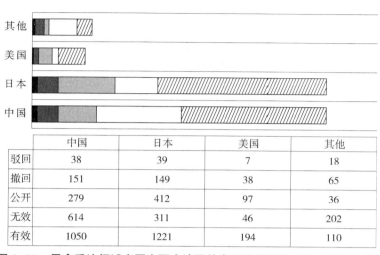

	中国	日本	美国	其他
驳回	38	39	7	18
撤回	151	149	38	65
公开	279	412	97	36
无效	614	311	46	202
有效	1050	1221	194	110

图4-20　墨盒重注领域中国主要申请国的专利法律状态对比（单位：件）

　　为了进一步分析墨盒领域中国和日本的专利质量差异，图4-21和图4-22就分别对中国和日本在发明专利与实用新型专利两方面的法律状态进行了对比。可以看出，中国发明专利在数量上远远小于日本发明专利，而在实用新型专利上的数量则超过日本。在专利的创造性方面，发明专利的创造性要求与现有技术相比，具有突出的实质性特点和显著的进步，而实用新型的创造性则只是要求与现有技术相比具有实质性特点和进步，发明专利的创造性比实用新型的创造性要求高。而日本在发明专利的申请量上具有绝对的优势，目前维持有效的发明专利为994件，甚至远超中国发明专利的申请总量，且其发明专利的驳回率和撤回率均较低；中国维持有效的专利中，发明专利仅208件，实用新型专利为571件，且无效的中国专利中，实用新型专利达到了544件，可见中国大部分已无效的专利的专利稳定性上有一定的欠缺，日本在墨盒重注领域的专利申请创新性明显高于国内申请人。

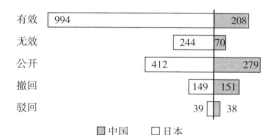

图4-21　墨盒重注领域中国与日本发明专利法律状态对比（单位：件）

图4-22　墨盒重注领域中国与日本实用新型专利法律状态对比 （单位：件）

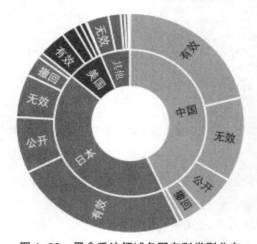

图4-23　墨盒重注领域各国专利类型分布

　　不仅和日本相比中国专利申请在墨盒重注领域创造性上存在差距，如图4-23所示，日本以外的其他国家所申请专利均是实用新型专利多于发明专利。这可能是因为部分申请人为了追求专利申请的数量，而选择创造性水平要求相对不高、审查周期相对快的实用新型专利进行申请，却并未对该领域技术做出更多的实质性创新所致。

4.3.6　中国专利技术活跃度与集中度分析

表4-3　墨盒重注技术中国专利申请的活跃度与集中度

项目		活跃度		集中度	
国内		2.95	↑↑↑	—	—
主要国家/地区	中国	2.98	↑↑↑	41.93%	92.96%
	日本	2.17	↑↑↑	41.95%	
	美国	1.21	↑	7.51%	
	韩国	0.08	↓↓↓	1.57%	

续表

项目	活跃度			集中度	
主要申请人	爱普生	3.22	↑↑↑	21.24%	53.90%
	天威	0.59	↓	7.77%	
	佳能	0.35	↓↓	6.49%	
	兄弟	1.22	↑	6.00%	
	纳思达	1.27	↑	5.23%	
	惠普	1.20	↑	3.60%	
	西尔弗	0.00	↓↓↓	3.58%	

　　从表 4-3 的总体活跃度以及主要国家/地区活跃度数据分析来看，墨盒重注中国专利申请还处于非常活跃的上升期，中国、日本近年来表现仍很活跃，这主要基于近几年中国经济形势发展较好，喷墨打印技术整体发展较好，中国在喷墨打印领域具有较大的市场，不仅使国内有更多企业和科研机构致力于墨盒重注技术的研究，也吸引了全球各大型企业进入中国市场，加强在华专利布局。

　　表 4-3 中的主要申请人是墨盒重注中国专利申请量排名前七位的申请人，从他们的活跃度数据来看，爱普生以及纳思达的活跃度领先，此外天威和佳能活跃度均较低，这可能与上述公司的业务重心有所转移有关。

　　从表 4-3 中的集中度数据看，墨盒重注中国专利申请集中度比较高，中国、日本、美国和韩国四个国家的专利申请总量占中国专利申请总量的 92.96%，与全球专利申请数据相似，几乎囊括了所有专利申请，呈垄断态势；排名前五位的申请人掌握了约50% 的中国专利申请。可见，墨盒重注技术大部分集中在少数大型企业手中，中小型企业与其相比处于竞争劣势。

4.3.7　国内专利申请态势分析

　　从图 4-24 来看，墨盒重注领域的国内申请人主要集中在广东省、浙江省和台湾地区，这三个区域的专利申请量占墨盒重注领域国内专利申请总量的 75%。其中尤以广东省的专利申请量为最多，达到 1108 件，占比达53%，这主要与广东省在打印耗材的起步较早有直接关系。除去 1996 年由个人提出的两件申请外，国内在墨盒重注领域进行专利申请最早的企业即是广东省的珠海飞马耗材有限公司，于1997 年提出 4 件专利申请，涉及的技术主题主要是注墨装置。

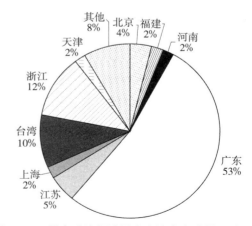

图 4-24　墨盒重注领域国内申请人申请量区域分布

结合表4-4可以看出，广东省在专利申请数量领先的同时，其发明专利申请总量也处于绝对领先地位，总计达336件。其中有效发明专利又占了其发明专利申请总量的40%，并且公开待审专利数量也有101件，这一数据表明广东省在墨盒重注技术领域的技术创新高度及专利质量都相对较高，在该行业中发挥着一定技术领先和带头作用。但就专利申请中发明专利申请和实用新型专利申请的布局来看，广东省的墨盒重注领域专利申请中，实用新型专利申请仍占有较大的比重，高达70%，这也与打印耗材产业的核心技术主要由惠普、爱普生、佳能、施乐等美国、日本企业垄断有关，限制了国内企业在核心技术上的突破进展。因此广东省申请人还需进一步增强创新意识，通过自主创新或技术引入等途径提高自主研发能力以提高其在该产业中的经济竞争力，获得产业的可持续发展。

从图4-24还可看出，浙江省作为长江三角洲打印耗材生产基地的一部分，在墨盒重注领域的研究也相对活跃，其专利申请量占国内申请总量的12%，位居国内第二，代表申请人主要包括嘉兴天马打印机耗材有限公司、浙江天马电子科技有限公司、杭州宏华数码科技股份有限公司、杭州旗捷科技有限公司等。但结合表4-4可知，浙江省的专利申请类型大部分为实用新型专利申请，占其申请总量的近80%，而在浙江省的发明专利申请中，有效发明专利申请目前仅为9件，这也说明在墨盒重注领域，该地区的技术创新高度还需进一步提高。

台湾地区专利申请量位居第三，申请量比例达到10%。而结合对表4-4的分析来看，台湾地区的专利申请中发明专利申请占据其专利申请总量的约67%，实用新型的专利申请比重仅为33%，与国内整体专利申请类型形式相反，说明了台湾地区的技术创新相对比较活跃，创新意识也较强。该地区的主要代表申请人有财团法人工业技术研究院、研能科技股份有限公司、明基电通股份有限公司、国际联合科技股份有限公司、硕印科技股份有限公司、泓瀚科技股份有限公司等，其专利申请也遍及了墨水填充方法、连续供墨结构、墨盒结构等技术分支。

表4-4　墨盒重注领域主要省份专利法律状态分布　　　　(单位：件)

省份	发明						实用新型			合计
	驳回	撤回	公开	无效	有效	总计	无效	有效	总计	
北京市	3	4	14	—	13	34	15	31	46	80
福建省	—	2	3	—	1	6	12	27	39	45
广东省	27	59	101	14	135	336	259	513	772	1108
河南省	—	3	—	—	—	12	9	20	29	41
江苏省	2	18	20	3	2	45	14	45	59	104
上海市	—	4	6	1	1	12	5	28	33	45
台湾地区	2	46	5	44	39	136	58	8	66	202
天津市	—	2	9	3	4	18	12	22	34	52
浙江省	1	3	34	2	9	49	115	80	195	244

4.4　广东省专利申请分析

4.4.1　广东省专利申请量趋势分析

图 4-25 为墨盒重注领域广东省专利申请量随时间变化趋势。从图中可以看出，广东省专利申请量的发展也大致经历了三个阶段。

图 4-25　墨盒重注领域广东省专利申请量趋势变化

第一阶段（1997~2004 年）。这一阶段广东省的墨盒重注技术处于起步发展阶段，申请量较少，年申请量均在 25 件以下，这主要与这一阶段重注墨盒市场需求不足、人们还未对墨盒重注引起关注和重视相关。广东省最早关于墨盒重注的专利申请是珠海飞马耗材有限公司于 1997 年 1 月 3 日提出的申请号为 CN97200229.4、发明名称为喷墨打印机头注墨器的实用新型专利申请和申请号为 CN97200147.6、发明名称为喷墨打印机墨盒注墨装置的实用新型专利申请。

第二阶段（2005~2011 年）。这一阶段墨盒重注技术有了快速的发展，申请量最多时为 2011 年的 117 件。在这一阶段，随着国内打印耗材市场需求的持续增长，绿色、环保的打印耗材发展趋势及政府对打印耗材环保再生的大力支持，墨盒重注技术的研究开始得到越来越多企业和个人的注意，专利申请量整体上处于稳步增长阶段。2008~2009 年广东省专利申请量处于波动期，这主要与当时国际金融危机的影响有关。在国际金融危机的影响下，打印耗材市场受到了冲击和影响，同时，这一期间国外打印耗材知名品牌厂商为了限制中国的耗材出口及产业发展，采取"技术壁垒"和"侵权调查"措施也影响了国内的耗材市场，从而导致了专利申请的下滑。

第三阶段（2012 年至今）。这一阶段的专利申请量处于波动发展态势，最初处于下降趋势，究其原因是由于国内墨盒回收主要集中于国内高价回收用于制作假冒墨盒的回收群体，而再生企业在国内回收到的墨盒质量已不能进行再生；同时国内于 2009 年已禁止回收墨盒的进口，这些因素都在一定程度上限制了打印耗材企业在墨盒重注的领域的快速发展；但 2017 年申请量增长到峰值，为 131 件，说明墨盒重注技术在成本及环境保护方面的长远有利影响仍在促进申请人继续投入该领域的研究活动中。

4.4.2 广东省专利申请人排名分析

从图 4-26 可以看出，天威作为中国打印耗材行业的拓荒者和领军企业，以"自主创新"为核心竞争力，在打印耗材领域具有领先的技术活跃度，同时也非常注重在打印耗材领域的技术投入，具有很强的对技术成果进行专利权保护的意识，其专利申请量在墨盒重注领域广东省专利申请中位居第一，共计 398 件。纳思达作为全球最大的打印耗材制造商之一，通过自主创新与大连理工大学、浙江大学等产学研合作模式，在打印耗材领域也表现了非常高的技术活跃度，其在墨盒重注领域的专利申请量位居第二，有 263 件。

从图 4-26 还可看出，个人在墨盒重注领域的研究也表现出了积极性。但除天威和纳思达外，广东省的其他申请人在墨盒重注领域的专利申请量均不足 20 件，而广东省实际集聚了很多规模不同的打印耗材企业，这也说明了广东省大部分耗材企业对墨盒重注或再生领域的认识和关注度不足，技术创新高度不够，在知识产权保护方面的意识也相对不强。

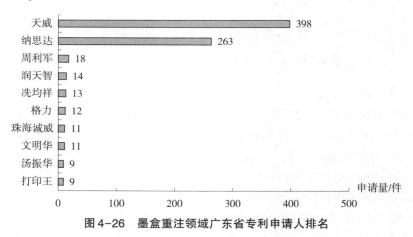

图 4-26 墨盒重注领域广东省专利申请人排名

4.4.3 广东省专利申请人类型分析

从图 4-27 可以看出，在墨盒重注领域，企业是广东省专利申请的主体，比重高达 86%。这一方面与企业作为市场的主体、是技术改进的主要力量有关，另一方面也与广东省集聚了国内打印耗材产业规模最大且技术处于领先的多家企业相关。其次，个人申请的比重位居第二，占比达 13%，说明了该领域存在研究起点较低的技术。从图 4-27

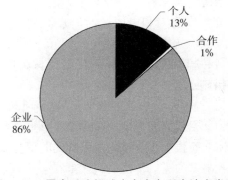

图 4-27 墨盒重注领域广东省专利申请人类型

还可看出，广东省墨盒重注的专利申请主体并不涉及高校和研究机构，这主要与高校和研究机构选择的研发技术成果的保护形式有关。高校和研究机构更加侧重基础理论和前沿技术的研究，且研究成果也多采用论文的形式进行发表，采用专利权进行保护的意识相对薄弱。墨盒重注技术目前涉及的墨再填充方法、注墨工具及芯片重写等技术分支与高校或研究机构的研究关注点不重合也可能导致研究机构或高校并未投入较多的研究力量到该领域，进而出现该地区研究机构和高校并未有墨盒重注领域专利申请的现象。此外，广东省的专利申请人类型中合作申请仅占 1%，说明广东地区的专利申请主体更加注重独立申请形式，企业、个人、研究机构和高校之间的合作申请模式或合作创新形式还未得到重视。

4.4.4　广东省专利申请区域分布分析

以广东省为研究主体，结合图 4-28可以看出，广东省专利申请中申请量最大的城市集中在珠海市，占墨盒重注领域广东省专利申请总量的 71%。珠海作为打印耗材产业集聚区，集聚了在该产业中产业规模最大、技术水平领先的龙头耗材研发与生产企业，且大部分的企业也建立了自己的研发机构，这也促成了珠海市在该领域的专利申请的领先地位。其中具有代表性的申请人为作为全球最大的两家通用耗材生产企业——珠

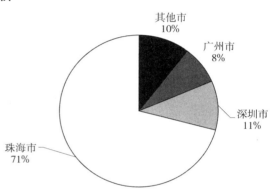

图 4-28　墨盒重注领域广东省专利申请人申请量区域分布

海赛纳打印科技股份有限公司（纳思达）和天威飞马打印耗材有限公司，另外还有珠海中润靖杰打印机耗材有限公司、珠海诚威电子有限公司、珠海市拓杰科技有限公司和格力电器等。除珠海市外，作为珠江三角洲打印耗材生产基地中的广州市和深圳市在打印耗材领域也有快速的发展，广州市和深圳市在墨盒重注领域的专利申请总量占比为 19%，具有代表性的申请人包括广州麦普实业有限公司、广东柯丽尔新材料有限公司、深圳市润天智图像技术有限公司、深圳泓数科技有限公司、深圳市打印王耗材有限公司、海洋电脑耗材深圳有限公司、深圳市全印图文技术有限公司等。

4.4.5　广东省专利申请法律状态分析

从图 4-29可以看出，广东省墨盒重注的专利申请类型以实用新型专利申请为主，占比达 70%，发明专利申请的比重仅为 30%，说明广东省在该领域还需进一步增强技术创新意识，提高专利申请质量和高度。结合图 4-30可知，随着技术研究的不断深入及技术实力的不断

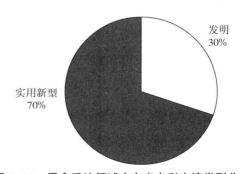

图 4-29　墨盒重注领域广东省专利申请类型分布

增强，广东省有效专利的数量也经历了逐步增长、快速增长和波动增长的过程，有效专利数量最多时为 2017 年，共 102 件。

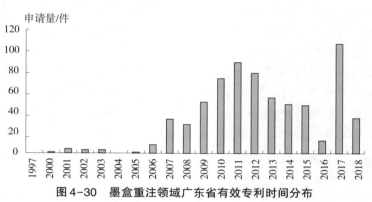

图 4-30　墨盒重注领域广东省有效专利时间分布

结合图 4-31 可以看出，广东省墨盒重注领域的发明专利申请授权率（有效+无效）为 44%，驳回率为 8%，撤回率为 18%，公开的案件为 30%，说明广东省发明专利申请的技术高度较高，在研发实力和研发技术上占有很大优势，这也与广东省在打印耗材产业的起步较早有关。同时图 4-31 中40% 的专利有效率也说明该地区专利的稳定性相对较高。此外，实用新型专利申请有 39% 的无效率，一方面是由于实用新型的保护期限已到，另一方面可能也与该实用新型的技术方案本身被其他专利无效有关。

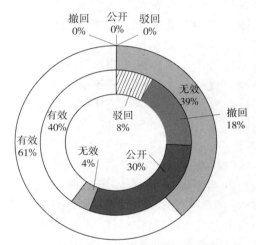

图 4-31　墨盒重注领域广东省发明和
实用新型专利法律状态分布

4.5　本章小结

通过对全球、中国和广东的墨盒重注领域技术相关专利申请数据的整体分析，主要结论如下。

1. 全球整体发展趋势

1）从申请量看，全球墨盒重注技术专利申请总量为 8425 项，中国墨盒重注领域专利申请总量为 5085 件，全球和中国墨盒重注技术的专利申请总体上均呈现波动增长趋势，全球墨盒重注技术正趋于成熟，产业集中度正在提高，仍然有新生企业投入墨盒重注的研发。

2）全球范围和国外来华范围内，墨盒重注技术专利集中度都很高，全球和中国的专利申请人均主要集中在日本、美国、中国和韩国四个主要国家，且专利申请主要集中在排名前 10 名的申请人中。全球排名前 10 位的申请人中，有 5 家是日本公司（爱普生、佳能、兄弟、理光、富士胶片），1 家美国公司（惠普），1 家澳大利亚公司（西尔弗），2 家中国公司（天威和纳思达）和 1 家韩国公司（三星）。

3）全球墨盒领域的专利申请中，日本专利申请量占全球专利申请总量的 62%，美国占 16%，中国仅占 12%。且日本专利原创申请百分比高达 97%，韩国和中国的专利公开量虽然不及美国，但在原创能力（分别为 49%、46%）上均高于美国（35%），这与中国和韩国专利申请量相对少，而各国又较重视在美国地区的专利申请布局有关。此外也表明中国在打印耗材技术起步晚于世界水平的基础上，通过近些年不断发展和追赶，在墨盒重注领域具备了一定的技术竞争力。

4）从 3/5 局以上专利申请人分布看，3/5 局以上专利申请人分布中，爱普生申请量高达 48%，佳能申请量占 21%，兄弟申请量占 12%，理光申请量占 5%，均为日本企业；美国惠普占 14%。说明日本和美国在墨盒重注技术领域保持技术领先的同时更重视关键技术在全球的专利布局以稳固市场，而墨盒重注技术大部分仍集中在全球少数大型企业手中，中小型企业与其相比处于竞争劣势。

2. 中国整体发展趋势

1）在中国墨盒重注领域的专利申请中，日本申请人专利申请量占申请总量的 42%，中国国内申请人专利申请量也占 42%，美国占 7%。中国国内申请人自 1996 年才开始提出关于墨盒重注技术的专利申请，其申请量在 2006 年首次超过日本。中国专利申请人排名中，位居前 10 位的有 7 家外国企业，日本爱普生的中国专利申请量排名第一，专利申请量前 10 位的申请人中仅有两家国内企业，分别为天威和纳思达，专利申请量排名分别为第二位和第五位；此外，中国台湾地区的研能科技股份有限公司、明基电通股份有限公司和国际联合科技股份有限公司也在墨盒重注领域有所涉足，但申请量并不大。说明在中国，日本占据该技术领域的绝对领先地位，且非常重视在中国的专利布局。国内申请人起步较晚，发展较快，近年来专利申请数量增长速度明显加快，但是原创性较低，创新性还需加强。

2）在中国墨盒重注领域专利申请中，国内申请人在专利申请数量上虽然与日本持平，但是国内申请主要集中在实用新型专利申请上。且从专利的法律状态上看，日本有效的发明专利申请有 994 件，远超中国的 208 件；中国有效的实用新型专利为 842 件，但无效的实用新型也达到了 544 件。说明国内存在部分申请人为了追求专利申请的数量，而选择创造性水平要求相对不高、审查周期相对快的实用新型专利进行申请，却并未对该领域技术做出更多的实质性创新。

3. 广东省整体发展趋势

1）广东省的墨盒重注领域专利申请中，首先，企业是专利申请的主体，比重高达 86%；其次是个人申请，占比达 13%；再者，广东省墨盒重注的专利申请主体并不涉及高校和研究机构；同时合作申请也占有很少的比重，仅为 1%，说明广东省的专利申请主体更加注重独立申请形式，企业、个人、研究机构和高校之间的合作申请模式或合作创新形式还并未得到重视。

2）广东省墨盒重注领域的申请量最大的城市集中在珠海市，占墨盒重注领域广东省专利申请总量的71%，主要申请人为天威和纳思达，其他申请人在墨盒重注领域的专利申请量均不足20件，而广东省实际集聚了很多规模不同的打印耗材企业，这也说明了广东省地区大部分耗材企业对墨盒重注或再生领域的认识和关注度不足，技术创新高度不够，在知识产权保护方面的意识也相对不强。

3）广东省墨盒重注的专利申请类型以实用新型专利申请为主，占比达70%，发明专利申请的比重仅为30%，说明广东省在该领域还需进一步增强技术创新意识，提高专利申请质量和高度。广东省墨盒重注领域的发明专利申请授权率（有效+无效）为44%，驳回率为8%，撤回率为18%，公开的案件为30%，说明了广东省主要申请人已经申请的发明专利申请的技术高度较高，已具备较强的研发实力。

第 5 章　喷　　头

　　喷墨打印技术作为 20 世纪 70 年代末 80 年代初开发成功的一种非接触式数字印刷技术，它将墨水通过打印头上的喷嘴喷射到各种介质表面，实现了非接触、高速度、低噪声的单色和彩色的文字和图像印刷。喷头是目前喷墨打印机最核心、所占成本最高、技术含量最高的部件，很大程度上决定着喷墨打印机的生产效率、灵活性、幅面和质量高低。

5.1　检索与统计

　　本章的数据来源主要为 CPRSABS、CNABS、CNTXT、JPABS、SIPOABS、VEN 和 DWPI，从 CPC、F-term 和 IPC 中选定相关分类号，并选取合适的中、英文关键词，构建适当的检索式对专利信息进行检索，检索截止日期为 2018 年 12 月 31 日，最终涉及样本包括全球 45735 项、中国专利 7574 件，最终得到喷头领域的专利总体情况。

　　打印机喷头技术领域可以分为喷头结构、喷头安装、喷头制造以及喷头维护四大技术分支，各技术分支之间相似度不高，检索重合度较小，因而采用分总的检索方式进行，首先通过对各个分支分别进行检索，其次将各技术分支的检索结果进行合并去重，得到总的检索结果。

　　从图 5-1 中可以看出，在喷头领域的全球专利申请中，涉及喷头结构的为 21615 项，涉及喷头制造的为 18955 项，涉及喷头维护的为 17647 项，涉及喷头安装的为 6424 项。由此可知，在上述四个技术分支中，喷头结构的专利申请量最多，其次为喷头制造和喷头维护分支，而喷头安装分支的专利申请量最少。说明了全球专利申请中将喷头结构、喷头制造及喷头维护技术都放在了绝对的研

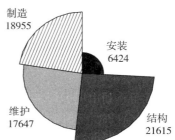

图 5-1　喷头技术全球专利
申请技术构成（单位：项）

发重点上。其中，喷头结构具体涉及喷嘴结构、喷嘴布置、流动路径结构、产生能量（例如压力或热）的元件的结构、传递能量（例如压力或热）的构件的结构、基板等，喷头的结构设计对打印质量的分辨率、打印效率、喷头供墨流畅性等有着重要的影响，因此该分支专利申请量占据领先地位。喷头制造技术分支主要涉及用于形成喷头的各个组成部分，例如喷嘴板、驱动元件的制造技术、喷头的生产步骤等，喷头结构设计方案确定后，其制造方法、制造精度决定着喷头内墨点的喷落位置、驱动元件驱动频率的准确性和精确性，因此该技术分支同样成为申请人的研发重点。由于喷墨打印机

的喷头是由很多细小的喷嘴组成，当喷嘴长时间处于空气中，墨水就会凝结成细小物体堵塞于喷嘴中，同时也容易使得喷嘴面板被墨水沾污，最终导致墨水喷出不良的现象，同时也会影响喷头的寿命。而通过对喷头维护、保养，能够不降低印刷质量、保证打印顺利进行，因此喷头维护结构、维护技术、维护操作实施时机的研究对喷头印刷操作的顺利进行至关重要，相应该喷头维护技术分支也成为全球申请人较集中关注的研究热点。喷头安装分支主要指喷头的安装或布置，从图5-1可以看出，该技术分支的专利申请量占比相对较低。

5.2   全球专利分析

5.2.1   全球专利申请量趋势分析

图5-2为喷头领域的全球专利申请发展趋势，图5-3为喷头领域的全球专利申请技术生命周期。由图可以看出，喷头的全球专利申请总量发展情况大致可以分为以下四个主要发展阶段。

第一阶段（1966~1981年）。这一发展阶段是喷头技术的技术萌芽期，该阶段喷头技术发展缓慢，年申请量均在100项以下，申请人数量也较少。此时喷墨打印技术刚刚兴起，没有针对特定的市场，仅有部分企业（如日本的佳能、精工、理光等）参与技术研究和市场开发。全球有关于喷头的第一件专利申请为澳大利亚BEECHAM GROUP公司于1966年提出的涉及喷头安装的申请。

第二阶段（1982~1995年）。这一阶段是喷头技术的成长期，专利申请量开始大幅攀升，至1995年，专利年度申请量已从萌芽期末期的不到100项跃升到超过900项，申请人数量稳步增长。这一时期，随着喷墨打印技术的不断普及，市场需求不断扩大，同时由于喷头作为影响喷墨打印设备打印质量的核心部件，越来越多的研究者或市场竞争主体意识到喷头技术研究的必要性和重要性，开始给予喷头技术领域相对高的研发热度和研发力度，促进了这一时期专利申请量的增长。

第三阶段（1996~2006年）。这一阶段是喷头技术的快速成长期，专利申请量迅速增长，年申请量均超过1000项，且于2001年专利申请量达到峰值，为2640项，同时申请人数量大幅上升，年申请人数量均超过100个。这一阶段，全球经济发展迅速，打印机计算机技术得到普及，同时伴随着各项喷头技术的发展成熟，市场需求进一步扩大，技术的吸引力更加凸显，介入的企业更多，集中度降低，技术分布的范围扩大，喷头结构实现的打印分辨率和图像质量更高、喷头制造技术的研究更加透彻、制造设备的更新更加迅速、喷头维护技术实施的更加有效和智能，整个喷头领域专利技术呈现百花齐放的态势。

第四阶段（2007年至今）。这一阶段是喷头技术的技术调整期。该阶段喷头技术的专利申请量仍然保持了较多的数量，但是发展不太稳定，申请人的数量也保持波动发展态势。说明了这一阶段，喷头技术发展已相对成熟，实现进一步的技术创新高度有一定难度。

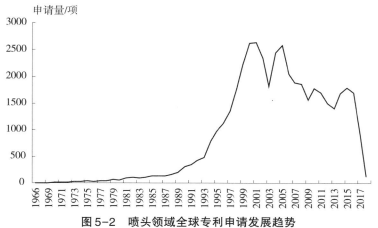

图 5-2　喷头领域全球专利申请发展趋势

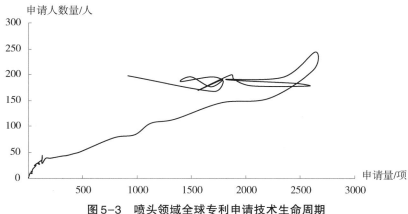

图 5-3　喷头领域全球专利申请技术生命周期

5.2.2　全球主要国家/地区各分支申请趋势及重点领域分析

根据前面的分析，喷头领域四大技术分支是喷头结构、喷头安装、喷头制造以及喷头维护。以下对这四个技术分支的发展趋势，以及在不同国家/地区的专利申请情况分别进行分析。

全球涉及喷头结构技术分支的专利申请量总计 21615 项，从图 5-4 可以看出，喷头结构领域最早的专利申请出现在 1970 年 6 月 29 日，是由美国的 SYSTEM INDS 公司以单独申请或合作申请模式提出的 3 件专利申请。1989 年后专利申请量快速增长，且 1998~2002 年该技术分支年专利申请量均在 1000 项以上，说明了这一期间申请人对喷头结构的研究的积极性很高、研发投入力度较大，相应地技术产出也相对较高。其中 2001 年专利申请量达到峰值，为 1667 项。2003~2016 年专利申请处于波动增长模式，但年申请量也均在 500 项以上，说明了这一技术分支依旧是打印行业各申请人的研发热点，且该技术未来的发展仍有较大的提升空间。而近两年的专利申请量有所下降则主要是由于部分专利尚未公开，数据不全面，因此总量回落。

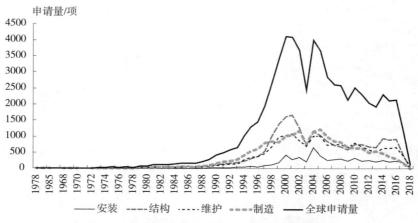

图5-4　喷头领域各技术分支全球专利申请趋势

全球涉及喷头制造技术分支的专利申请中，最早专利申请出现在1968年11月21日，具体是由日本的ZH BISEIBUTSU KAGAKU KENKYUSHO提出的。1988年后专利申请量快速增长。1997~2008年专利年申请量均超过700项，说明了喷头制造技术与喷头结构相辅相成，制造技术不断研发、制造设备不断更新，吸引着越来越多的研究者投入到该领域中并加大研发力度。该技术分支于2005年专利申请量达到峰值，为1227项。

全球涉及喷头维护技术分支的最早专利申请出现在1968年，1989年后专利申请量快速增长，2001年达到峰值，为1083项。这说明随着对喷头非工作期间喷嘴处墨水变化机理与喷嘴堵塞和印刷质量间关系的认识不断深刻，为了能够改善印刷质量并使印刷过程连续进行，越来越多的申请人积极投入该领域的研究。随后，专利申请量维持在一个相对较高且较为稳定的发展趋势，2004~2005年年专利申请量均超过1000项。

全球涉及喷头安装技术分支的最早专利申请出现在1966年6月29日，由澳大利亚的BEECHAM GROUP公司提出。1966~1996年专利申请量增长缓慢，年申请量不超过两位数。该技术分支主要对印刷过程喷头与介质之间的相对运动关系产生影响，对喷头印刷质量并未产生最直接影响，因此该技术分支一直未成为研发热点或进行专利保护的重点。1996年开始该技术分支专利申请量开始快速增长，2004年专利申请量达到峰值，为657项。

图5-5为全球主要国家/地区喷头专利申请量分布，通过该图可知，日本在喷头的四个技术分支的专利申请量均遥遥领先，占据绝对优势，这表明其在喷头各技术分支的研发创新均具有无可争议的强势。日本的几大公司，如爱普生、佳能、富士胶片、柯尼卡、兄弟、SII Printek、松下和东芝等，在近几十年中针对喷头进行了大量研究开发，先后开发出很多性能高、印刷速度快、印刷色彩丰富的压电式喷墨喷头或热发泡式喷头，且喷头的应用领域也从家用或办公室用扩展到工业用喷头。

从图5-5还可看出，美国在喷头的四个技术分支的专利申请量虽然与日本的专利申请量相比存在一定差距，但其表现也很突出，位居第二。美国的惠普、施乐等公司进入该领域进行技术研发创新的时间也较早，在该领域的技术创新高度较高，其技术发展水平在一定程度上对全球喷头技术的发展起着主导作用。从图中还可看出，美国地区申请人相对而言更集中于喷头结构方面的技术创新和专利保护。

中国在喷头各技术分支的专利申请量相对日本和美国有较大差距，这一方面是因为我国建立专利制度的时间较晚，专利普及度及专利意识均不高；另一方面则在于我国进入喷头领域的时间相对较晚，技术基础薄弱，发展时间短。此外，该领域技术进入门槛较高，制造喷头的设备精度要求较高，国内企业受制造业水平限制，制造同等精度喷头成本太高，且我国喷头市场及喷头的生产制造技术均为国外品牌生产商所垄断，上述因素均制约了中国在喷头领域的专利申请总量。但随着喷墨打印市场需求空间不断扩大的推动，国产品牌厂商也已在喷头领域开展积极的基础研究，并具有了一定的技术积累，在建立国内喷头自主品牌方面有了很大的进步。

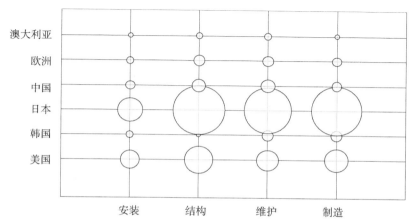

图 5-5　喷头领域全球主要国家/地区专利申请量分布

5.2.3　全球专利申请人排名分析

图 5-6 为喷头领域全球专利申请量排名前 10 位的申请人分布，统计过程中将各子公司的申请量与母公司的申请量合并统计。从图中可以看出，专利申请总量在全球排名前 10 位的申请人中，排名前四位的爱普生、佳能、兄弟、理光均为日本企业，且爱普生和佳能在喷头领域的专利申请量遥遥领先于其他企业，占据着该领域技术发展的主导地位。此外，前 10 名的日本企业中还有富士胶片、柯尼卡，上述 6 家日本企业在喷头领域的专利申请已占全球喷头专利申请总量的近 56%，拥有着绝对的技术领先优势。从图 5-6 中还可看出，美国的两家企业（惠普和施乐），专利申请量分别排在第五位和第十位，专利申请量分别为 1982 项和 961 项。值得注意的是，上述排名中并未出现中国申请人，说明了中国地区企业和研究人员还应通过技术引进、技术创新、联合创新等形式进一步加强对该领域的研发及专利保护力度，以在竞争激烈的市场中获得竞争地位。

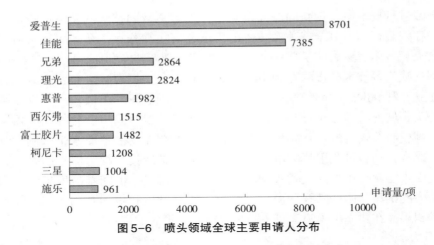

图5-6　喷头领域全球主要申请人分布

5.2.4　全球专利申请人类型及专利申请合作模式分析

图5-7为喷头领域的全球专利申请中合作模式分布情况。由图中可以看出，在喷头领域，大部分申请人均为企业单独申请，占总申请量的84%，可见企业在整个喷头领域占据了研发和创新的主导地位，也是推动喷头行业向前发展的重要力量，代表了喷头行业的整体发展水平。其次为合作申请，占总申请量的14%。由于该技术领域需要的技术储备高度和研发投入力度均较高，因此个人申请在该领域的占比较少，为1%。在合作申请中，以企业-企业的合作模式最多，占总量的11%，个人-个人的合作模式占总量的2%，企业-个人的合作模式占总量的1%，这也反映出在喷头领域技术研发和科技创新的推动力主要源自参与市场竞争的企业。喷头在经历了多年的发展后，研发与市场已经很好结合，各企业以专利作为市场竞争的重要武器，其技术发展水平基本代表了行业的整体发展水平，因此通过关注主要公司的技术创新动态即可以了解行业整体发展情况。此外，从图中可以看出，研究机构（含高校）在喷头领域的申请量占比较小，但研究机构（含高校）在基础理论研究、科研人才储备等方面均具有优势，企业与研究机构间应该更积极的进行合作，利用高校的技术资源提高企业在产品研发方面的速度和高度，并促进技术研发成果的市场化。

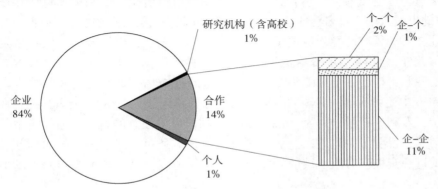

图5-7　喷头领域全球专利申请合作模式

5.2.5　全球专利申请人国别分析

1. 整体情况

图 5-8 为喷头领域的全球专利申请
国家/地区分布。由图可以看出，日本专
利申请量最多，占据全球专利申请总量
的 71%，也奠定了其在该领域对技术发
展的主导地位。美国专利申请总量排名
第二，占比 16%，中国在喷头领域的专
利申请总量占比为 5%。可见该领域地域
分布很集中，竞争格局主要集中在日本、
美国、中国。

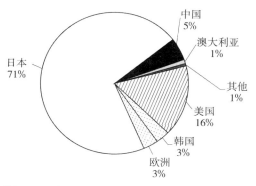

图 5-8　喷头领域全球专利申请国家/地区分布

2. 全球专利公开国及原创国

图 5-9 为主要申请国公开专利数量与原创专利数量的比例，其中原创申请百分比
计算方式为国家/地区原创申请百分比=该国家/地区原创申请量÷该国家/地区公开专
利量。专利公开量的多少体现该国家/地区市场被重视的情况，而原创申请的多少体现
该国家/地区本身的技术原创能力。

从图中可以看出，由于拥有爱普生、佳能、富士胶片、柯尼卡、兄弟、SII Printek、
松下和东芝等作为研发主体支撑，同时依托其在喷头领域中深厚的技术积累，日本在
喷头领域保有绝对领先的技术原创度，专利申请数量位居第一，为 32326 项。且原创
申请百分比高达 97%，这也从侧面说明了日本对技术投入的活跃度和重视程度。美国
申请数量排名第二，原创百分比为 33%，低于韩国的 40%，这可能与韩国的专利申请
总量相对较少，且各国在美国的专利申请总量大有关。中国的专利申请数量位于第三，
原创比例仅为 32%，和日本、美国相比存在较大差距，这与中国较晚踏足该领域技术
研究，技术基础薄弱，同时受到国外核心技术的专利技术壁垒限制，使得中国在该领
域的技术发展相对较慢，技术竞争力相对不足有关。

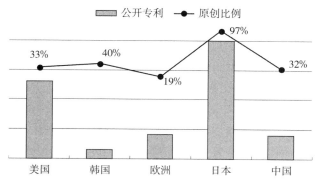

图 5-9　喷头领域主要申请国公开专利数量与原创比例

3. 重点国家/地区专利动态

图 5-10 为喷头领域全球主要申请国的专利申请发展趋势。可以看出，全球涉及喷头领域的专利申请最早于 1966 年提出，申请人为澳大利亚的 BEECHAM GROUP 公司。日本、美国在喷头领域起步较早，从 20 世纪 60 年代就开始涉足并引领全领域的发展，且直到现在还一直活跃在该领域。而中国自 1993 年才真正开始喷头领域的专利申请，表明中国在该领域的专利申请及技术创新研发活动比国外晚了至少 20 年。

日本作为喷头技术领域的早期申请国，凭借其长时间的技术积累和技术创新活跃度，专利申请量一直保持增长，且申请数量多年来均位居第一。从图 5-10（a）可以看出，其最早专利申请于 1968 年提出，为 ZH BISEIBUTSU KAGAKU KENKYUSHO 公司提出的关于喷头的专利申请，之后迅速发展，从 1989 年开始专利申请就突破了百项，在 1998~2012 年、2014~2016 年，专利年申请量均超过 1000 项，其中于 2001 年专利申请量达到峰值，为 2000 项，说明了喷头小型化、精密化、图像质量等方面的市场需求促使其在喷头领域保持了积极的研发活跃度及较高的研发投入力度，其技术发展为全球领先水平。

图 5-10（b）为美国在该领域的专利申请发展情况，可以看出美国在该领域的技术起步较早，于 1968 年开始喷头领域的专利申请。2004 年专利申请量达到峰值，为795 项。虽然美国专利年申请量与日本存在一定差距，但依托本土的喷头领域知名企业，如惠普、施乐等，在喷头技术领域的技术发展和技术创新程度上对全球喷头领域技术水平也有着重要的影响。

图 5-10（c）为该领域在中国的发展情况，可以看出中国在喷头领域技术的起步较晚，申请量与美国和日本存在很大差距。这与喷墨印刷的核心技术喷头生产制造工艺为少数国外公司所垄断，我国喷墨设备制造企业普遍面临核心技术缺乏带来的发展后劲不足、竞争力不强有关。但近几年来，专利申请量增长快速，2017 年专利申请量达到峰值，为 258 项，说明了中国的企业或研究者正在积极开展喷头技术基础研究和技术创新，正积极的在为创造喷头技术国产自主品牌努力。

从图 5-10（d）欧洲地区在喷头领域的专利申请趋势看，欧洲在喷头领域的发展趋势虽保有平稳发展的态势，但专利申请总量不多，年均申请量均不超过 80 项，因此并未对该领域技术发展产生决定性影响。

图 5-10（e）（f）分别为该领域在韩国和澳大利亚的发展情况。韩国在喷头技术领域的起步较晚，在经历了短暂的快速增长后，专利申请量迅速回落；澳大利亚虽然最早于 1966 年就已开始喷头领域的专利申请，但此后一直未就该领域技术继续进行专利申请保护，直到 1991 年才重新开始喷头领域的技术研发和专利权保护。澳大利亚仅在 1999 年专利申请量达到 136 项，其余年申请量均未超过 70 项。说明在韩国和澳大利亚，经过激烈的市场竞争后，部分企业或慢慢退出了喷头市场，或被其他企业所收购。

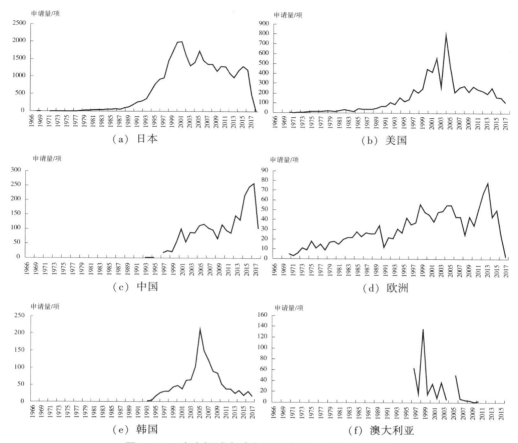

图 5-10　喷头领域全球主要国家专利申请发展趋势

5.2.6　全球专利活跃度与集中度分析

从表 5-1 的活跃度可以看出，喷头技术在全球的专利申请目前处于一般活跃的时期。而在主要国家/地区中，中国近几年在喷头领域的专利申请活动表现最为活跃，近年来中国关于喷头的专利申请增长快速，说明随着中国国内喷头市场的不断扩大，中国在喷头技术领域不断提高技术研发活跃度。

日本近几年在喷头领域的专利申请活动表现仍很活跃。日本在喷头领域技术发展较为充分，专利申请数量也较多，申请人中不仅拥有专利申请量占据第一的爱普生，还有佳能、兄弟、理光、富士胶片、柯尼卡等，均为喷头领域全球申请量排名前十位的企业。从主要申请人的活跃度表现可以看出，目前仍处于较为活跃阶段的企业有理光、柯尼卡，而爱普生、佳能近几年在喷头技术领域专利申请量仍领先其他企业，但专利申请的活跃度呈现相对低，说明其在喷头领域的技术投入已减少，专利申请量增长变缓。

美国地区的施乐、惠普近几年在喷头领域的专利申请活跃度均相对较高，说明喷头技术依然为这两家公司的研发热点。而韩国的三星和澳大利亚的西尔弗活跃度相对较低，说明其技术研发重点已发生转移。

从表5-1的集中度可以看出，喷头领域的地域集中度非常高，日本、美国、中国、欧洲和韩国五个国家/地区申请量集中度为98.72%，且日本专利集中度也高达71.02%，说明该领域为日本的传统技术领域，日本在该领域具有绝对的技术优势。美国集中度为16.30%，其研发及产业实力对该技术领域的发展产生着一定的影响力。中国企业在喷头领域的起步较晚，虽然专利申请量距日本和美国企业仍有很大差距，但近几年发展较为迅速。鉴于国内巨大的喷墨打印市场需求，中国企业应更积极的开展喷头技术领域的研发活动，提高技术创新高度，以抢占市场。

从主要申请人集中度表现来看，日本的爱普生的专利申请量集中度为19.02%，可见该企业为全球领军型企业，其在喷头领域的技术发展水平有着一定的领先优势；佳能虽然活跃度相对不高，但其集中度仍然为16.15%，为喷头领域的重要申请人。喷头领域全球专利申请量排名前10位的申请人的专利申请量集中度指数为65.43%，这表明该领域的技术垄断程度相对较高，技术准入相对较难。

总体来看，喷头领域各项技术经过了长足发展，各传统企业的专利布局已初步完成，国外各企业除日本龙头企业仍在加强研发外，其他企业专利申请发展势头已开始放缓，而国内市场仍在扩张，企业间的竞争仍然较为激烈。

表5-1 喷头领域全球专利申请的活跃度与集中度

项目		活跃度		集中度	
全球		1.48		—	—
主要国家/地区	日本	1.84	↑↑	71.02%	98.72%
	美国	1.33	↑	16.30%	
	中国	3.00	↑↑↑	5.14%	
	欧洲	1.96	↑↑	3.25%	
	韩国	0.39	↓↓	3.01%	
主要申请人	爱普生	1.47	↑	19.02%	65.43%
	佳能	1.28	↑	16.15%	
	兄弟	0.80	↓	6.26%	
	理光	2.90	↑↑↑	6.17%	
	惠普	1.76	↑↑	4.33%	
	西尔弗	0.00	↓↓↓	3.31%	
	富士胶片	0.45	↓↓	3.24%	
	柯尼卡	1.97	↑↑	2.64%	
	三星	0.13	↓↓	2.20%	
	施乐	1.77	↑↑↑	2.10%	

5.2.7 五局专利申请目的地分析

从图 5-11 喷头领域五局技术流向可以得出以下结论。

中国在喷头领域技术基础相对薄弱，申请量目前相对较少，主要集中在国内，仅少部分布局为海外申请，而其他国家则较为注重在中国的专利布局。主要原因是中国喷头领域技术起步较晚，虽然近年来技术发展较快，专利申请数量增多，但是整体技术实力仍然偏弱，在国际市场上缺乏竞争力，没能达到在全球进行专利布局的能力。此外中国打印市场较为开放，打印设备需求量大，吸引了国外申请人来华进行该领域的专利布局。

日本在本国申请量最大，其次最为重视在美国的海外专利布局，在中国和欧洲的专利布局也相对重视。由于日本有重视专利申请的传统，且爱普生、佳能等为喷头领域的领军型企业，在喷头领域各项技术上投入研发较多，故申请量最大。其他国家可能考虑到由于日本本国企业所形成的强大的专利壁垒，进入日本国内市场难度太大，在日本的专利布局较少。

韩国整体申请数量较少，主要布局在国内。韩国在喷头领域起步较晚，经过一段时间的发展后，可能由于竞争激烈，受市场影响，减少了研发投入，因此专利申请量并不是很大。此外韩国较为注重海外市场，在美国、日本和中国都有一定数量的专利布局。

欧洲整体申请量较少，主要分布在欧洲、美国、日本和中国。欧洲为喷头领域的传统市场，但在美国和日本等企业兴起的情况下，欧洲未产生较强的能与之抗衡的企业，专利申请数量不多。从图中可以看出其海外专利申请总量超过了本国专利申请总量，说明欧洲产品仍有大部分用于出口海外，因此较为重视在国外的专利布局。

美国的申请量较大，以国内申请布局为主，此外在欧洲、日本、中国和韩国均有专利布局，各国也最为重视在美国的专利布局。美国市场为开放的专利市场，市场需求量也较大，且美国向来注重知识产权的保护，凡是进入美国的产品都可能会受到专利侵权的影响，因此各国在美国均有专利布局，美国本国企业在喷头领域技术发展也很充分，专利申请量较多。

综上，中国企业的专利布局意识已不断增强，但是由于日本、美国均已形成较为严密的专利围墙，中国企业将会面临较大的竞争压力，需在技术上积极寻求突破，并提高注重海外专利布局和专利侵权风险的防范的意识。

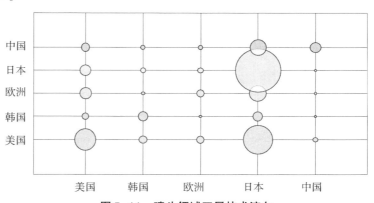

图 5-11 喷头领域五局技术流向

5.3 中国专利分析

从图 5-12 中可以看出，在喷头领域的中国专利申请数据中，涉及喷头结构 4675 件，喷头安装 1886 件，喷头制造 2558 件，喷头维护 3019 件，说明喷头领域中国专利申请的研发热点也主要集中在喷头结构和喷头维护技术分支。将所有专利申请数据进行汇总，并去重后得到的中国喷头领域专利总申请量为 7574 件。

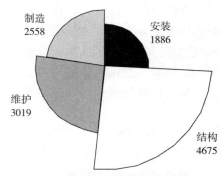

图 5-12 喷头领域中国专利各技术分支专利申请量（单位：件）

5.3.1 中国专利申请量趋势分析

图 5-13 为喷头领域入华专利申请、中国专利申请人的专利申请，以及除中国专利申请人外的其他申请人的专利申请量随时间变化的趋势，图 5-14 为喷头领域的专利申请技术生命周期。由图可以看出，喷头领域中国专利申请发展情况大致可以分为以下四个主要发展阶段。

第一阶段（1986~1997 年）。这一阶段是技术萌芽期，年专利申请量均未超过 100 件，申请人数量虽然在不断增多，但最多时也只有 22 位。其中喷头领域在中国的首件专利申请于 1986 年提出，稍晚于墨盒领域的 1985 年。该专利申请由美国的施乐公司于 1987 年在中国提交并要求了 1986 年优先权文件。值得注意的是，在 1986 年底，我国申请人"邮电部数据通信技术研究所"也提交了一件名为"喷墨印头喷口的防堵装置"的关于喷头维护方面的实用新型专利申请，这表明当时中国申请人已开始对打印机喷头技术进行研究，但是专利申请量很少，接下来甚至有好几年没有在该领域进行专利申请。说明国内企业对喷头已有关注，但是尚处于起步阶段，技术活跃度较低。

第二阶段（1998~2003 年）。这一阶段为快速发展期，喷头技术的专利申请量增长快速，申请人数量也较前一阶段有答大幅增长。喷墨打印机以其超越针式打印等打印机的高打印品质赢得了很多用户的青睐，在经济效益的驱使下，越来越多的企业投入了喷墨打印机的研发，其中喷墨打印机最核心的部件喷头也成为研发重点，通过喷头改进进行高分辨率打印、彩色喷墨打印、双面打印以及大幅面打印等技术均有专利申请。

第三阶段（2004~2009 年）。这一阶段为技术调整期，受国际经济形式影响，喷头领域专利申请有所下降，但专利年申请量仍保持较多，属于正常调整范围。

第四阶段（2010 年至今）。该阶段为波动发展期，2010 年是数码印花时代的开始，伴随着数码印花技术的快速发展，喷墨打印机进入高速打印时代，其工业需求大大增加，进一步促进了喷墨打印机的发展。这一阶段国外申请人也更加注重抢占中国打印市场并积极进行了专利布局；2010 年入华专利申请量达到峰值，为 564 件，申请人数量也超过了 100 人。同时喷墨打印机被广泛应用于各种特殊打印技术，也进一步激发了各企业对喷墨打印机的研发，增加了喷头技术的技术研发量，促进了喷头领域的专利申请。

整体来看，喷头领域在中国的专利申请以外国申请人为主，国内申请人数量较少，申请专利量数量也较少，目前尚缺少与国外申请人抗衡的能力。

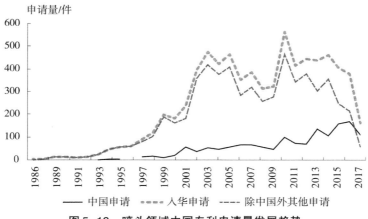

图 5-13　喷头领域中国专利申请量发展趋势

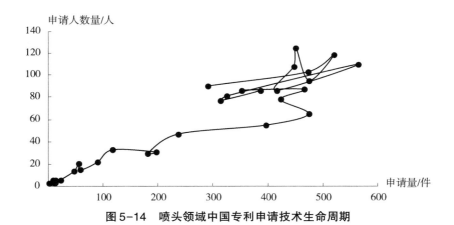

图 5-14　喷头领域中国专利申请技术生命周期

5.3.2　中国专利申请人排名分析

图 5-15 为喷头领域中国专利申请的申请量排名前 10 位的申请人分布，统计过程中将各子公司的申请量与母公司的申请量合并统计。从图 5-15 可以看出，有 6 家是日本企业（爱普生、佳能、兄弟、富士胶片、理光、索尼），1 家美国企业（惠普），1 家韩国企业（三星），1 家澳大利亚企业（西尔弗布鲁克），以及 1 家中国研究机构（北京大学）。

从排名可以看出，国外公司在申请数量上占据了主导地位，尤其是日本的爱普生，专利申请量高达 1734 件。由此可见，国外喷头领域龙头企业已在中国形成严密的专利布局，对中国申请人造成了极大的技术制约。

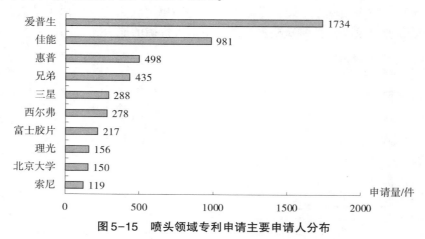

图 5-15　喷头领域专利申请主要申请人分布

5.3.3　中国专利申请人类型及专利申请合作模式分析

图 5-16 为喷头领域中国专利申请人的类型以及专利申请合作模式。由图中可以看出，在喷头领域绝大部分申请人均为企业独立申请，占总申请量的 92%，其次为合作申请，占总申请量的 4%。合作申请以企业-企业的合作方式为主。个人申请和研究机构（含高校）申请占比较少，分别为 3% 和 1%。

上述比例说明，在喷头技术领域，企业在各项技术中的创新占据主导地位，其技术发展水平基本代表了行业的整体发展水平，通过关注主要公司的技术创新动态即可以了解行业整体发展情况。喷头主要用于喷墨打印机的生产与装配，其生产以市场为导向，各企业之间的市场竞争也较为激烈，专利作为市场竞争的重要武器，使得业内企业注重专利申请；同时也可能是因为该项技术在国际上起步较早，有较多的国外经验值得借鉴，因此，企业在产业化道路上的发展会快一些。

研究机构占比较低，一方面受约于研究机构自身研究方向的调整，另一方面也受到它与相关企业的合作程度的制约。高校和研究机构更加侧重基础理论和前沿技术的研究，且研究的成果也多采用论文的形式进行发表，采用专利权进行保护的意识相对较低；喷头领域各分支技术与高校或研究机构的研究关注点不重合也可能导致研究机构或高校并未投入较多的研发力量到该领域。因此，中国在大力发展自己优质企业的同时，要重视研究机构和企业的合作，充分利用研究机构的科研力量及在基础研究和前沿技术探索的优势，以寻求在喷头技术领域新的突破。

对于个人申请，由于其受到知识储备及设备条件的限制，往往技术含量不太高，并且申请人通常会比较分散。

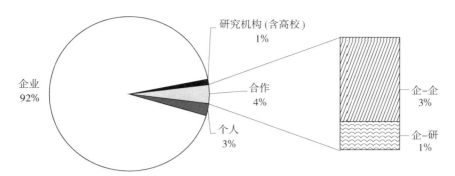

图 5-16　喷头领域专利申请人类型与合作类型

5.3.4　中国专利申请国别分析

图 5-17 为喷头领域中国专利申请国家/地区分布。可以看出，日本申请人专利申请量位居第一，占总量的 55%，可见喷头领域中国专利申请中，日本申请人对中国市场较为重视，并积极进行专利布局。中国申请人专利申请量占总量的 20%，位居第二，从前述分析可知，中国专利申请起步较晚，而申请总量能够达到第二，说明中国企业已逐渐重视在该领域的研发。此外，美国申请人的专利申请量占 13%，韩国申请人的专利

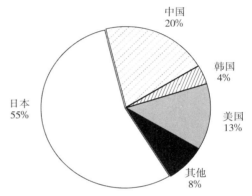

图 5-17　喷头领域中国专利申请国家/地区分布

申请量占 4%，其他国家/地区申请人的专利申请量仅占 8%，体现出在中国、日本、美国和韩国已进行了严密专利布局，掌握着喷头的主要技术，在一定程度上限制着国内喷头领域技术的发展。

5.3.5　中国专利申请法律状态分析

图 5-18 为喷头领域中国专利申请的主要申请国的专利申请类型，可以看出，在所有的专利申请中，实用新型专利占比仅 11%，发明专利占比 89%。

其中，53% 的发明专利申请为日本申请人，13% 的发明专利申请为美国申请人，而申请总量位居第二的中国申请人的发明专利申请仅占 12%；韩国申请人的发明专利申请占比 4%，与其专利申请总量占比一致。实用新型专利申请占比中，绝大部分为中国申请人所申请，其次为日本申请人，其他国家/地区占比几乎为 0。

由此可见，喷头领域中国专利申请中，国内专利申请数量虽然已经超越美国，但是主要集中在创造性要求相对较低、审查周期相对较快的实用新型专利申请上，发明专利申请数量仍较少，而日本专利申请则无论在申请数量还是申请质量上都处于绝对领先位置。

从图 5-19 和表 5-2 可以看出，日本专利申请中，发明专利申请 2192 件保持有效，超过了其发明专利申请量的一半，此外还有 1073 件为公开未审状态；而其实用新型专利申请中，也有 57 件保持有效，约占其实用新型专利申请总量的 1/3。美国专利申请中保持有效的发明专利申请为 430 件，占其发明专利申请总量的近 43%；实用新型专利申请总共 15 件，仅 1 件无效。而中国专利申请中，有效的发明专利仅 252 件，公开未审的发明专利为 349 件，而撤回、驳回以及无效的发明专利申请量占其发明专利申请总量的近 37%；实用新型专利申请中有效件数为 472 件，为无效实用新型专利数量的 2.5 倍。说明日本和美国申请人不管发明专利申请还是实用新型专利申请，质量或市场价值均较高，而国内申请人发明专利申请总量及有效发明专利申请量相对于日本、美国而言还存在较大差距。

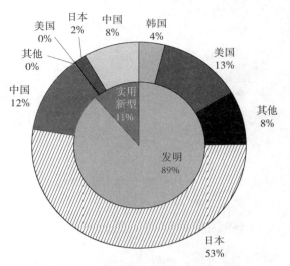

图 5-18　喷头领域中国专利申请类型

分析其原因，喷墨打印机的喷头技术为日本的传统强势技术，其具备佳能等龙头企业，且中国市场较大，日本企业对中国市场的关注度较高，加之通常只有技术创新度或市场价值较高的专利才会考虑申

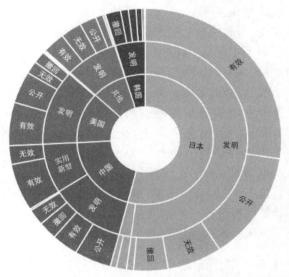

图 5-19　喷头领域中国专利申请法律状态对比

请海外专利，因此其专利申请中发明专利申请所占比例较高，专利权维持有效比例也高。而中国于喷头领域技术起步较晚，技术积累相对薄弱，早期的专利申请以实用新型为主，在获得一定的原始资本积累之后，才加大研发和知识产权保护力度、加大申请量，但在发明专利申请数量与质量上与日本等国外企业仍存在较大差距。

未来一段时间内，如何在申请质量以及申请数量上实现同步增长，将成为国内申请人提升竞争力的关键。

表5-2　喷头领域中国专利法律状态分布　　　　　　　单位：件

申请类型	法律状态	国籍				
		韩国	美国	其他	日本	中国
发明	驳回	12	13	17	69	16
	撤回	146	119	70	326	176
	公开	20	317	159	1073	349
	无效	57	125	202	520	158
	有效	73	430	214	2192	252
实用新型	无效	—	1	—	96	187
	有效	—	14	8	57	472

5.3.6　中国专利技术活跃度与集中度分析

表5-3　喷头领域专利申请的技术活跃度与集中度

项目		活跃度		集中度	
全球		1.793558	↑↑	—	—
主要国家/地区	日本	1.138327	↑	54.10%	100.00%
	中国	3.9	↑↑↑	22.09%	
	美国	2.021773	↑↑↑	12.47%	
	其他	0.970385	—	7.59%	
	韩国	0.152414	↓↓	3.75%	
主要申请人	爱普生	1.706472	↑↑	21.03%	58.90%
	佳能	1.647761	↑↑	11.90%	
	兄弟	0.192784	↓↓	5.28%	
	惠普	2.670545	↑↑↑	6.04%	
	三星	0.073118	↓↓↓	3.49%	
	西尔弗	0	↓↓↓	3.37%	
	富士胶片	0.395455	↓	2.63%	
	北京大学	4.346154	↑↑↑	1.82%	
	理光	1.151786	↑	1.89%	
	索尼	0.118261	↓↓	1.44%	

　　从表5-3的总体活跃度以及主要国家/地区活跃度数据分析来看，喷头领域中国专利申请还处于较为活跃的上升期，各申请人在中国进行专利申请和布局的积极性仍较高。其中，中国近年来表现最为活跃，其次为美国和日本。这主要因为近年来喷墨打印技术发展迅速，国内打印市场需求不断扩大，喷墨打印的应用范围也越来越广。喷

头技术对于喷墨打印机的应用尤为重要，各企业均投入越来越多的研发力量用于性能更好的喷头的研发。

从表 5-3 的主要申请人的活跃度可以看出，表现最活跃的主要申请人为中国的北京大学，其次为美国的惠普、日本的爱普生及佳能。北京大学近几年在喷头领域专利申请的活跃表现，表明国内已有高校和研究机构在国内喷头制造水平较低的情况下，投入了较大的科研力量力图在喷头领域进行技术突破，未来企业可以通过产学研合作的方式寻求共同发展。

此外，美国的惠普、日本的爱普生以及佳能均为喷头领域的传统强势企业，仍有很大的研发投入，说明该技术领域的研发活动仍较活跃，且上述企业仍较注重在中国市场的专利申请布局。同时传统企业的加大投入将更进一步的加大该领域的技术门槛需求，对中国申请人在该领域的技术发展造成更大的压力。

从表 5-3 的集中度数据看，喷头领域中国专利申请的集中度非常高，主要集中于日本、中国、美国、韩国四个国家，专利申请总量占到喷头领域中国专利申请总量的92.41%。而就主要申请人的集中度数据来看，58.90%的专利申请集中在申请量前十的申请人中，其中21.03%的申请量为爱普生所有，11.90%的申请量为佳能所有。可见该领域的专利申请非常集中，主要申请人已经形成了强大的技术壁垒，国内申请人为了突破该技术壁垒，需要付出更大的努力。

5.3.7 国内专利申请态势分析

5.3.7.1 国内专利申请量趋势分析

图 5-20 为喷头领域国内专利申请人的专利申请总量随时间变化的趋势，图 5-21 为喷头领域国内申请人专利申请的技术生命周期。可以看出，喷头领域的国内专利申请中，国内专利申请总量发展情况大致可以分为以下三个主要发展阶段。

第一阶段（1986~2000 年）。这一阶段为技术萌芽期。在 1986 年底，国内申请人关于喷头的第一件专利申请为邮电部数据通信技术研究所提交的名为"喷墨印头喷口的防堵装置"的关于喷头维护方面的实用新型专利申请，这表明当时国内申请人已开始对打印机喷头技术进行研究。该专利于 1988 年授权，但是在 1991 年即因为未缴专利年费而终止失效。该阶段专利申请量较少，年专利申请量为几件至 19 件不等，年申请人数量也未超过 10 个，表明当时喷头技术在国内仍处于探索阶段。

第二阶段（2001~2009 年）。这一阶段为技术发展期。2001 年以后，随着专利制度不断完善，以及喷墨打印市场竞争的加大，喷头的应用越来越广泛，国内越来越多的企业也逐渐开始投入力量研发并申请专利，这一阶段专利申请数量和专利申请人数量增长较明显。

第三阶段（2010 年至今）。这一阶段为快速发展期。随着国内企业对国内打印市场不断重视，以及对喷头领域技术知识的不断积累，国内申请人的技术创新活动更加活跃，专利申请量增长快速。2013~2017 年年专利申请量均超过 100 件，年专利申请人数量也均超过 60 人，其中于 2016 年专利申请量达到峰值，为 167 件。表明喷头领域国内专利申请从整体而言，仍旧处于快速发展期。但由于喷头技术门槛较高，且喷头制造属于精细产业，对制造精度要求比较高，提高了喷头的制造成本；同时现有的传统强势企业刻意降低喷墨打印机的整体价格，通过技术手段促使消费者以较高价钱购买其专用耗材产品而营利，使得喷墨打印机的整机利润较低，也将会在一定程度上制约大多数企业对喷头技术的研发投入。

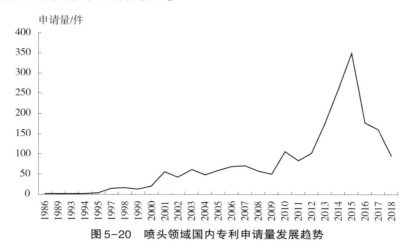

图 5-20　喷头领域国内专利申请量发展趋势

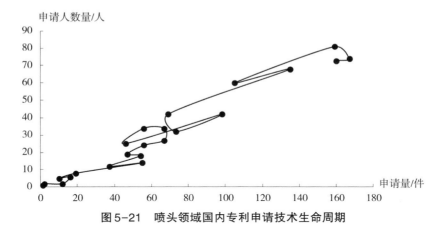

图 5-21　喷头领域国内专利申请技术生命周期

5.3.7.2　国内专利申请人排名分析

从图 5-22 可以看出，国内申请人中申请量最大的是北京大学（151 件），其次分别为台湾的明基（100 件）、研能科技（83 件）和财团法人（48 件）。

北京大学为国内著名高校，但依据前述申请人类型分析可知，高校在喷头领域申请专利所占比例并不高，说明在喷头领域由企业所申请的专利也较为分散，除台湾地区的几家企业外，喷头领域在国内的其他企业中均不存在较强的技术储备。

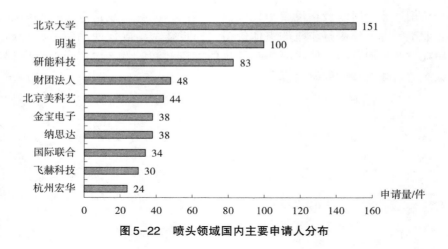

图5-22　喷头领域国内主要申请人分布

5.3.7.3　国内专利申请人类型及专利申请合作模式分析

从图5-23中可以看出，喷头领域国内专利申请中以企业所占份额最大，占比74%。说明了在喷头这一技术领域，部分企业已经建立起了较好的专利保护意识。个人申请量占比位居第二，为12%，即国内有较多个人从事喷头相关技术的申请。对于个人申请，由于其受到自身条件的限制，往往技术含量不太高，通常由个人进行的申请在技术积累上会较弱，说明在该领域存在较易入门的技术切入点。

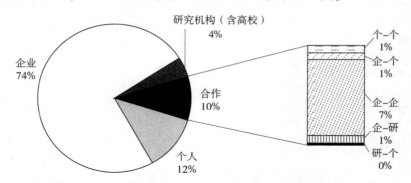

图5-23　喷头领域国内专利申请人类型及专利申请合作模式分析

此外，从图5-23可知合作申请占到申请总量的10%，其中7%为企业-企业的合作类型，是主要的合作类型。研究机构（含高校）在喷头领域的申请量比重最低，仅4%，共70件。

由于喷头领域早已投入市场，市场需求较大，该领域的技术研发与产业已经很好结合，技术研发以市场为导向，主要由企业中的技术创新为主导，其技术发展水平代表了行业的整体发展水平。而研究机构（含高校）对喷头的研究主要以喷头的高精应用为主，与企业相比专利申请量相对少得多。未来企业可以寻求与高校的合作，充分利用研究机构（含高校）在基础性研究及前沿技术的掌握上的优势，力图作出技术突破。

5.3.7.4　国内各省区市专利申请区域分布及申请量趋势情况

各省区市专利申请量在一定意义上反映出该地区的科技发展水平和经济竞争力，也是衡量该地区可持续发展能力的重要指标。喷头领域专利申请量的省区市分布不仅与省区市区域内喷头产品研发状况有一定关系，并且也受个人、高校和科研机构对喷头技术的影响。

从图 5-24 以及表 5-4 来看，喷头领域的国内申请人主要集中在台湾地区、广东省、北京市和浙江省，这四个区域的专利申请量占喷头领域国内专利申请总量的 69%，其中尤以台湾地区的专利申请量为最多，达到 397 件，占比达 24%，反映出在国内，台湾地区对喷头的研发处于领先地位。

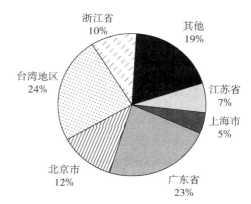

图 5-24　喷头领域国内申请人申请量区域分布

表5-4　喷头领域国内申请人区域申请量

单位：件

省区市	广东省	北京市	台湾地区	浙江省	其他	江苏省	上海市
申请量	386	198	397	165	315	110	78

结合图 5-25 还可看出，台湾地区关于喷头领域的首件专利申请，是由台湾研能科技股份有限公司于 1997 年提出，之后发展较快，直到 2008 年，一直保持相对高的年申请量，之后申请量有所回落。该公司在喷头领域积累了一定的技术基础，具备较强的研发实力，但技术研发重点已有所转移。

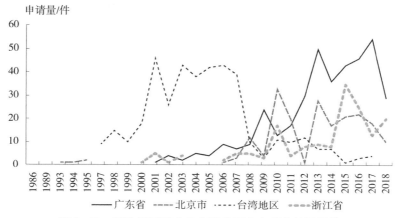

图 5-25　喷头领域国内各主要省区市专利申请量趋势

专利申请量位于第二的广东省于喷头领域的最早的专利申请也是于 1997 年提出，具体是由天威飞马打印耗材有限公司提出的涉及喷头维护和喷头结构的 3 件专利申请。

之后的三年并未进行喷头领域技术的专利申请，于2001年开始才又有申请人投入到该领域的专利申请活动中，之后申请量逐渐增多，于2017年专利申请量达到峰值，为54件。原因可能是得益于国内日益完善的专利申请环境，以及广东省打印耗材技术快速发展所起的带动作用。

北京市和浙江省专利申请呈波动增长，上述地区专利申请量并不稳定，说明其还未形成系统的技术发展线，技术力量较为薄弱。

5.3.7.5 国内专利申请类型分析

图5-26为喷头领域国内专利申请类型分布情况，从图中可以看出，国内喷头领域的专利申请类型以发明专利申请为主，占比59%，实用新型专利申请占比为41%。

发明专利申请中，23%的为台湾地区专利申请，12%的为广东省专利申请；其中台湾地区有效发明专利为89件，虽然未达到其发明专利申请总量的半数，但是超越了国内其他任何省份和地区的发明专利有效件数。这也从侧面反映了国内喷头领域有效发明专利申请数量并不多，发明专利申请有效率低说明国内该领域的专利质量偏低。

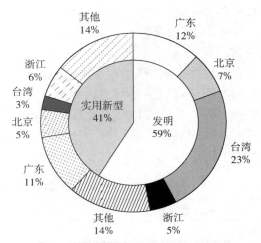

图5-26 喷头领域国内专利申请类型

从图5-27以及表5-5可以看出，除台湾地区、北京市外，广东省、浙江省以及其他省区市的专利申请均以实用新型专利为主，且实用新型专利保持有效比例较高。这与国内实用新型创造性水平要求相对不高、授权审查周期相对短的专利大环境相关。同时在国内企业技术积累并不那么雄厚，而国外传统强势企业则形成强大的技术壁垒的状态下，国内各企业在喷头领域的核心技术上难以获得突破，因此倾向通过获得实用新型专利授权的方式增加自己的专利储备量，为更深的技术发展打下基础。

图5-27 喷头领域国内专利申请法律状态

表5-5　各个主要省区市专利法律状态分布　　　　　　　　　单位：件

专利类型	法律状态	省份				
		北京	广东	台湾	浙江	其他
发明	驳回	2	5	4	1	4
	撤回	7	15	115	10	29
	公开	49	96	16	47	141
	无效	2	8	134	1	13
	有效	54	60	89	13	36
实用新型	无效	19	45	32	27	64
	有效	64	148	7	66	188

5.4　广东省专利分析

5.4.1　广东省专利申请量趋势分析

由图 5-28 可以看出，喷头领域广东省专利申请量的变化大致经历了以下两个主要发展阶段。

第一阶段（1997~2008 年）。这一阶段是技术萌芽期。喷头领域广东省最早的专利申请是由珠海天威飞马打印耗材有限公司于 1997 年提出的涉及喷头的结构以及维护的三件专利申请，均为实用新型专利申请。这一阶段的特点是从事该领域技术研究的申请人数量非常少，申请人数量增长非常平缓，申请量同样增长缓慢，喷头领域的专利年申请量均为 10 件以下，广东省企业对喷头技术领域研究尚处于探索阶段，技术活跃度并不高。

第二阶段（2008 年至今）。这一阶段为调整发展期。2008 年以后，随着喷墨打印机的广泛应用，以及喷墨打印耗材在广东的大力发展，广东申请人对喷头的研发热度逐渐升高，与喷头相关的专利申请出现波动增长，2017 年专利申请量达到峰值，为 54 件。但这一阶段，申请人的增长幅度并不明显，一直保持在 33 位以内，说明喷头领域技术准入门槛相对较高，国外传统强势企业形成的技术壁垒以及对国内企业的技术封锁，对广东省各企业的技术发展形成了强大的制约作用。此外，喷头制造精度要求较高，以喷头作为主要技术难点的喷墨打印机整机利润并不高，也是各企业在喷头领域研发投入较少的重要原因。

图 5-28 喷头领域广东省专利申请量发展趋势

5.4.2 广东省专利申请人排名分析

从图 5-29 可以看出，喷头领域广东省专利申请量排名前 10 位的申请人中，纳思达居于榜首，其次依次为富士康、润天智、天威、全印图文等，整体申请量较少。说明广东省在该领域的技术力量比较薄弱。

目前，受国外企业的技术封锁，与国内自身的生产实力的制约，国内申请人在喷头领域的研究较少，依据目前专利申请实况以及企业技术创新现状，广东省在该领域的技术研发基本处于空白状态，该领域的技术开发任重而道远。

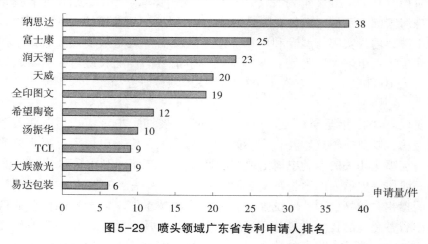

图 5-29 喷头领域广东省专利申请人排名

5.4.3 广东省专利申请人类型及专利申请合作模式分析

从图 5-30 可以看出，首先，企业是专利申请的主体，比重高达 76%。这主要是由于在喷头领域，企业作为市场竞争的主体，是技术改进的主要力量，企业积极通过专利布局的方式抢占市场份额。

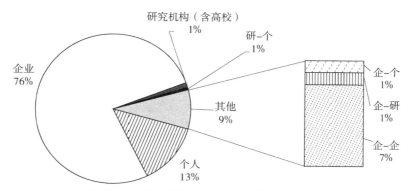

图5-30　喷头领域广东省专利申请人类型分布

其次，个人申请占比位居第二，占比达13%，说明了该领域存在研究起点较低的技术切点。从图中还可以看出，研究机构（含高校）在喷头领域的申请占比较低，仅为1%，这主要与研究机构（含高校）选择的研发技术成果的保护形式有关。研究机构（含高校）更加侧重基础理论和前沿技术的研究，且研究的成果也多采用论文的形式进行发表，采用专利权进行保护的意识相对较低；同时喷头领域各分支技术偏向于对现有技术各应用的改进，与研究机构（含高校）的研究关注点不重合也可能导致它们并未投入较多的研发力量到该领域。

最后，广东省的专利申请人类型中，合作申请占比10%，其中企业-企业之间的合作占7%，说明广东省的专利申请主体更加注重独立申请形式，且以企业研发为主。

5.4.4　广东省专利申请区域分布分析

从图5-31可以看出，广东省专利申请中申请量排名前四的城市依次为深圳、广州、珠海、佛山，深圳占广东省专利申请总量的40%。结合图5-32还可看出，深圳市基本上每年的年申请量均位于广东省前列，但是其最高年申请量未超过20件，表明广东省在喷头领域整体技术力量比较薄弱，还不具备技术储备较强的企业。

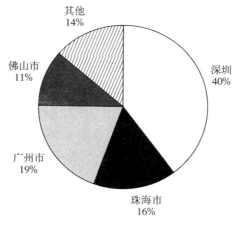

图5-31　喷头领域广东省专利申请人申请量城市分布

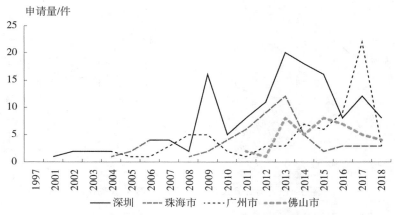

图 5-32 喷头领域广东省不同城市专利申请量趋势

5.4.5 广东省专利法律状态分析

从图 5-33 可以看出，喷头领域广东省专利申请以实用新型为主，占比达 55%，发明专利占 45%。实用新型专利较发明专利申请门槛较低，创造性水平高度要求也较低，说明广东省在喷头领域专利申请的技术创新性及专利申请质量有待进一步提高。

结合图 5-34 以及表 5-6 可知，深圳有效发明专利为 21 件，占其发明专利申请总量的近 29%，有效实用新型专利为 63 件，占据了该区域实用新型专利申请总量的一半以上，说明深圳市专利稳定性维持得较好；公开待审专利 34 件，说明目前深圳市在喷头领域仍保持着相对活跃的技术创新活动。在广州、珠海、

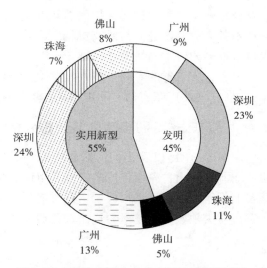

图 5-33 喷头领域广东省专利申请类型分布

佛山以及其他城市中，表现较好的是珠海，有效发明专利为 27 件，为省内最高，有效实用新型专利为 15 件，均分别超过了其发明专利申请总量和实用新型专利申请总量的一半，其驳回、撤回比例也较低，说明珠海市专利质量相对较好，虽然专利申请量不大，但是拥有较大的发展潜力。广州市的有效发明专利 4 件，有效实用新型专利 33 件，佛山市有效发明专利 3 件，有效实用新型 20 件，说明上述地区在喷头领域起步更晚，研发实力相对不足。

表5-6 喷头领域广东省各城市专利法律状态分布 单位：件

专利类型	法律状态	城市				
		深圳	珠海	广州	佛山	其他
发明	驳回	3	1	—	—	1
	撤回	7	4	2	1	1
	公开	34	5	24	13	21
	无效	8	—	—	—	0
	有效	21	27	4	3	5
新型	无效	14	8	10	5	8
	有效	63	15	33	20	17

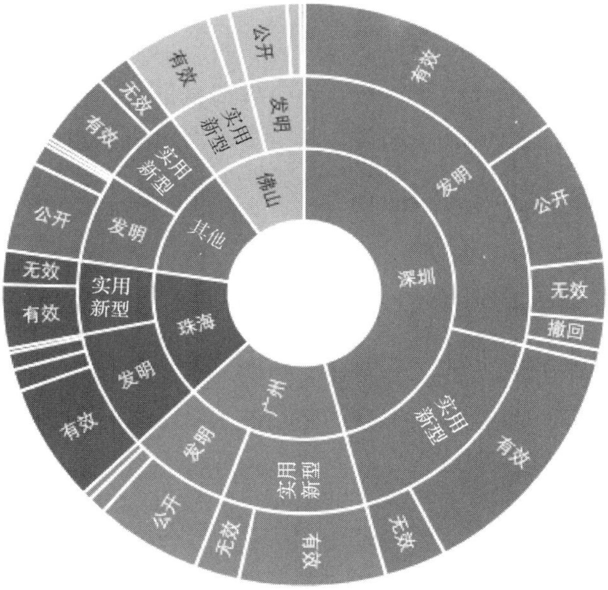

图5-34 喷头领域广东省各区域专利申请类型分布

5.5 本章小结

通过对喷头领域技术进行分解，将喷头领域分为喷头结构、喷头安装、喷头制造以及喷头维护四大技术分支，通过对全球、中国和广东的喷头领域相关专利申请数据的整体分析，本课题组主要结论如下。

1. 全球整体发展趋势

1）全球喷头领域专利申请总量为45735项。其中在未进行合并去重前，涉及喷头结构的为21615项，涉及喷头制造的为18955项，涉及喷头维护的为17647项，涉及喷头安装的为6424项。喷头领域近几年的年专利申请量以及申请人数量均保持基本稳定状态，喷头技术发展相对成熟。

2）喷头领域申请人中，日本专利申请量最多，占专利申请总量的71%，且日本自20世纪80年代以来，每年在喷头领域的专利申请量均保持第一位，在该领域占据绝对的优势地位。其次为美国，占申请总量的16%。中国占5%，与日本相比均存在很大的差距。欧洲和韩国均占3%。以上五个国家/地区的申请量占据喷头领域申请总量的98.72%，可见该领域技术集中度非常高。

全球专利排名前四位的企业均为日本企业，分别为爱普生、佳能、兄弟和理光，且爱普生和佳能公司在喷头领域的专利申请量遥遥领先于其他企业，占据着该领域技术发展的主导地位。美国的两家企业惠普和施乐公司，专利申请量分别排在第五位和第十位。上述排名中并未出现中国地区申请人，说明中国地区企业和研究人员还应通过技术引进、技术创新、联合创新等形式进一步加强对该领域的研发及专利保护力度，以在竞争激烈的市场中获得竞争地位。

全球喷头领域的专利申请模式主要为企业单独申请，占据专利申请总量的84%。其次为合作申请模式，占申请总量的14%，研究机构（含高校）的申请量占比仅为1%。在合作模式中，以企业-企业合作模式的申请量最多，占申请总量的11%。说明各企业以专利作为市场竞争的重要武器，其技术发展水平基本代表了行业的整体发展水平，因此通过关注主要公司的技术创新动态即可以了解行业整体发展情况。

2. 中国整体发展趋势

1）喷头领域的中国专利申请共7574件。在未合并去重之前，涉及喷头结构的为4675件，涉及喷头安装的为1886件，涉及喷头制造的为2558件，涉及喷头维护的为3019件。目前专利年申请量处于波动发展阶段，专利申请人数量基本保持稳定。

2）在1986年底，国内申请人关于喷头的第一件专利申请为邮电部数据通信技术研究所提交的一件名为"喷墨印头喷口的防堵装置"的关于喷头维护方面的实用新型专利申请，这表明当时国内申请人已开始对打印机喷头技术进行研究，认识较早，但是受国外技术封锁以及国内制造精度等的限制，发展较为缓慢。同时国外申请人比较注重在中国的专利布局，国内申请人难以突破外国技术壁垒。

3）喷头领域的中国专利申请中，日本发明专利申请量占专利申请总量的53%，中国发明专利申请量仅占11%；且中国国内发明专利维持有效比率尚未达到50%，远落后于日本甚至美国。说明我国专利申请在数量上以及质量上均远远落后于日本美国等国家，喷头领域的技术研发任重而道远。

4）从申请人活跃度上看，国内有高校在喷头技术领域表现较为活跃，表明国内已有高校和研究机构在国内喷头制造水平较低的情况下，投入了较大的科研力量力图在喷头领域进行技术突破，未来企业可以通过产学研合作的方式寻求共同发展。

5）从申请量来看，广东省专利申请量逐年波动增长，申请人数量也维持增长状态，但整体技术仍较为薄弱，专利分布较为分散，未能形成有重要影响力的领军型企业。

第6章 喷墨关键设备"337调查"分析

随着国内打印产业的蓬勃发展，在国际市场的竞争力越来越大，国内墨盒公司的专利诉讼不仅发生在国内，近年来越来越多的美国"337调查"案件涉及中国的墨盒公司。为了加深对美国"337调查"的了解，本章简要介绍"337调查"的基本知识，分析我国企业面对"337调查"的原因，以及处于不利情形的原因和应对建议，并重点分析"337调查"涉及我国墨盒和喷头企业的8起案件。

6.1 "337调查"概述

"337条款"全称为美国1930年关税法第337节（Section 337 of the Tariff Act of 1930 of the United States）。"337条款"起初制定的目的在于提高美国的关税，后来逐渐转向针对对外贸易中知识产权侵权的不公平行为的规范。该条款主要是针对美国进口贸易中知识产权侵权的不公平作法和不公平行为，尤其是专利权侵权的不公平行为所实施的贸易调查。这种不公平行为具体是指：产品以不正当竞争的方式或不公平的行为进入美国，或产品的所有权人、进口商、代理人以不公平的方式在美国市场上销售该产品，并对美国相关行业造成实质性的损害或者威胁，或阻碍美国相关产业的建立，或压制、操纵美国的商业和贸易，或侵犯合法有效的美国商标和专利权、集成电路芯片版图设计专有权或其他设计权等。

负责对上述损害进行调查的机关ITC（美国国际贸易委员会的简称），是基于防止美国产业遭受国外进口产品的不公平竞争损害而设立的，委员会是一个独立的、非党派的、准司法性的联邦机构。

ITC根据法律程序，有权实施以下救济措施：有限排除令、普遍排除令、停止令、临时性有限排除令、临时性停止令。有限排除令要求禁止一个或多个被诉方的产品进入美国，是专门对被裁定侵权的被诉方发出的。普遍排除令要求海关阻止某一类的所有侵权产品进入美国，针对的是所有侵权产品。只要所有人、进口商或销售商无法证明其产品没有侵权，就被排除在外。与有限排除令相比，普遍排除令的范围更广。停止令要求被诉方立即停止被指控的侵权行为，被诉方的产品不得向美国出口，也不得在美国对涉案产品进行市场营销、分销、代理、寻求销售或者转让等行为。停止令适用于被诉方的股东、董事、雇员、代理人、被许可人、分销商，以及以其他形式被控制的企业，同时也适用于被诉方的继承人、被转让人等。停止令针对的不仅是被诉企业已经完成的侵权行为，而且包括被诉方将来试图在美国市场的销售行为。

如果调查结果认定被诉方侵权成立或违反了"337条款"，ITC将发布排除令或停止令，排除或禁止被诉方的产品进入美国。考虑到这种排除对公共健康和福利、美国经济中的竞争条件、类似的或者直接的竞争产品在美国的生产、美国消费者的影响，ITC 若认为不应当排除该类产品进入美国，也可选择不采取行动。除排除令和停止令外，ITC 还可发布其他命令，要求被诉方停止或不再从事不公平竞争行为，也可发布临时停止或排除令。

对违反"337 条款"输入美国的产品，ITC 可以发布命令进行扣押和没收。

"337 调查"制度的主要特点如下。

1）申诉人申诉成本小、见效快。即使原告败诉，也不用承担其他不利后果；"337 调查"案件的审理一般不超过 12 个月，复杂案件不超过 18 个月。

2）申请门槛低、救济时间长。

3）被诉方应诉时间紧。被诉企业必须在文件送达之日起 20 天内予以书面答辩，此后要在 5 个月内完成证据的搜集和披露，时间极为紧迫；诉讼费用高，尤其是跨国诉讼费用高达几千万美元。

4）调查范围广、制裁力度大。

5）强有力的执行措施。美国海关和边境保护局负责执行排除令。

6.2 我国企业"337 调查"情况

进入 21 世纪，我国成为美国"337 调查"的最大目标国。我国企业的"337 调查"数量激增，是我国国际经济竞争参与度加深、企业实力壮大、出口产品技术附加值增高的必然结果。可以预期，在将来一段时间内，我国企业仍将是美国"337 调查"的主要目标国之一。

目前，我国企业在"337 调查"中的应诉结果各异，除了存在确定侵权的情形外，应诉效果不佳的主要原因普遍是企业实力不足、应诉资金缺乏和自主知识产权意识淡薄。而随着这些情况的改善，加之政府部门和行业协会的指导，以及协调力度加大，我国企业有望逐步改善应诉的被动局面，以更强有力的姿态保护自身合法权益。

据不完全统计，自 1972 年 4 月 4 日第一起"337 调查"开始，截止到 2008 年 5 月 14 日，ITC 总共对全球发起 650 件"337 调查"。以调查涉及的被诉方或产品来源国为准，其中涉及中国的"337 调查"有 90 件。根据美国政府公布的贸易报告，中国已超越加拿大成为美国第一大商品进口来源国，并超越日本成为美国第三大商品出口对象国。中美两国之间的贸易关系越密切，贸易利益冲突和摩擦将越多。从南孚与劲量电池专利交锋，到 SigmaTel 与炬力对 MP3 播放器专利争端，再到爱普生与纳思达的墨盒专利调查风波，经历美国企业轮番调查的磨难，我国企业对"337 条款"从陌生到熟悉，在实战中逐步成长。

6.2.1 我国企业成为"337 调查"主要对象的原因分析

目前，我国企业成为"337 调查"的主要对象。究其根本，这是由我国产业特别是出口产业目前的发展阶段所决定的。这也决定了在未来相当长的一段时间内，我国企业仍将成为"337 调查"的主要对象。

1. 知识产权成为国际贸易中的核心竞争手段

在国际贸易中，企业之间的竞争手段多种多样，但其中一个重要的竞争手段还是知识产权。各国企业通过知识产权研发、注册、商品化、合作与联盟、许可与交叉许可以及多种形式的争端解决方式（行政手段、司法手段和准司法手段等），充分利用其知识产权资源，实现并维护起整体商业利益。因此，知识产权竞争已经成为一种常态化的商业竞争手段。同时知识产权争端（包括"337 调查"）也已经成为国际贸易环境尤其是美国等发达国家市场竞争环境的重要且必不可少的组成部分。在美国市场上，我国企业与美国知识产权所有人之间的竞争非常激烈，因此频繁遭遇"337 调查"必不可免。

在这种背景下，美国知识产权所有人有时将"337 调查"作为阻碍中国企业进入或者占有美国市场的工具。在一些案件中，美国知识产权所有人并不确信中国企业存在侵权行为，甚至没有这方面的证据，便提出"337 调查"，其目的在于为我国企业进入美国市场设置障碍。如能获得普遍排除令的裁决，将达到事半功倍的效果。

2. 我国对美国出口，尤其是高科技产品出口迅速增加

改革开放以来，我国对美国出口迅速增加；近十几年来，我国对美国出口中技术附加值较高产品的比例和绝对值都在迅速增加。这些原因导致美国国内产业感受到巨大的竞争压力，并以"337 调查"这种手段阻止我国企业进入美国市场。

对美高科技产品出口与"337 调查"数量之间的相关性集中体现在我国对美机电产品出口上。2000~2010 年，我国对美机电产品出口实现跨越式增长，出口额从 252 亿美元增至 1722 亿美元，规模达到了原来的 6.8 倍。在此期间，美国对中国企业的"337 调查"也大幅增长，由 2000 年的 3 起增至 2010 年的 19 起，数量也达到了原来的 6.3 倍。

从其他国家/地区遭受"337 调查"的历史发展来看，日本、韩国都是在对美出口高科技产品迅速增加的期间，被提起"337 调查"的数量开始激增。很明显，如果对美出口很少，遭受"337 调查"的可能性很低；如果对美出口是低附加值、低技术含量、没有知识产权，尤其是专利内容的产品，也不会成为"337 调查"的对象。因此，从这一方面讲，我国企业开始成为"337 调查"的对象，是我国出口规模增大、出口结构提升、出口技术含量提高的外在体现和必然结果。

3. 我国企业处于相对技术劣势地位，自主知识产权较少

在国际经济竞争中，我国企业具有强大的制造优势，但在产品技术方面处于劣势地位。我国企业出口产品的技术附加值含量逐步提高，是基于我国原有出口产品以初级农产品和初级工业品为主的历史背景下的论断。事实上，我国大部分出口产品并没有处于国际领先水平的自主知识产权。比如，在我国出口产品中，部分机电产品有相当高的技术含量，但很多机电产品的技术水平仍停留在模仿、改进国外产品最新技术的层面上，而未获得专利保护的自主知识产权。这些产品出口到美国后，美国本土制造业将会受到激烈的竞争和冲击，从而会利用"337 调查"来遏制我国企业。

在以后相当长的一段时间里，我国对美出口的以上基本特点仍然会持续下去，因

此，我国企业很有可能将继续成为美国"337调查"的主要对象。

6.2.2 我国企业"337调查"应诉结果不利的原因分析

我国企业在"337调查"中取得的应诉结果各不相同，但其中被裁定侵权的情形不在少数。除个案的特定原因外，我国企业在"337调查"中应诉结果不佳，存在以下较为普遍的问题。

1. 部分企业知识产权保护意识不足，确实存在侵权现象

毋庸置疑，我国部分企业的知识产权保护意识依然不足，在出口，特别是对美国出口中存在知识产权侵权问题。其中，一些企业并非恶意侵犯美国的知识产权。这些企业在大规模对美出口前，未能对出口产品关键技术在美国的知识产权状况进行充分研究，并进行系统的知识产权侵权风险评估，从而在不知情的情况下侵犯了美国的知识产权。在被提起"337调查"后，这些企业为了保护在美国的出口利益投入巨大的资源应诉，但很难取得有效的应诉结果，而遭受到较为严厉的制裁措施，如普遍排除令和有限排除令。

2. 知识产权战略意识不足，知识产权储备缺失

知识产权特别是在国外受保护的知识产权储备不足是我国大部分企业的普遍现状。我国大部分企业未能提前规划在生产规模扩大化和产品市场国际化过程中的知识产权战略，导致在生产和出口规模迅速增大的情形下，依然仅拥有少量的自主知识产权。在一些案件中，国内企业被提起"337调查"后，发现自己事实上是先于美国申请人发明或者使用涉案技术，但是并没有在中国或美国申请专利，导致其陷入被动局面。

在"337调查"中，如果被申请人拥有用于美国或其他主要市场，例如中国的自主知识产权，可以通过向对方当局提起诉讼的方式制约对方，或者通过专利交叉许可等方式与对方达成条件有利的和解。然而，我国企业很少有利用这种反制工具的案例，大多时候在调查中处于"以软碰硬"的被动局面，很难以较低的代价实现有利的应诉结果。

3. 缺乏独立应对意识，过于依赖技术提供方的应对工作

在国际加工贸易中，我国企业的技术多由国外厂商提供，对技术的合法性缺乏充分的了解和控制。此外，我国企业大量通过技术许可协议或者设备进口协议，从国外技术提供方直接获得核心生产技术，且技术提供方通常提供关于技术不侵权的声明或保证，并承担赔偿义务。

尤其是在一些案例中，国外技术提供方甚至和中国企业一并成为"337调查"的被申请人，我国被调查企业通常会要求国外厂商提供应诉资金、技术、法律支持和应诉策略的指导和协调。但是，一些企业可能会决定不自主应诉，或者虽然应诉但采取保守、消极的应诉策略，完全寄希望于国外厂商积极应诉并胜诉，并从胜诉结果中获利。

事实上，国外技术提供方的利益通常会与我国企业的利益存在差异，因此其应诉策略可能并不会顾及国内企业的利益。而且，"337调查"最终形成的解决方案可能无法为国内企业提供足够的保护，例如和解方案的范围并不包括国内企业等。这种情形之下，我国企业的利益可能受到较大的损害，应诉效果不佳。

4. 产贸脱离，应诉主体缺失

在一些 "337 调查" 中，被申请人是我国的专业进出口公司，而不是产品的实际生产商。在这些案例中，进出口公司可以低成本更换出口产品或出口市场，通常没有足够的动力进行有效应诉。产品生产商由于未被列为被申请人，除非要求补充被列为被申请人，否则很难有效参与应诉程序。这种情形导致应诉主体缺失，应诉效果不好。

5. 应诉费用高，企业缺乏足够的应诉实力

在美国，各种类型的诉讼中律师费用和专家费用都很高，知识产权诉讼特别是专利诉讼尤其如此，很多 "337 调查" 案件的律师费用和专家费用达到数百万美元甚至更高。因此，我国企业普遍存在应诉资金不足的困难；在一些案例中，企业有一定的应诉胜算，但由于无法支付高额的律师费用和专家费用，被迫选择不应诉或者以不利的条件和解。

上述情形与我国对美出口产品结构有关。我国对美国出口产品，特别是机电产品的整体技术水平和附加值依然较低，国内企业在美国市场的主要竞争手段是价格竞争，因此利润水平较低。在一些 "337 调查" 中，应诉费用甚至高于企业过去数年对美相关产品出口的利润总和。按照一般商业做法，企业在指定产品价格时，应将交易中的各种风险包括（诉讼费用）计算在内，成为价格组成的一部分。但是，由于上述情形，我国企业通常为了尽量降低出口价格，不在价格中计入诉讼风险成分，从而导致在遭遇 "337 调查" 时没有足够的资金能力进行应对。

6. 涉案企业分散，缺乏有力协调

在 "337 调查" 中，涉案企业在两种情况下需要进行紧密协作和有力协调。第一，一些 "337 调查" 会涉及我国十几家甚至几十家出口企业，但是这些企业普遍规模比较小、力量分散。此时，涉案企业可以联合应诉。第二，一些 "337 调查" 案例中，申请人要求 ITC 实施普遍排除令，此时应诉企业可以与未被列为被申请人但是也对美出口涉案产品的企业进行协作，对普遍排除令进行抗辩，或者对和解方案进行商讨。上述协作涵盖律师选聘、费用分担和策略选择等核心应诉问题，对降低应诉负担、提高应诉效果具有重要作用。

但是，目前我国行业协会的力量仍然较为薄弱，未能建立有效的协调机制，不能在每起 "337 调查" 中给企业提供有力的协调。此外，我国企业的协作、协调意识也存在不足，在很多案件中不能充分考虑自身利益与行业利益和其他公司利益的平衡，不愿与其他竞争者互相协作。上述问题导致在相当一部分案件中，企业之间无法形成合力，不能团结一致，在应诉中容易被逐个针对。

7. 缺乏相关技能和知识，应诉被动

总体而言，我国企业的管理层对美国以知识产权为主导的市场竞争环境和美国的商业诉讼环境较为陌生，有时不能正确把握 "337 调查" 作为一种商业竞争手段的性质，在应对策略方面容易做出误判。企业管理层对涉外诉讼尤其是 "337 调查" 的程序和规则普遍缺乏了解，企业内部尤其缺乏懂外语、懂法律、懂技术、懂业务的人才。受上述各因素的限制，企业常常被迫完全听从代理律师的建议，无法做出自主的判断

和决策，这种情形导致律师费用非常昂贵，且有时不能确保最终应诉结果与企业的实际商业利益完全相符。

8. 畏讼、息讼和"搭便车"心理导致缺席率较高

由于对"337调查"的了解不够，很多企业被调查后存在畏惧和侥幸心理，决定不应诉。一方面，他们寄希望于申请人能够中途放弃调查，或者ITC经过独立调查认定不存在侵权的情形；另一方面，他们寄希望于其他应诉企业积极应诉，取得完全的胜诉结果，从而能够顺利"搭便车"。

但是，上述想法都是不现实的。首先，如果企业不应诉，ITC将倾向于采信申请人提出的所有证据和主张，几乎很难做出对被申请人有利的裁决。其次，各个企业的诉求存在很大的差异，应诉企业的胜诉结果很难惠及那些不应诉的企业。尤其是在"337调查"中，结案的主要形式是和解，而和解肯定不会将非应诉企业纳入和解范围之内。事实上，一些应诉企业在本可以获得完全胜诉并迫使申请人撤案的情况下，依然选择主动和解，以将未应诉企业排除在美出口市场之外。因此，不应诉企业的利益几乎不能得到任何保障，最终裁决结果往往非常不利。

6.2.3 小结

在过去的二三十年中，日本、韩国的企业在"337调查"中经历了从无到有、从少到多的过程。目前，他们中的一些优秀企业已经从被申请人转变为申请人，主动运用"337调查"程序来保护其自主知识产权。从被动受害者成为主动利用者，其角色转变的根本原因在于企业实力的壮大和自主知识产权战略的实施与成功。

我们同样也要看到，在过去的十几年间，我国企业的整体应诉意识和能力也获得了长足的发展，应诉效果不断提高。与其他国家相比，我国的"337调查"应诉工作具有一个独特的优势，就是政府部门的高度重视、行业协会大力协调。有理由相信，在我国政府、行业协会和企业的共同努力下，我国企业会逐步解决目前困扰企业"337调查"的种种问题，扭转在"337调查"中的被动局面，提高对自身合法权益的保护力度。

6.3 喷墨关键设备领域"337案件"分析

由于发生过异议、无效及诉讼的专利再次发生诉讼的概率很高，上述案例将成为领域内重点分析的专利。因此，为了进一步确定喷墨关键设备领域高危侵权案例，课题组对历年来发生过"337诉讼"的喷墨关键设备案例进行了统计，目前针对国内喷墨关键设备领域企业的"337调查"案例共有8件：2006年2件、2009年1件、2010年3件、2012年1件、2015年1件，被诉企业都集中在珠三角区域，被誉为"耗材之都"的珠海占了大多数。调查结果中，除了1件和解、1件撤诉之外，其余的都判定侵权成立，并且侵权成立的案例中大部分都颁布了普遍排除令。具体信息如表6-1所示。

表6-1　中国涉及喷墨关键设备"337 调查"案件

涉案产品	涉案年份	涉案企业	裁决情况
墨盒 337-TA-581	2006	珠海纳思达数码科技有限公司	和解
墨盒 337-TA-565	2006	珠海纳思达数码科技有限公司、珠海格力磁电公司	终裁侵权成立
墨盒 337-TA-691	2009	珠海格力磁电有限公司、深圳普林美亚科技有限公司、珠海中润靖杰打印机耗材有限公司、珠海泰达电子科技有限公司	侵权成立普遍排除令
部分带有打印头的喷墨墨盒 337-TA-723	2010	中国麦普科技有限公司（广州）	侵权成立普遍排除令
打印机墨盒 337 案 337-TA-730	2010	深圳普林亚科技有限公司、珠海中润靖杰打印机耗材有限公司	侵权成立普遍排除令
部分带有打印头的喷墨墨盒 337-TA-711	2010	中国麦普科技有限公司（广州）	申请人撤诉终止调查
激光打印机用墨粉盒及其组件 337-TA-829	2012	珠海富腾打印公司等	侵权成立普遍排除令
墨盒及其同类组件 337-TA-946	2015	珠海奥美亚打印耗材有限公司、东莞奥彩打印机耗材有限公司、珠海诚威电子有限公司	侵权成立普遍排除令

其中，除去一组涉及激光打印机用墨粉盒的"337 诉讼"外，其余 7 件均与喷墨打印机墨盒相关，两件还涉及喷墨打印机喷头。与墨盒相关"337 诉讼"案例具体信息如下。

1. 墨盒 337-TA-565 案例

申请人：Epson Portland Inc.，Epson America Inc.，Seiko Epson Corp.。

申请时间：2006 年 2 月 17 日。

诉由：专利侵权。

涉及专利：US5615957，US5622439，US5158377，US5221148，US5488401，US6502917，US6550902，US6955422，US7008053，US7011397。

立案时间：2006 年 3 月 23 日。

初裁内容：裁定被告产品侵犯原告专利，建议发布普遍排除令。

终裁内容：推翻初裁的部分结论，同意初裁的部分内容。同意对侵犯 US5615957 专利的第 7 项权利要求，US5622439 专利的第 18、81、93、149 和 164 项权利要求，US5158377 专利的第 83 和 84 项权利要求，US5221148 专利的第 19 和 20 项权利要求，US5488401 专利的第 1 项权利要求，US6502917 专利的第 1、2、3 和 9 项权利要求，US6550902 专利的 1、31 和 34 项权利要求，US6955422 专利的 1、10 和 14 项权利要求，US7008053 专利的第 1 项权利要求以及 US7011397 专利的第 21 项权利要求的进口产品发布普遍排除令。同意对部分缺席被告的侵权产品发布有限排除令，并对国内被告发布禁止令。

此案例中，US7011397 为压力平衡类专利，该案发明名称为"墨盒及调节液体流动的方法"，申请日为 2003.2.14，目前仍维持有效。

【摘要】

在一种墨盒内，负压力产生机构被置于墨水储存区域和供墨端口之间，并具有带有用于墨水流动的两个通孔的壁表面，以及通过承受供墨端口一侧压力而与通孔接触和分离的阀门构件。经通孔流动的墨水通过通孔被提供给供墨端口。

【解决的技术问题和有益效果】

解决现有墨盒，通孔构造受到限制，弹性构件形成凸出部分导致墨水流动通道阻力大，密封区域因焊缝褶皱或凹槽导致制造的成品率低的问题。

【技术方案】

发明点：

墨盒，其当供墨端口内的压力降低到不超过预定值时，弹性构件被移动以打开墨水流动路径的开口部分，从而打开墨水流动路径并使得墨水得以供应给供墨端口。

核心方案：

墨盒包括墨水储存腔，供墨端口（5）和负压力产生机构（30）；负压力产生机构包括供墨流动路径形成构件（6）和弹性构件；弹性构件的第一和第二表面分别通过在供墨流动路径形成构件内形成的第一和第二流动通道承受墨水储存腔内的第一和第二压力，弹性构件响应施加的弹力作用后，与墨水流动路径的开口部分接触和分离，施加的弹力部分取决于第一压力和第二压力的压力差，当供墨端口内的压力降低但不超过预定值时，弹性构件被移动从而打开墨水流动路径的开口部分，墨水供应到供墨端口。

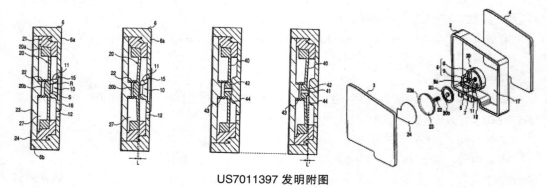

US7011397 发明附图

【涉及侵权的权利要求】

16. 一种墨盒，包括：墨水储存腔；通过墨水流动路径和该墨水储存腔液态连通的供墨端口；和选择性地阻塞墨水流动路径并因墨水消耗而打开的负压力产生机构。

所述墨水负压力产生机构包括：具有第一和第二表面的弹性构件；朝着

该弹性构件的第一表面并与所述墨水储存腔连通的连通部分，所述连通部分包括墨水通过其进入所述连通部分的进口和墨水通过其离开所述连通部分的出口，所述进口和出口两者都位于相对于所述弹性构件的同一侧；和朝着该弹性构件的第二表面并与所述供墨端口连通的空间部分。其中所述连通部分形成所述墨水流动路径的一部分，并且所述弹性构件的所述第一表面与所述出口接触和分离。

21. 如权利要求 16 所述墨盒，其中，所述空间部分包括一个分隔间，所述分隔间朝着所述弹性构件的第二表面，该分隔间被设置成使得墨水消耗引起施加到弹性构件的与所述进口和出口所在一侧相对一侧的压力的变化，并且所述压力的变化被施加到所述弹性构件的第二表面的基本上整个面积上。

【技术要点总结】

墨盒内的阀结构，其中墨盒中墨水的出口及入口位于阀的同侧。其同族公开号为 CN200510090837 的专利，技术要点为墨盒内的墨水通道结构及阀结构。该专利申请权利要求将该带有墨水流动通道阻力小，密封区域无焊缝褶皱或凹槽的压力阀的墨盒均划入了保护范围内，国内企业极有可能因为墨盒采用上述压力阀结构而遭遇侵权诉讼，因此在对墨盒进行研发设计时应仔细分析该专利以及与该专利相关的技术方案的可代替性。

【其他涉案专利分析】

US5615957，通过打印喷头的供墨结构解决四色打印机的墨水供墨的时候对环境变量和温度不敏感的问题；US5622439，通过用于点阵打印喷头的墨盒结构解决不同颜色的油墨可以被分开，从而防止串色的问题；US5158377，公开了一种用于矩阵打印喷头的供墨系统和打印机，使得向供墨管提供墨水而不受温度环境的影响；US5221148，涉及墨盒压力平衡基本的结构。上述专利案件互为同族，与多个其他系列申请一起构成关于墨盒结构的大型专利簇，该专利簇中所有专利均已失效或无效，该专利虽然在各国都处于失效状态，但从技术角度来看，其较高数量的施引次数表明其在本领域内具有一定的技术代表性，一定程度上引领了本技术领域的发展方向，同时也说明了其代表的技术具有较好的经济价值，为墨盒领域重点基础专利。基于此，我国从业者在此方向有技术需求的可以在此基础上衍生新的技术，实现专利技术的二次开发，但要注意申请人围绕该专利技术所进行的进一步的研发。

US5488401 涉及供墨针的结构改进，该系列申请大部分均已无效，但仍有 2 件于日本特许厅所申请的专利保持有效。

US6502917、US6550902 为同族专利，通过对触电结构的设置，提供一种墨盒与机架的连接结构，可防止由于墨盒拆装不当所造成的数据丢失。其同族专利中有部分已失效，大部分专利均维持有效。

US6955422 涉及带电极的墨盒与机架的连接，其同族专利中有部分已失效，大部分专利均维持有效。

US7008053，通过对电极结构的设置，提供一种不仅具有大量墨滴发生器，而且具有结构紧凑的特点的喷墨打印头。其具备多项同族专利，大部分均维持有效，为墨盒结构基础专利。

由以上分析可知，此次"337 侵权"案件中，所涉及专利申请大部分均仍然保持有效，极有可能造成再次侵权，需要随时关注上述案件动态。对于侵权案件所涉及技术分支主要有墨盒压力平衡系统、墨盒结构等，其中墨盒结构包括供墨针、墨盒电机设置，以及墨盒安装连接结构等。对国内企业来说，上述技术分支仍然具备较大的侵权风险，国内企业需针对上述技术分支制定相应的技术研发策略，加强专利布局。

2. 墨盒 337-TA-581 案例

申请人：Hewlett-Packard Company。

申请时间：2006 年 8 月 1 日。

诉由：专利侵权。

涉及专利：US5825387 权利要求 1~4、7~9、22、24、25；US6793329 权利要求 1~9 和 12；US6074042 权利要求 8~10、14、15；US6588880 权利要求 1~6、19~29；US6364472 权利要求 1~7、11~18；US6089687 权利要求 6、7、9、10；US6264301 权利要求 1~3、5。

立案时间：2006 年 9 月 6 日。

初裁内容：同意双方当事人提出的基于和解协议而终止调查的联合动议。

终裁内容：同意初裁内容，终止调查。

【涉案专利分析】

US5825387，包含储墨胆、泵和阀门等的供墨装置；供墨装置以可拆卸的方式插入喷墨打印机的接插槽，泵通过致动装置将墨水从储墨胆中吸出供给到打印头；解决现有技术中储墨胆尺寸问题导致缩短墨水使用寿命，成本增加，资源浪费等技术问题。其专利簇中部分专利已失效，大部分专利仍维持有效。

US6793329，涉及供墨装置的电气接线柱；解决现有技术中供墨装置的电气接线柱易受油墨污染导致影响电气互联的可靠性。大部分同族专利均维持有效。

US6074042，涉及墨盒中的记忆元件和电触头，解决现有技术中可替换墨盒的电接头易受污染、易损坏和成本高等技术问题。

US6588880 权利要求 1~6、19~29，涉及墨盒与打印机的电连接；解决现有技术中可替换墨盒的电接头易受污染、易损坏和成本高等技术问题。两者为同族专利，目前同族大部分专利均维持有效。

US6364472，涉及通过墨盒表面结构防止墨盒安装错误发生。该专利及其专利同族已到期失效，转变为现有技术。

US6089687，包括电存储装置的墨盒，其根据填充比例参数和选定的墨盒体积范围来确定与墨盒相联系的墨水体积；解决现有技术中更换部件时打印机和墨盒之间信息传递可靠性低等技术问题。目前同族大部分专利均维持有效。

US6264301，涉及更换部件上的电子存储装置，打印系统从电子存储装置中读取标识序列标识符以选择标识序列；根据选标识序列识别出由喷墨打印机读出的每一个标识，并用标识识别相关的可更换打印部件参数；解决现有技术中打印机和更换部件之间信息交互不稳定与不可靠的技术问题。其专利同族大部分专利仍保持有效。

由以上分析可知，此 "337 侵权" 案例所涉及的技术分支主要包括墨盒结构以及墨盒的信息传递技术，国内企业可以研究分析已失效的基础专利，并避免对有效专利的二次侵权。

3. 墨盒 337-TA-691 案例

申请人：Hewlett-Packard Company。

申请时间：2009 年 9 月 23 日。

诉由：专利侵权。

涉及专利：US6959985 的权利要求 1~7 和 22~28；US7104630 的权利要求 1~12、14、18~20、22 和 26~35；US6089687 的权利要求 6、7、9、10；US6264301 的权利要求 1~3 和 5、6。

立案时间：2009 年 10 月 23 日。

初裁内容：裁定被告产品侵犯原告专利，建议对侵犯 US6959985 的权利要求 1~7 和 22~28，US7104630 的权利要求 1~12、14、18~20、22 和 26~35，US6089687 的权利要求 6、7、9、10；US6264301 的权利要求 1~3 和 5、6 的进口产品签发普遍排除令。

终裁内容：同意初裁的部分内容。对侵犯 US6089687 的权利要求 6 和 9，US6264301 的权利要求 1 和 5、6 的进口产品签发普遍排除令。

【涉案专利分析】

US6959985，涉及一种墨盒内部结构，该墨盒接口组合件设在盖子的外面上且位于外周边之内；能够克服现有喷墨墨盒无法输送其中的所有墨水，导致浪费以及使用寿命缩短等缺陷。其专利簇中专利均维持有效。

US7104630，一种打印流体容器的安装结构。其专利簇中专利均维持有效。

US6089687，该案件为二次侵权案件，包括电存储装置的墨盒，其根据填充比例参数和选定的墨盒体积范围来确定与墨盒相联系的墨水体积；解决现有技术中更换部件时打印机和墨盒之间信息传递可靠性低等技术问题。目前同族簇中大部分专利均维持有效。

US6264301，该案件为二次侵权案件，涉及更换部件上的电子存储装置，打印系统从电子存储装置中读取标识序列标识符以选择标识序列；根据选择的标识序列识别出由喷墨打印机读出的每一个标识，并用标识识别相关的可更换打印部件参数；解决现有技术中打印机和更换部件之间信息交互不稳定与不可靠的技术问题。其专利同族大部分专利仍保持有效。

此 "337 侵权" 案件中，其技术分支包括墨盒的信息传递方式及墨盒结构等，涉及多件二次侵权案件，更加凸显了发生侵权诉讼案件的专利申请再次涉及诉讼案件的问题，国内企业需防止再次对已发生诉讼案件的侵权现象。

4. 墨盒 337-TA-723 案例

申请人：Hewlett-Packard Company。

申请时间：2010 年 5 月 25 日。

诉由：专利侵权。

涉及专利：US6234598 的权利要求 1～10；US6309053 的权利要求 1～6、8～17；US6398347 的权利要求 1～6、8～12；US6412917 的权利要求 1～21；US6481817 的权利要求 1～15 和 US6402279 的权利要求 9～16。

立案时间：2010 年 6 月 21 日。

初裁内容：裁定被告产品侵犯原告专利，建议对侵犯 US6234598 的权利要求 1～10，US6309053 的权利要求 1～6、8～17，US6398347 的权利要求 1～6、8～12；US6412917 的权利要求 1～21，US6481817 的权利要求 1～15 和 US6402279 的权利要求 9～16 的进口产品签发普遍排除令。

终裁内容：同意初裁的部分内容。对侵犯 US6234598 的权利要求 1～6、8～10，US6309053 的权利要求 1～6、8～17，US6398347 的权利要求 1、3～5、8～12，US6481817 的权利要求 1～14 和 US6402279 的权利要求 9～15 的进口产品签发普遍排除令。

【涉案专利分析】

US6234598，涉及在没有牺牲可靠性的基础上减少墨滴发生器加热电阻的电连接点的打印喷头。该专利及其同族专利仍维持有效。

US6309053，喷墨打印头的接地母线与场效应晶体管电路的作用区部分地重叠；使喷墨打印头，不仅具有大量墨滴发生器，而且具有结构紧凑的特点。其大部分同族专利仍维持有效。

US6398347，喷墨打印头包括打印头结构、墨滴发生器的纵向阵列、结合片和场效应晶体管电路的纵向阵列；场效应晶体管电路被分别构造成以补偿由电力迹线呈现的寄生电阻的变化；解决现有喷墨打印头中采用改变迹线宽度的方式难以减小喷墨打印头薄膜下层结构宽度的问题；其能够更均匀地向加热器电阻提供能量，减小提供给加热器电阻能量的变化。

US6412917，墨盒结构以及连接带电极的墨盒与机架的连接；针对现有喷墨打印设备，由于装、拆墨盒的粗糙操作，或托架和墨盒之间存在间隙，使半导体存储装置的接触不好，信号可能在不适当的时刻充电或施加，造成禁止数据读出，或数据丢失并且禁止记录操作的问题。其同族专利大部分仍维持有效。

US6481817，提供一种喷墨打印头及其墨滴产生器的选择、驱动方法，打印头和打印装置之间连接较少，且打印质量高，打印速度快；该喷墨打印头开关装置位于公共地址源与第一和第二墨滴产生器之间，并选择性地给第一或第二墨滴产生器提供地址信号。其同族专利均保持有效。

US6402279，喷墨打印头的控制装置响应于周期性启动信号和周期性地址信号而控制墨滴产生器；提供一种喷墨打印头，打印头和打印装置之间的电连接较少，打印速度快。中国同族专利因未缴年费而失效，其他同族专利大部分仍保持有效。

此"337 侵权"诉讼主要涉及喷墨打印机的喷头技术，以喷嘴结构设置这一技术分支为主，通过对喷头电路连接，驱动控制进行改进提高喷墨打印头的性能。

5. 墨盒 337-TA-730 案例

申请人：Hewlett-Packard Company。

申请时间：2010 年 6 月 25 日。

诉由：专利侵权。

涉及专利：US6959985 的权利要求 1~7、22、23、27、28；US7104630 的权利要求 1~7、11、12、14、26~30、32、35。

立案时间：2010 年 7 月 26 日。

初裁内容：Mipo、Mextec 和深圳普林亚科技有限公司同惠普公司达成和解。上海安捷打印材料有限公司、珠海中润靖杰打印机耗材有限公司、Tatrix 和傲为有限公司均放弃应诉，裁定上述四被告被告产品侵犯原告专利，建议发布普遍排除令，对侵犯 US6959985 的权利要求 1~7、22、23、27、28，US7104630 的权利要求 1~7、11、12、14、26~30、32 和 35 进口产品签发普遍排除令。

终裁内容：同意初裁内容。

【涉案专利分析】

US6959985，该案件为二次侵权案件，涉及一种墨盒内部结构，该墨盒接口组合件设在盖子的外面上且位于外周边之内；能够克服现有喷墨墨盒无法输送其中的所有墨水，导致浪费以及使用寿命缩短等缺陷。其专利族中专利均维持有效。

US7104630，该案件为二次侵权案件，一种打印流体容器的安装结构，其专利族中专利均维持有效。

此"337 侵权"诉讼所涉及案件均为涉及墨盒的机械结构的二次侵权案件，国内企业在对墨盒结构进行研发时需与上述案件专利权人进行协商，或对上述墨盒结构方式进行避让。

6. 墨盒 337-TA-711 案例

申请人：Hewlett-Packard Company。

申请时间：2010 年 3 月 5 日。

诉由：专利侵权。

涉及专利：US6234598 的权利要求 1~10；US6309053 的权利要求 1~6、8~17；US6398347 的权利要求 1~6、8~12；US6412917 的权利要求 1~21；US6481817 的权利要求 1~15；US6402279 的权利要求 9~16。

立案时间：2010 年 3 月 31 日。

初裁内容：准许申请人基于撤诉的终止调查动议。

【涉案专利分析】

US6234598，该案件为二次侵权案件，涉及在没有牺牲可靠性的基础上减少墨滴发生器加热电阻的电连接点的打印喷头。该专利及其同族专利仍维持有效。

US6309053，该案件为二次侵权案件，喷墨打印头的接地母线与场效应晶体管电路的作用区部分地重叠；使喷墨打印头，不仅具有大量墨滴发生器，而且具有结构紧凑的特点。其大部分同族专利仍维持有效。

US6398347，该案件为二次侵权案件，喷墨打印头包括打印头结构、墨滴发生器的纵向阵列、结合片和场效应晶体管电路的纵向阵列；场效应晶体管电路被分别构造成以补偿由电力迹线呈现的寄生电阻的变化；解决现有喷墨打印头中采用改变迹线宽度的方式难以减小喷墨打印头薄膜下层结构宽度的问题；其能够更均匀地向加热器电阻提供能量，减小提供给加热器电阻能量的变化。

US6412917，该案件为二次侵权案件，墨盒结构以及连接带电极的墨盒与机架的连接；针对现有喷墨打印设备，由于装、拆墨盒的粗糙操作，或托架和墨盒之间存在间隙，使半导体存储装置的接触不好，信号可能在不适当的时刻充电或施加，造成禁止数据读出，或数据丢失并且禁止记录操作的问题。其大部分同族专利仍维持有效。

US6481817，该案件为二次侵权案件，提供一种喷墨打印头及其墨滴产生器的选择、驱动方法，器打印头和打印装置之间电互连接较少，且打印质量高，打印速度快；该喷墨打印头开关装置位于公共地址源与第一和第二墨滴产生器之间，并选择性地给第一或第二墨滴产生器提供地址信号。其同族专利均保持有效。

US6402279，该案件为二次侵权案件，喷墨打印头的控制装置响应于周期性启动信号和周期性地址信号而控制墨滴产生器；提供一种喷墨打印头，打印头和打印装置之间的电连接较少，打印速度快。中国同族专利因未缴年费而失效，其他同族专利大部分仍保持有效。

此"337侵权"诉讼与2010年惠普公司所提出的"墨盒337-TA-723"案件涉及专利申请文件相同，虽然最终结果为准许申请人基于撤诉的终止调查动议，该调查终止。但反映出国内企业在"337调查"结束后对于涉及诉讼的专利案件仍然存在较大侵权风险。

这两个案例主要涉及喷墨打印机的喷头技术，以喷嘴结构设置这一技术分支为主，通过对喷头电路连接，驱动控制进行改进，进而提高喷墨打印头的性能。国内企业在对喷头进行研发时，需对上述技术进行规避，防范侵权风险。

7. 墨盒337-TA-946案例

申请人：精工爱普生株式会社。

申请时间：2014年12月23日。

诉由：专利侵权。

涉及专利：US8366233的权利要求1、4、10；US8454116的权利要求1、5、9、14、16、18、21、24、25和28；US8794749的权利要求1、3、14、15、17、18、20、30、36、49、60和61；US8801163的权利要求1、6和13；US8882513的权利要求1、3、7、14、15和19。

立案时间：2015年1月21日。

初裁内容：Zhuhai Nano同爱普生达成和解；裁定其他企业侵权成立，发布普遍排除令。

终裁内容：同意初裁内容，并对 Zinyaw 和 InkPro2day 发布禁止令。

【涉案专利分析】

此次诉讼涉及的专利案件 US8366233、US8454116、US8794749、US8801163、US8882513 均为同族专利文件，其技术方案主要是围绕对墨盒与打印机电连接端子的改进，解决墨盒存在一个装置的端子和另一装置端子间发生短路，损坏墨盒或打印设备的问题；可防止或减少由于端子之间的短路而引起的对打印材料容器和打印设备的损坏。技术主题涵盖了墨盒、打印设备、电路板、以及制作方法等。目前同族大部分专利均保持有效或公开。

为深入研究国外申请人在墨盒领域专利布局所采用的手段和方法，以此次诉讼所涉及的爱普生申请的该同族专利为例，进行具体分析。

用于喷墨打印机或其他打印设备中的墨盒上通常会装备例如用于储存与墨水相关的信息的存储器之类的装置。此外布置在这种墨盒上的是例如其上施加有比存储器的驱动电压更高的电压的高压电路（例如使用压电元件的剩余墨水水平传感器）之类的其他装置。在这样的情况下，存在墨盒和打印设备通过端子电连接的情况。现有技术中已提出一种结构，用于防止由于液滴落在连接打印设备与为墨盒配备的存储介质的端子上而引起的信息储存介质短路并被损坏。

但是，上述的技术没有考虑装备有多个装置（例如存储器和高压电路，具有用于一个装置的多个端子和用于另一个装置的多个端子）的墨盒。对于这种墨盒，存在用于一个装置的端子和用于另一个装置的端子之间发生短路的危险。这样的短路引起可能损坏墨盒或安装了墨盒的打印设备的问题。

在此基础上，爱普生围绕能够可拆卸地安装至具有多个设备侧端子的打印设备的墨盒的端子组的结构进行了改进，进而能够防止或减少由于端子之间的短路而引起的对打印材料容器和打印设备的损坏。针对这一小小的改进，爱普生进行了周密的布局。

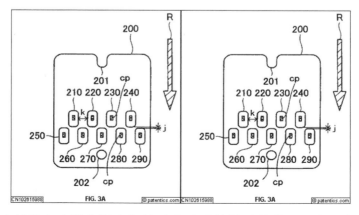

上述改进在结构上来说实际上仅涉及芯片连接端子的位置，如果仅将这一点写入权利要求，显然难以获得授权，因此爱普生以装备有多个装置（例如存储器和高压电

路，具有用于一个装置的多个端子和用于另一个装置的多个端子）的墨盒容易发生短路为入口，结合电路电压等设置，要求保护应用到这一小改进的具体产品打印材料容器上，进而保护打印设备、电路板，以及制作方法等，从小改进布局到大系统。

通过这一系列专利申请的独立权利要求1可以看到，爱普生在描述打印容器材料时采用了：第一装置、第二装置和端子组，所述端子组包括多个第一端子并包括第二端子这种上位的表达方式，而并没有采用墨盒的具体表达方式。并且对端子位置进行限定时，也通过了表述其功能的方法：所述第一端子、所述第二端子和所述第三端子布置成使得在使用中当所述打印材料容器被附装到所述打印设备时，施加到所述第二装置的电压高于施加到所述第一装置的电压。上述表述方式不仅保护了喷墨打印机的墨盒，同时也涵盖了包含其他打印材料的容器，可以最大化地防止竞争对手的规避设计，获得了尽可能大的保护范围。

不仅如此，爱普生对端子连接结构可能的变形设置一并予以保护，在说明书中例举了可能的变形方式，对端子所有结构予以公开，并将能够解决其技术问题的所有规避方案全部申请专利，形成围城式系列专利的布局模式来包围别人，将涉及这一改进的所有产品（打印设备、电路板等，以及制作方法）都申请了保护范围或大或小、记载特征或上位或下位的专利，这样既规避了对一项核心专利无效后将对所有产品都失去保护的风险，又可对某一具体型号的产品提供多重保护，在专利诉讼、专利许可或交叉许可中占据有利位置。

经过检索，爱普生围绕这一小小的改进，在全球一共申请了212项专利申请，形成了极为强大的专利保护森林，值得国内墨盒企业专利研究人员的学习与借鉴。

从国内外专利特点来看，外国专利的权利要求保护范围较大，而国内专利保护范围较小。其原因主要有两点：第一，国内目前技术是在引进基础上改进而来，能享有的专利保护范围必然受到限制；第二，目前国内申请人的专利撰写和专利保护知识还很缺乏，因自身人为原因而导致专利权范围的缩小。

6.4 小结与建议

1）美国"337诉讼"案例中针对喷墨关键设备领域的侵权诉讼已有8件，调查结果中除了1件和解、1件撤诉之外，其余的都判定侵权成立，并且侵权成立的案例中大部分都颁布了普遍排除令，表明国内企业关于喷墨关键设备领域技术的专利研发亟须加强。

已发生的"337侵权"诉讼案例所涉及墨盒领域技术分支主要有墨盒压力平衡系统，如采用特殊的压力阀；墨盒结构，其中墨盒结构包括供墨针、墨盒电机设置，以及墨盒安装连接结构等；墨盒的信息传递技术，如对墨盒与打印机电连接端子的改进，防止墨盒端子间短路，损坏墨盒或打印设备的问题等。对国内企业来说，上述技术分支仍然具备较大的侵权风险，需针对上述技术分支制定相应的技术研发策略，加强专利布局。目前墨盒领域，国外市场为专利竞争的主战场，发生侵权纠纷的概率很高。随着中国企业和市场的壮大，国内企业还须预防国内专利纠纷的发生。

而在喷头领域,国内企业需重点防范喷头结构类专利的专利侵权,主要表现为通过对喷头电路连接、驱动控制进行改进,进而提高喷墨打印头的性能。上述技术为喷头领域基础技术,且存在高危再次侵权风险,国内企业在对喷头进行研发时,需加大对上述基础技术的研发力度,实现对其规避,防止再次侵权。

2)"337 侵权"案件中,早期"337 诉讼"案例所涉及的专利中有部分已失效,但从技术角度来看,其较高数量的施引次数表明其在本领域内具有一定的技术代表性,其一定程度上引领了本技术领域的发展方向,同时也说明了其代表的技术具有较好的经济价值,为喷墨关键设备领域重点基础专利。涉及的专利包括 US5615957,通过打印喷头的供墨结构解决四色打印机的墨水供墨的时候对环境变量和温度不敏感的问题;US5622439,通过用于点阵打印喷头的墨盒结构解决不同颜色的油墨可以被分开从而防止串色的问题;US5158377,公开了一种用于矩阵打印喷头的供墨系统和打印机,使得向供墨管提供墨水而不受温度环境的影响;US5221148,涉及墨盒压力平衡基本的结构;US5488401,涉及供墨针的结构改进。基于上述已失效专利,我国从业者在上述墨盒结构以及压力平衡技术分支方向有技术需求的,可以在此基础上实现专利技术的二次开发,衍生新的技术,但要注意规避上述专利权人围绕该专利技术所进行的进一步的研发。

3)国外核心专利申请通过小改进布局到大系统,如爱普生通过对端子结构的改进布局到所有打印材料容器,进而保护打印设备、电路板,以及制作方法等;通过有技巧的表述方式获得了尽可能大的保护范围,最大化地防止竞争对手的规避设计。将能够解决其技术问题的所有规避方案全部申请专利,形成围城式系列专利的布局模式来包围别人,将涉及这一改进的所有产品都申请了保护范围或大或小、记载特征或上位或下位的专利,既规避了对一项核心专利无效后将对所有产品都失去保护的风险,又可对某一具体型号的产品提供多重保护,在专利诉讼、专利许可或交叉许可中占据有利位置。国内企业应当积极学习借鉴国外企业在这方面的模式和经验,注重专利布局,将上述方法应用到目前的研发重点,机械结构类以及压力平衡类专利申请中,对产品和技术实现立体、全方位的保护,形成自己的专利战略。

4)从国内外专利特点来看,外国专利的权利要求保护范围较大,而国内专利保护范围较小。在后续研究中,国内申请人可以有效规避国外申请的研究重点,从其外围或者技术空白点展开研究,尤其是墨盒机械结构类专利。为防止国外申请人再次形成强大的专利森林,可针对国外墨盒结构类专利,进行防御性专利申请,进而实施规避,若规避不开,还可以与该领域的国外专利权人进行合作,以有效避免专利侵权风险。

5)我国企业应对"337 调查"的政策建议。

①提高知识产权保护意识和风险意识。法律业界内,侵权者无法赢得侵权诉讼。换言之,如果被申请人企业存在知识产权侵权情形,无论投入多么巨大的应诉资源,也很难获得有利的裁决。因此,我国企业要降低被提起"337 调查"的风险,首先需要在美国出口之前以及出口期间,充分研究竞争对手的知识产权状况,确保自身不存在蓄意或意外的知识产权侵权行为。

此外,美国知识产权所有人将"337 调查"作为市场竞争的主要工具,可能在侵权情形不明确甚至无证据的情况下提起"337 调查"，以阻碍外国企业进入美国市场。因此，我国企业也应对出口产品在美国面临的各方面竞争问题进行深入分析，充分评估可能遭遇知识产权诉讼和"337 调查"的可能性，做好充分的预案。

②制定专利战略，重视专利研发，加强专利储备。国际市场竞争中，最重要的知识产权形式是专利。我国企业，尤其是参与国际市场竞争的企业，应制定全面、系统、完备的专利战略，提高整体专利水平。我国企业应重视自有技术的研究和开发，并在主要的销售市场以专利的形式予以保护；不仅应对核心出口产品加大自有技术的研发力度，还应统筹规划相应资源对相关产品、上下游产品和下一代产品的相关自有技术开展研发，以建立稳固的专利储备体系。只有建立起专利储备体系，才能减少被指控侵权的可能，或者被认定为"弱势竞争者"而成为滥诉的目标。同时，专利储备体系也有助于企业在被提起"337 调查"时，通过自有专利制约申请人，达成较为有利的应诉结果。

③以积极、灵活、务实的态度应对调查。在被提起"337 调查"后，我国企业应克服畏讼、息讼心理，以积极、灵活和务实的态度应对调查，在最大限度上保护自身利益。

首先，企业应当认识到，作为一个高度发达的市场，美国的市场竞争非常激烈，而且以专利为表现形式的产品技术是核心竞争手段。因此，"337 调查"是美国市场环境的必然组成部分，而遭受到"337 调查"是进入美国市场所必然要面临的风险。因此，应以平和的心态和积极的态度，开展应对工作。

其次，企业应根据在美国商业利益的需要，制定灵活、务实的应对策略，充分利用"337 调查"的各种程序，保护调查过程中的各项权益；充分考虑各种结案方式和各种和解安排，达成最有利于在美商业利益的结果。在"337 调查"应诉中，应根据其现实商业利益及调查进程，以创造性、开放性的思维，审时度势做出符合其商业利益最大化的选择，不拘泥于胜诉或败诉的简单二元思维，不在正常商业利益考量之外与申请人做无意义的纠缠。只有这样，应诉企业才能在"337 调查"成为保护和扩大其在美商业利益的工具和手段。

再次，企业应积极联络其他利益相关方，争取起对应诉工作的资金、技术和舆论支持，提高应诉效果。这些利益相关方可能包括：其他被调查企业、未被调查但也对美出口被调查产品，因此可能遭受普遍排除令影响的企业；技术提供方或设备出口方；上游供应商；下游经销商，包括在美经销商。

最后，企业应及时向相关行业协会和政府部门通报应诉情况，争取起协调、指导和合理支持。尤其是，如果企业认为在调查中收到不公平的待遇，或者各利益相关方需要在应诉过程中协调立场、统一步调，更应及早寻求相关行业协会和政府部门的支持。

④政府做好宣传、教育和培训工作，推动"四体联动"机制有效运作。我国相关政府部门应通过多种形式，对广大企业特别是涉案企业做好关于"337 调查"的宣传、教育和培训工作，使得企业了解"337 调查"的程序和规则，破除对"337 调查"的陌生和畏惧心理。政府尤其要支持企业提高内部相关人员的专业实力，提高应对"337 调

查"的能力，加强应对工作的主动性，减少对律师的盲目依赖性，从而改善应诉效果。

政府部门还应对我国企业的应诉情况进行跟踪，听取企业的汇报和反馈。如果我国企业反映在调查中受到不公平的待遇，应在充分调查后采取有力措施与美方进行交涉，保护我国企业的合法权益。

中央政府部门应着力推动与地方政府部门、行业协会与进出口商会和应诉企业参与的"四体联动"应对机制的有效运作，充分发挥各利益相关方的能动性和资源，集中支持企业的应诉工作，提高应诉效果。特别是当一起"337 调查"中涉案企业数量多但规模小，或者涉案产业利益巨大，或者涉案情形复杂，政府部门更应发挥政策和力，加大协调力度，全面维护我国出口产业利益。

⑤行业组织加强应诉协调，提高应诉集群实力，建立扶助机制。在"337 调查"应对中，行业协会应在政府部门的指导下，协调应诉企业应诉行业，集中所有有利力量，提高应诉的集群实力。一方面，如果条件允许，行业协会应支持、协调涉案企业集体应诉，通过分享技术信息、分担应诉费用来有效提高应诉效果，降低应诉成本。另一方面，如果一起"337 调查"涉及整个行业的共性问题，行业协会要动员非应诉企业以各种形式给予应诉企业支持，避免"337 调查"的扩散性，在提高当前案件应诉效果的同时，保护行业的整体、长远发展利益。

行业协会应积极探索，通过成立行业应诉风险基金等方式，建立应对"337 调查"的扶助机制，在关键案件中为符合条件的应诉企业提供资金、技术等支持，缓解企业因高额诉讼费用而产生的资金压力，保护企业个体合法利益和行业整体出口利益。

第7章 喷墨关键设备专利导航与预警

7.1 喷墨关键设备专利导航

7.1.1 墨盒专利导航

7.1.1.1 墨盒领域在中国合作申请专利分析

墨盒领域进入中国专利申请中，合作申请共有127件，本小节通过合作申请的类型、国别、申请年限、技术主题、重要申请人占比和重点专利被引用次数等方面进行分析，并对国内外专利合作申请的异同进行简单的分析和总结，以给国内企业提供相应的参考和建议。

通过对墨盒领域6467件专利的申请人类型进行分类统计，得出各申请类型的专利申请量分布如图7-1所示。其中绝大部分申请类型为企业申请，共5757件，占总申请量的89%；其次为个人申请，共552件，占总申请量的8.5%；合作申请为127件，不足总申请量的2%；研究机构最少，只有31件，仅为总申请量的0.48%。

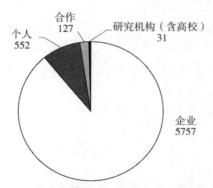

图7-1 墨盒领域申请人类型统计（单位：件）

合作申请的类型主要有企业-企业、企业-个人、企业-研究机构、个人-个人。如图7-2所示，其中企业-企业的合作申请最多，为64件，占总量的50.4%；企业-个人的合作申请次之，占总量的18%；个人-个人的合作申请与企业-个人的申请占比相近，占总量的17.3%；而企业-研究机构的合作申请最少，仅仅为18件，不足总量的14.3%。

合作申请中申请人所在国家/地

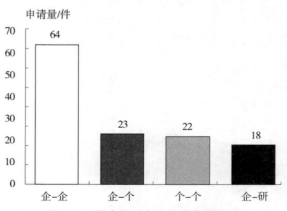

图7-2 墨盒领域合作申请类型统计

区主要有中国、日本、欧洲、美国和韩国。如图 7-3 所示，中国申请最多，为 71 件，占总量的 56%；日本申请次之，为 28 件，占总量的 22%；美国申请为 4 件，占总量的 3.1%；韩国申请最少，不足总量的 2%；欧洲国家申请为 22 件，占总量的 17%。

其中，中国的合作申请 71 件，按照合作类型来分析，企业-企业的合作申请最多，有 43 件，在中国合作申请中占比达 60.6%。企业-企业的合作申请大多是同一个公司的不同子公司之间，或者母公司与子公司之间，这类申请有 39 件，不同企业之间的合作申请很少。个人-个人的合作申请次之，有 18 件，在中国合作申请中占 25.4%；企业-个人和企业-研究机构的合作申请均为 5 件，在中国合作申请中占比 14%。按照技术主题来分析，中国合作申请的重点领域在于压

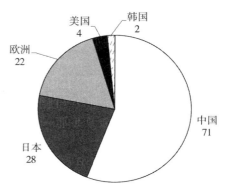

图 7-3　墨盒领域合作申请人
所在国家/地区统计（单位：件）

力平衡系统和机械结构。压力平衡系统的合作申请有 33 件，在中国合作申请中占比 46.5%，其中 18 件申请涉及通过阀结构来实现墨盒内部压力的平衡，15 件申请涉及通过变形材料来实现墨盒内部压力的平衡。机械结构领域的合作申请则有 25 件，在中国合作申请中占比 35.2%。余量检测领域和墨盒重注领域的中国合作申请则相对较少，分别为 7 件和 6 件，在中国合作申请中占比 9.9% 和 8.4%。

日本在墨盒领域发展比较成熟，其在中国的合作申请共有 28 件，按照合作类型来分析，其中企业-企业的合作有 27 件之多，在中国合作申请的占比高达 96%，另外 1 件则是企业-研究机构的合作申请。企业-企业的合作申请大多是不同公司之间的合作，有 13 件之多，例如松下电器株式会社和宫腰株式会社、佳能株式会社和京洛株式会社、精工爱普生和井上株式会社等大公司之间的合作申请。强强联合的合作申请较多，对于产业发展和企业自身技术的进步都有较大的促进作用。

按照技术主题来分析，日本在中国合作申请的侧重点同样布局在压力平衡系统和机械结构领域中。压力平衡系统有 11 件合作申请，在日本在中国合作申请中占比 39.3%，其中通过变形材料来实现墨盒内部压力平衡的有 8 件合作申请，另外 3 件是通过阀结构来实现墨盒内部压力平衡。机械结构的合作申请有 10 件，在日本在中国合作申请中占比 35.7%。墨盒重注和余量检测领域的合作申请也相对较少，分别只有 5 件和 2 两件。墨盒领域的日本合作申请的申请人也大多集中在爱普生、理光、佳能和东芝等工业巨头中。

日本的唯一 1 件企业-研究机构的合作申请，是由柯尼卡美能达控股株式会社、夏普公司和独立行政法人产业技术综合研究所三者之间共同合作申请的。该申请涉及与墨盒相连接的液体喷射头的相关制造技术，申请号为 CN03822767.3，公开号为 CN1684834，发明名称为"静电吸引式液体喷射头的制造方法，喷嘴板的制造方法，静电吸引式液体喷射头的驱动方法，静电吸引式液体喷射装置以及液体喷射装置"，申请

时间为 2002 年 9 月 24 日，该专利引用数为 5，被引用数为 6，同族数为 9，专利强度为 55。授权的权利要求 1 为：

一种静电吸引式液体喷射头的制造方法，所述液体喷射头具有多个用于自喷嘴边缘喷射作为液滴的溶液的喷嘴，所述方法包括：

在基板上形成多个用于施加喷射电压的喷射电极；

在所述基板上形成感光树脂层以覆盖全部的所述多个喷射电极；

通过对所述感光树脂层进行曝光和显影，使所述感光树脂层相对于所述基板竖立以对应于每个所述喷射电极，以及使所述感光树脂层形成为喷嘴内径大于 0.2μm 而不大于 4μm 的喷嘴形状；

形成喷嘴内通道，以建立从所述喷嘴的边缘部至所述喷嘴内的所述喷射电极之间的连通；

在基板上形成多个通孔，所述通孔分别与所述多个喷嘴内通道连通；以及

使所述喷嘴内通道与同所述多个喷嘴相对应的溶液供给通道连接。

解决的技术问题和有益效果：仅通过对感光树脂层进行曝光和显影来形成喷嘴，考虑到喷嘴形状的灵活性、具有大量喷嘴的线性头的适配性以及制造成本，这是有利的。利用在电场与电荷之间起作用的静电力使液滴加速，且由于当该液滴脱离喷嘴时电场急剧减小，随后利用空气阻力使该液滴减速。但当该作为微小液滴且电场集中于其上的液滴越来越靠近基体件或反电极时，又利用像力使该液滴加速。通过在利用空气阻力减速与利用像力加速之间进行平衡，可稳定地飞射微小液滴，并提高着落准确性。

对合作申请的申请人进行统计分析，其前 10 名如图 7-4 所示。其中，有 5 家公司是同一家公司内部之间的合作申请（主要为母公司与子公司、不同子公司之间的合作），包括西尔弗、富士康、东芝、ICF 科技有限公司和理光，这类申请共 43 件，占合作申请总量的 33.9%。有 3 件属于高校和企业之间的合作申请，分别是北京大学和北大方正集团、大连理工大学和大连思普乐信息材料有限公司，以及浙江工业大学和杭州浙江工大普特科技有限公司之间的合作申请，这类申请共 17 件，占合作申请总量的 13.4%。通过对国内 3 件高校与企业之间的合作申请状况进行分析可知，北京大学和北大方正集团的合作申请领域主要集中在墨盒的压力平衡控制方面，其中通过变形来实现压力平衡的申请有 9 件，通过阀结构来实现压力平衡的有 5 件；大连理工大学和大连思普乐信息材料有限公司的合作申请只有 1 件，是关于墨盒压力平衡控制领域的，具体是通过阀结构来实现对墨盒的压力平衡调节；浙江工业大学与杭州浙江工大普特科技有限公司的两件合作申请领域则是关于墨盒的机械结构部件。

从图 7-4 可以看出，合作申请的前十名申请量共 67 件，占总量的一半以上。同时，墨盒领域中国专利申请的申请量前 10 位的申请人中，其合作申请共有 32 件，占合作申请总量的 25%。

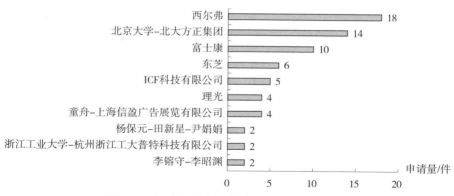

图7-4　墨盒领域合作申请的申请人统计分析

图 7-5 是合作申请的专利申请时间分布。总体上来说合作申请呈现出逐年增加的趋势。从图中可看出，合作申请在 2008～2011 年是高峰期，每年的申请量在 10 件左右。而 2015 年之后的下降则是由于 2015 年申请的专利尚未完全公开的原因。其中，1999 年由于澳大利亚的西尔弗申请了多件（18 件）同一系列的合作申请，导致该年合作申请量异常。西尔弗合作申请的重点领域主要集中于墨盒重注和机械结构部件领域，分别有 8 件和 5 件合作申请。

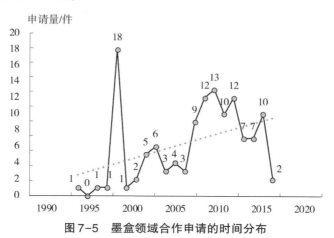

图7-5　墨盒领域合作申请的时间分布

图 7-6 是合作申请的技术分支分类统计情况。在合作申请中，压力平衡和机械结构的技术分支占据了前两位，分别为 48 件和 44 件，随后是墨盒重注和余量检测。这也与墨盒领域在华申请专利的重点领域相吻合，各分支所占比重与排名几乎相差无几（见图 2-9）。在压力平衡领域的合作申请中，涉及通过变形和阀来实现压力平衡的合作申请分别有 26 件和 22 件；在墨盒余量检测领域的合作申请中，通过浮子来实现检测的手段有 5 件申请，占的比重较大。

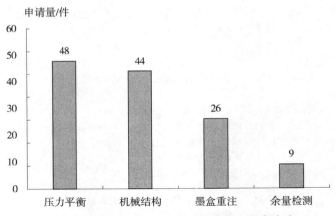

图7-6 墨盒领域合作申请的技术分支分类统计

对于墨盒领域进入中国的合作申请，共有16件专利权发生转让。其中，中国的合作申请有14件，日本和美国各有1件。转让的中国合作申请中，发明专利共有7件（其中有5件是富士康中国公司申请），实用新型专利共有7件。而转让的日本合作申请为发明专利，美国的合作申请为实用新型。

图7-7是合作申请被引用次数统计情况。专利的被引用次数表明其对技术发展的贡献和影响力大小。由图7-7可知，合作申请中引用次数大于5次的专利并不多，只有8件；而引用次数为0的则有82件，说明这一部分申请的专利价值并不高，对于技术发展影响不大。

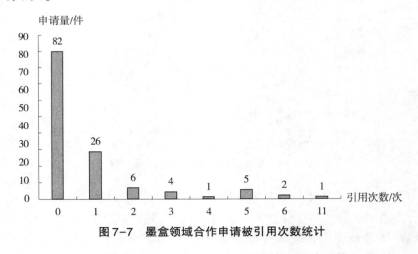

图7-7 墨盒领域合作申请被引用次数统计

7.1.1.2 墨盒领域重点专利申请人近4年中国专利申请分析

墨盒领域中国专利申请的申请量排名前4位的国外申请人分别为爱普生、佳能、兄弟和惠普。上述企业在喷墨关键设备领域技术研发创新的时间较早，技术创新程度较高，其技术发展水平在一定程度上对全球喷墨关键设备的发展起着主导作用。本小节通过对上述4个主要国外申请人在2012～2015年（申请年）、且同族数目不小于5件的重点专利进行筛选，以筛选出的重点专利为研究对象，对重点专利的申请趋势、各申请人在墨盒领域各技术分支（机械结构、压力平衡、余量检测和墨盒重注）的专利布局情况及各技术分支的重点专利技术进行分析，以分别明确它们在墨盒领域的专利布局方向，为国内申请能够实现专利技术规避和寻找技术突破点奠定基础。

1. 爱普生、佳能、兄弟和惠普的重点专利申请趋势

从图7-8可以看出，墨盒领域中国专利申请申请量排名前4位的国外申请人在2012~2015年同族数目不小于5件的重点专利申请中，爱普生的申请总量位居第一，为141件；其次为兄弟，申请量为12件；佳能申请量排名第三，为9件；惠普申请量排名第四，为6件。其中，爱普生的申请量呈现逐年递减的趋势，2012年申请量最多，为88件，2013年申请量为48件，而2014年申请量仅为7件。

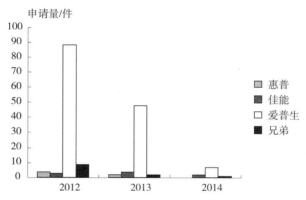

图7-8 爱普生、佳能、兄弟和惠普重点专利申请趋势

2. 爱普生、佳能、兄弟和惠普的重点专利分布

从图7-9可以看出，2012~2015年同族数目不小于5件的重点专利申请中，4个主要申请人主要集中于墨盒的机械结构技术分支，其次为压力平衡技术分支，而对于余量检测技术分支和墨盒重注技术分支的申请量相对较少，这也与这两个技术分支目前已存在较成熟的检测装置和检测技术、或是已存在可靠的重注技术，基于成本和效果的综合考虑，进行开创性研发难度较高有关。

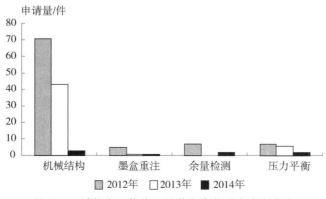

图7-9 爱普生、佳能、兄弟和惠普重点专利分布

3. 爱普生、佳能、兄弟和惠普重点专利分析

（1）惠普

1）惠普重点专利时间分布情况。从图7-10中可以看出，惠普于2012年对机械结构和压力平衡技术分支都进行了专利布局，2013年仅对机械结构技术分支进行了专利技术布局。即惠普于2012~2015年的重点专利并未涉及余量检测和墨盒重注技术分支。

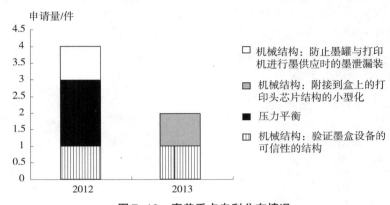

图7-10　惠普重点专利分布情况

2）惠普重点专利在各技术分支分布情况。从图7-10中还可看出，惠普在墨盒的机械结构技术分支的专利布局具体包括：验证墨盒设备可信性的结构、附接到盒上的打印头芯片结构的小型化、防止墨罐与打印机进行墨供应时的墨泄漏装置。此外，也涉及压力平衡调节技术方面的专利布局，例如通过打印头组件的通风口，作为可拆卸墨容器上的常规通风口的附加或替代，实现墨的可靠供应。

3）惠普重点专利分析。在机械结构技术分支，惠普集中于墨盒与打印机接口处（包括通信接口和墨供应接口）的相关技术研发。其中在验证墨盒设备的可信性的结构方面，惠普采用的技术包括：

①通过打印机之类的主机向被附加到可替换设备（诸如可消耗墨或调色剂盒）的安全微控制器发出密码定时质询。该质询请求可消耗设备（即在可消耗设备上的微控制器）基于由主机/打印机供应的数据执行许多数学运算。打印机监视可消耗设备要完成任务所花费的时间量，并独立地验证由设备提供的响应。如果该响应和在计算响应的同时经历的时间两者都满足打印机的预期，则打印机将断定设备是可信设备（CN201380079229.2）。

②为喷墨打印系统中的油墨墨盒之类的可更换打印部件提供唯一标识码。打印机能够基于取自油墨墨盒内的硅打印头设备上装配的电子部件（如晶体管）的模拟性能参数的测量结果来确认可更换油墨或调色剂墨盒的标识，标识的唯一性通过测量和组合多个模拟参数并且通过在变化电压和温度下测量模拟参数而被增强（CN201280075481.1）。

即惠普公司主要是针对喷墨打印设备或可替换墨盒设备上存储器存储的内容在被篡改或存在电气缺陷时，通过打印设备和墨盒设备之间进行密码、定时质询时的消耗时间和响应结果验证，或对应不同油墨墨盒内的硅打印头设备上装配的电子部件的工

艺参数不同这一特征，基于这些工艺的参数变化生成能够唯一标识单独的打印头标识码进行验证，从这两个角度进行专利技术布局，以达到更准确验证可替换墨盒设备可信性的目的。

③在压力平衡技术分支，惠普则通过将常规设置在墨盒上的用于平衡墨盒内部压力平衡的通风口附加或替换为设置在打印头组件的通风口（CN201280068728.7）；或通过在墨盒结构上设置一次性通气口，当外部贮存器供应的一定量的墨达到与一次通气口接触时，空气被阻止穿过一次通气口的方式进行专利布局以达到平衡墨盒内部压力的目的（CN201280074473.5）。即惠普主要是从墨盒或打印模块内通气口位置设置角度进行专利布局，以解决墨盒压力平衡过程中出现的问题。

（2）佳能

1）佳能重点专利时间分布情况。从图7-11可以看出，佳能2012年仅在机械结构技术分支进行了专利布局，而在2013年，其在机械结构、墨盒重注和压力平衡技术分支都进行了专利布局。即佳能2012~2015年的重点专利并未涉及在余量检测技术分支。

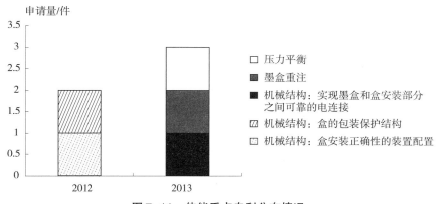

图7-11　佳能重点专利分布情况

2）佳能重点专利在各技术分支分布情况。2012~2015年，佳能在墨盒领域的入华申请中共9件重点专利。根据表7-1可以看出，佳能的重点专利涉及墨的性能改善、墨盒的机械结构技术、压力平衡技术、去除储液单元内气泡技术、墨盒重注等方面。在墨盒的机械结构技术方面又涉及了盒安装正确性的检测装置配置、实现墨盒和盒安装部分可靠电连接的盒侧接口部分的零件结构和布置的改进，及盒的包装保护结构等。

表7-1　佳能重点专利在墨盒各技术分支的申请量分布　　　　　单位：件

技术主题	技术重点	申请量	总申请量
机械结构	盒安装正确性的装置配置	1	3
	实现墨盒和盒安装部分可靠电连接的盒侧接口部分的零件结构和布置的改进	1	
	盒的包装保护结构	1	

续表

技术主题	技术重点	申请量	总申请量
压力平衡	—	1	1
墨的性能改善	—	3	3
墨盒重注	—	1	1
去除储液单元内气泡技术	—	1	1

3）佳能重点专利分析。

在墨盒安装正确性的装置方面，佳能主要通过在成像装置和盒装置之间设计插入结构，禁止成像盒安装至主组件非正确位置方面进行专利技术布局。即佳能公司主要从成像装置和墨盒装置之间的安装结构设计角度对盒安装正确性问题进行专利布局（CN201380061028.X）。

在实现墨盒和墨盒安装部分之间可靠电连接方面，佳能通过设计带有电触头的基板在壳体表面上区域进行专利布局，以防止重复的安装和拆卸操作对主组件的电连接部分造成的磨损。即佳能主要从带有电触点的基板在壳体表面的位置角度进行专利布局，以提高墨盒和盒安装部分之间可靠的电连接（CN201480061601.1）。

在压力平衡方面，佳能通过将液体容纳单元中与容纳有墨等的液体的第一容纳空间隔开的第二容纳空间内填充液体状充填剂的方式，抑制第一容纳空间中液体的压力的变化，实现压力平衡的调节；即佳能主要从通过液体容纳单元中用于调节容纳有喷出墨的容纳空间的压力的其余空间中的填充物的选择角度进行专利布局，以实现液体容纳单元中压力平衡的调节（CN201410509793.X）。

在墨盒重注方面，佳能通过在大气连通口处设置降压单元对储墨器内部压力进行降低，进而利用填充设备通过墨供应口向储墨器内部填充墨，对该目标压力值进行了具体限制以达到合适的墨填充状态的方式进行专利布局（CN201410553918.9）。

此外，佳能还对机械结构从包装保护角度进行专利布局。

（3）爱普生

1）爱普生重点专利时间分布情况。从图7-12可以看出，爱普生2012年在机械结构、压力平衡、余量检测和墨盒重注技术分支均进行了专利布局，且更集中于机械结构技术分支；2013年仅在机械结构和压力平衡技术分支进行了专利布局；2014年在机械结构、压力平衡、余量检测和墨盒重注技术分支

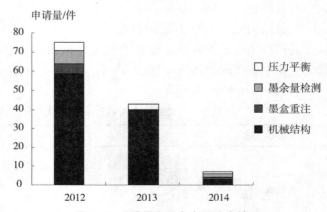

图7-12　爱普生重点专利分布情况

也都进行了专利布局，但申请量与2012年相比有明显下降趋势。即爱普生2012~2015

年的重点专利，在墨盒的各主要技术分支进行了全面的专利布局，但主要集中于墨盒的机械结构。

2）爱普生重点专利在各技术分支分布情况。2012～2015年爱普生在墨盒领域的入华申请中共141件重点专利。根据图7-13可以看出，爱普生的重点专利涉及墨盒的机械结构技术、墨盒余量检测技术、压力平衡技术、墨盒重注（墨盒再生）技术、墨的性能改善等方面。其中，在墨盒的机械结构技术方面又涉及确保盒侧端子与装置侧端子之间的稳定电连接结构、实现液体消耗装置与液体容纳容器间适当的通信、

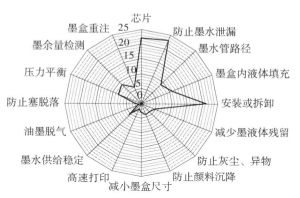

图7-13　爱普生重点专利在墨盒各技术分支的申请量分布（单位：件）

防止墨水泄漏、防止在安装墨盒的插入口不设置盖的情况下垃圾或尘埃等侵入到盒安装部、提高墨盒的墨水容积效率、防止用户错误地拔出液体容纳体、墨水管配置路径的优化、墨盒内液体的有效填充、墨盒与打印机间液体的稳定及连续供给、墨的选择性供给以实现高速打印、提高墨容器安装定位的准确性及稳定性、墨容器良好的组装性、减少容器内残留液体结构、防止灰尘/异物进入墨水箱的内部的结构设计、油墨脱气、抑制颜料沉降结构布置、消除液体容纳室的浓度偏差、安全地进行油墨容器内油墨搅拌、防止墨盒墨注入口处塞部件的脱落、减小墨盒或打印机总尺寸等。

3）爱普生重点专利分析。

从图7-13可以看出，爱普生在墨盒领域重点专利主要集中于机械结构方面，具体集中于墨盒通信接口、墨水供应连接端口处的专利布局。

在确保盒侧端子与装置侧端子之间的稳定电连接结构、实现液体消耗装置与液体容纳容器间适当的通信方面，爱普生具体从以下几个技术点进行布局：

①将原本设置在盒上、用于对盒进行锁定和解锁的杆设置在盒安装部上，同时基于盒侧限制部分的设置及盒侧端子在盒上表面设置位置的选择实现盒侧端子与装置侧端子稳定电连接的同时减少盒的尺寸（CN201510060960.1、CN201510060960.1、CN201510102461.4、CN201510102395.0、CN201310566358.6、CN201310011521.2、CN201310011081.0、CN201280003040.0、CN201310331964.X、CN201280003029.4）。

②通过将装置侧端子部设置为可移动形式、同时设置盒上用于接收装置侧端子部的凹部处的限制部，实现盒侧端子与装置侧端子之间的稳定电连接（CN201510024872.6、CN201380000067.9）。

③通过设置未固定在容纳墨水的液体容纳容器上并保持存储与墨水有关信息的电路基板的方式，实现倾斜设置的电路基板上端子与端子部上电气端子的电连接（CN201310389614.9）。

④通过在盒固定器上设置定位部、端子单元上设置卡定部及单元侧定位部，实现

高精度地连接电连接部与端子组（CN201310661133.9）。

⑤通过在安装方向上，将设置于容器手柄部上的、用于安装通信电极的接合部的区域，设置在具有多个电极的电极区域的范围之内的方式，以减小电极相对于端子的位置误差，进而提高连接的可靠性（CN201410053372.0、CN201420068442.5）。

⑥通过在容器和液体喷射装置上额外设置接合部和被接合部，并缩短接合部或被接合部距导电性接触部件的距离，同时使导电性接触部件具有弹力，以提高导电性接触部件和端子接触的可靠性（CN201410058467.1、CN201420074354.6）。

⑦通过电接触部相对于盒体或柔性袋表面的倾斜设置，或同时结合盒侧配合构造与印刷装置的装置侧配合构造，减少在夹持盒的方向上对盒施加的力，以高精度地进行多个端子相对于印刷装置的定位（CN201410204581.0、CN201410483651.0）。

⑧通过在基板支撑部件上设置突部，利用该突部与装置侧端子部上突出的配合部配合，确保基板相对于装置侧端子部的定位，同时实现基板支撑部件的小型化（CN201410482186.9）。

⑨通过在盒安装部上设置限制接触部与电极部摩擦距离的限制部，以防止电极部或接触部上存在异物，进而提高安装过程中接触部与电极部的电连接的可靠性（CN201410773179.4、CN201420788209.4）。

在提高墨容器安装定位的准确性及稳定性、墨容器良好的组装性方面，爱普生具体从以下几个技术点进行专利布局。

①通过定位部在盒体表面上位置的设置，同时通过该定位部与定位杆的配合，实现打印原料收容容器相在安装部上高精度、高效地定位（CN201510262641.9、CN201310186301.3）。

②通过在盒的多个印刷材料供应口之间设置凹陷的沟部，在安装时确认对应印刷装置的间隔板处是否存在沟部与盒抵接，以防止将盒安装至印刷装置时多个印刷材料供应口相对于印刷装置的位置偏移（CN201320403871.9、CN201310284801.0）。

③提供一体成型的保护容器，以提高液体容纳体单元的组装性（CN201320484652.8）。

④控制单元检查到错误安装之后，显示错误安装的事实和是否将液体注入到储存匣中的第一选项，并且当对第一选项进行否定回答时，显示是否将错误液体注入到储存匣中的第二选项，以防止向储存匣中注入错误的墨水（CN201380045074.0）。

⑤使盒和用于载置盒的载置部通过卡合结构安装，以提高组装效率（CN201480001841.2）。

⑥通过在液体喷射装置上设置能够支撑液体容纳体导出部的支撑部，同时该支撑部被设置成至少能够在导出部与导入部的连接位置以及非连接位置之间移动，以使得液体喷射装置与液体容纳体用于墨水连接的部件连接时更容易（CN201480032028.1）。

⑦通过使盒上的操作部件的把持面与所述液体供给口偏置，方便在安装过程中观察液体供给口的安装方向，最终更容易进行液体容纳体向液体消耗装置的安装（CN201480032017.3）。

⑧通过卡合，或推压部和被推压部抵接，或旋转机构连接的方式进行液体供给单

元和液体喷射装置的连接，同时通过卡合部上多个抵接部间隔相对于多个接触部间隔的设置，保证液体供给单元的安装状态（CN201410779761.1、CN201410776917.0、CN201410784691.9、CN201420797761.X、CN201420795684.4、CN201420802342.0）。

⑨通过液体供给单元和液体喷射装置安装过程中抵接区域的选择可靠地实现单元的定位（CN201410778150.5、CN201420797072.9）。

在防止墨水泄漏方面，爱普生主要是根据流体泄漏的不同位置，从而寻找对应的结构进行改进并进行专利布局。具体包括以下几个技术点：

①在盒体上设置承接泄漏墨水并引回入盒体内的结构，以更好地应对卸下液体供应部件时的墨水滴落（CN201510346032.1、CN201310012909.4）。

②通过盒上的液体供应部的开口的大小、形状设置，或在液体供给单元的液体供给口间设置突部和在载置液体供给单元的载置部的液体导入部间设置槽，降低液体经由开口漏出的可能（CN201510180877.8、CN201410088237.X、CN201310192376.2、CN201410770713.6、CN201420790410.6）。

③通过盒体盖部在液体容纳器上的覆盖安装位置设置，以防止液体从周围壁部或大气开放口向外部泄漏（CN201510079396.8、CN201510075824.X、CN201310194272.5）。

④通过在液体注入口漏出的泄漏液体的流路上设置拦截部、吸收部件或液体接收部，或在墨水注入口的外围设置墨水接受部，以减小在液体注入口漏出的泄漏液体（CN201320484651.3、CN201320484633.5、CN201310389631.2、CN201480011545.0）。

⑤通过盒内部空气室和液体容纳室在使用状态下的相对位置设置，或结合大气导入口的位置设置，以防止液体通过大气开放口泄漏到外部（CN201320484615.7、CN201410073707.5、 CN201420092169.X、 CN201510575199.5、 CN201410572864.0、CN201410572619.X、CN201420618480.3、CN201420618218.9）。

在压力平衡方面，爱普生专利布局的方式取决于容纳墨水的容纳体的形式（挠性袋或墨盒腔室），进而针对不同的容纳体的形式，采用从外部加压方式的控制、或内部腔室内的流路、阀的位置和协同作用设计，实现盒内压力平衡的调节。主要从以下几个技术点进行专利布局：

①通过盒内流路、阀及循环泵的设置，抑制循环流路内的液体的压力上升（CN201310104725.0）。

②通过盒内用于连通外部空气的连通路径的设计，实现盒内压力平衡的调节（CN201310194279.7）。

③通过盒体内浮子阀与阀体的协同作用，以使配置在内部的浮子阀不会由于从外部注入的液体的流入压力而受到损害，进而能够维持适当的阀动作（CN201320541482.2）。

④通过加压泵对挠性墨水包的加压控制实现墨水包内压力平衡（CN201310466908.7）。

⑤针对由外包装体包装的液体收容体结构，通过外包装体的氢、水蒸汽的透过量与划分收容室的部件的氢、水蒸汽的透过量设置，抑制因产生的气体导致的液体收容体的变形（CN201410108522.3）。

在余量检测方面，其中检测结构采用的是常规的浮子式、直接目视方法。爱普生就余量检测方面的技术改进点着眼于抑制检测装置的检测精度下降，如防止检测部件被泄漏的液体污染产生误检测（CN201310194240.5）、降低气泡到达液体余量状态检测部件的可能性（CN201310102955.3）、防止印刷材料向检测区域的倒流引起余量的误检测（CN201310311893.7、CN201320441278.3）、经由设置在与液体容纳部连通的连通管上的液体视觉辨认部以方便目视观察液体容纳部的液位（CN201510041331.4、CN201520057303.7）等。

在墨盒重注方面，爱普生主要着眼于提供可靠进行墨的再填充的方法。主要从以下几个方面进行专利布局：

①基于墨盒上以光学方式检测墨水的量的墨盒透明部，观察墨水再填充状态，以能够可靠地进行再填充（CN201310102614.6）。

②提供一种再填充盒的制造方法，使得即便盒随着印刷材料的再填充而损坏，也能够正常地使用该盒（CN201310311848.1）。

③能够恰当地维持再填充印刷材料后容纳部内负压的再填充方法（CN201310311552.X）。

（4）兄弟

1）兄弟重点专利时间分布情况。从图7-14可以看出，兄弟2012年对墨盒机械结构和压力平衡技术分支都进行了专利布局，2013年和2014年仅对压力平衡技术分支进行了专利技术布局。即兄弟2012～2015年的重点专利，并未涉及余量检测和墨盒重注技术分支。

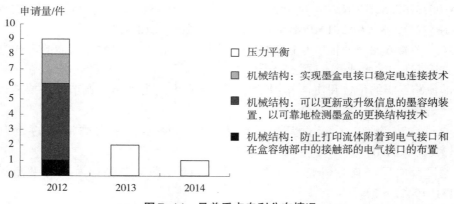

图7-14　兄弟重点专利分布情况

2）兄弟重点专利在各技术分支分布情况。2012～2015年兄弟在墨盒领域的入华申请中共12件重点专利。根据表7-2可以看出，兄弟的重点专利涉及墨盒的机械结构、压力平衡技术分支。其中，在墨盒的机械结构技术方面又涉及防止打印流体附着到电气接口和在盒容纳部中接触部上的电气接口的布置、可以更新或升级信息的墨容纳装置、可靠地检测墨盒的更换结构技术、实现墨盒电接口稳定电连接技术。

表7-2 兄弟重点专利在墨盒各技术分支的申请量分布 单位：件

技术主题	技术重点	申请量	总申请量
机械结构	可以更新或升级信息的墨容纳装置，以可靠地检测墨盒的更换结构技术	5	8
	防止打印流体附着到电气接口和在盒容纳部中的接触部上的电气接口的布置	1	
	实现墨盒电接口稳定电连接技术	2	
压力平衡	—	4	4

3）兄弟重点专利分析。

在实现墨盒电接口稳定电连接方面，兄弟通过使盒体保持设置有电接口的支撑部件（或基板）、使支撑部件能够相对于盒体进行移动的方式，同时实现墨供给部和墨供给管对准，以及接触端子和连接端子高精度对准（CN201310685218.0）；通过盒体上电子电路板的设置朝向（CN201320523228.X）进行专利布局。即兄弟主要从通过设置有电接口的基板或支撑件相对于盒体的安装位置、朝向，或相对支撑角度实现盒体与打印设备间的良好电连接。

在可以更新或升级信息的墨容纳装置以可靠地检测墨盒的更换结构技术方面，兄弟主要针对设置有适配器的墨盒结构的安装和拆除时墨盒信息的更新进行了专利布局。具体采用的技术为：在盒装入盒安装部时，通过对适配器上光衰减部分的检测，确定插入到盒安装部分中的墨盒中存储的墨颜色和初始墨量中的一项或多项（CN201510640107.7、CN201310106626.6、CN201310104784.8），从而进行墨盒信息的更新，以实现安装有适配器结构的墨盒结构的更换检测；或采用在适配器上设置第一触头和第二触头的方式，使适配器的第一触头可保持连接到盒安装部的触头，当更换墨盒时电接口可被更换，实现墨盒信息更新或升级（CN201320523729.8）。

在压力平衡方面，兄弟具体从简化用于打开和关闭盒上空气连通部的阀机构（CN201310698857.0、CN201410119887.6）、通过在空气连通端口上设置存储芯片进行覆盖防止异物进入空气连通路径（CN201410119495.X）等角度进行专利技术布局。

此外，兄弟还通过从电气接口在盒体上的设置位置和相对于盒体的支撑设置方式角度进行专利技术布局，以在防止从墨盒内部泄漏出的墨水附着在电气接口，同时保证电气接口间稳定的电连接（CN201310109099.4）。

7.1.1.3 广东省墨盒领域在近四年重点专利分析

本小节通过对墨盒领域2012~2015年（申请年）、且同族数目不小于2件的广东省专利申请进行筛选，以上述筛选出的重点专利为研究对象，对重点专利的总体布局情况、各主要申请人在墨盒领域各技术分支（机械结构、压力平衡、余量检测和墨盒重注）的专利布局情况进行分析，以明确广东省专利申请人在墨盒领域的专利布局方向，为国内申请能够实现专利技术规避和寻找技术突破点奠定基础。

从图 7-15 可以看出，2012~2015 年墨盒领域广东省重点专利更集中于机械结构技术分支，其次为墨盒重注技术分支，而在余量检测和压力平衡技术分支的申请量相对较少。

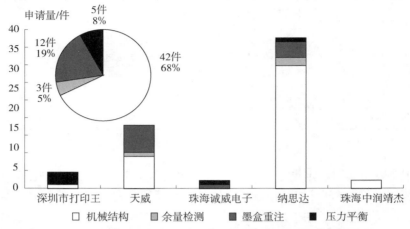

图 7-15　墨盒领域广东省重点专利在各技术分支的申请量分布

此外，从图 7-15 还可以看出，纳思达的申请量最多，其次为天威。纳思达近年的重点专利更侧重于机械结构技术分支的专利申请，其次为墨盒重注技术分支，而在压力平衡、余量检测技术分支的申请量相对较少。天威近年的重点专利也更侧重机械结构和墨盒重注技术分支，余量检测技术分支的专利申请仅为 1 件，且并未在压力平衡技术分支进行专利布局。

由图 7-16 可知，机械结构技术分支主要涉及：墨盒安装位置/类型的检测、芯片触点电连接稳定性、防止芯片触点/端子短路或烧坏、芯片中振荡电路谐振频率/振荡频率精确性的提高、提高芯片通信速度、墨盒安装或拆卸、存储器协作响应、成像盒芯片告警信息的准确提供和芯片的复位方法等。此外，对墨盒重注技术分支的专利布局，主要从减少注墨过程中墨水泄漏、提高注墨效率、使墨盒尽可能容纳更多墨水、带喷头墨盒的修复方法等角度进行技术保护。

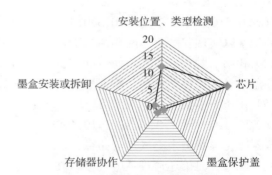

图 7-16　广东省重点专利在机械结构技术分支的专利申请分布（单位：件）

在墨盒安装位置/类型的检测技术方面，广东省各申请人采用的技术包括：

1）通过对各墨盒上发光单元发光指令的控制及墨盒芯片的状态更新，有效地屏蔽掉部分相邻光检测时相邻墨盒的发光，提高墨盒安装检测的准确性（CN2013100 42468.2、CN201310424805.4）。

2）通过设置点亮延迟，避免由于墨盒发光单元制造误差导致发光量不一致时无法通过位置检测的误判问题（CN201210418910.2、CN201210422548.6）。

3）墨盒控制单元根据识别到的发光控制指令，以及预设的与发光控制指令对应的控制信息，对墨盒的发光单元进行发光控制，使得发光单元在相邻光检测阶段不发光而在正对位置检测阶段发光，以能够保证相邻墨盒的发光量小于待检测墨盒的发光量，降低了墨盒位置检测的误报率（CN201210579548.7）。

4）通过在墨盒控制单元中存储至少两个发光控制指令及对应的指令识别信息，使得该墨盒控制单元在接收到成像设备主体发出的第一条匹配的发光控制指令后，就能够通过统计指令识别信息得到对应的发光控制指令，从而自动根据该发光控制指令进行光源的发光控制，以避免由于电路噪声的影响而不能正确接收到指令的问题，最终降低墨盒位置检测过程中的误报率（CN201220736126.1）。

5）设置随机选择单元，利用随机选择模块或者程序直接选择出可疑的墨盒，然后按照预设的规则点亮或者熄灭可疑墨盒的发光单元，并通过光接收单元接收的光强来判断可疑的墨盒是否安装到了待安装位置上。当随机选择的可疑墨盒都安装到了正确的位置上，就可以粗略地判断所有的墨盒都安装到了正确的位置上。通过上述方式减少或者避免无法检测安装有兼容墨盒芯片的墨盒是否安装在正确的位置的情况（CN201310708444.6）。

在提高芯片与打印机电触点电连接稳定性方面，广东省各申请人采用的技术包括：

1）设置包括壳体、芯片和导电片的芯片接座，芯片接座的壳体上固设有导电片，导电片的第一端与芯片上的电触点电连接，第二端用于与打印机接座上的电触点电连接；壳体上设有用于与打印机的机壳配接的连接部，以提高芯片与打印机接座的电触点电连接的稳定性（CN201310719200.8）。

2）通过对芯片上接触端子的结构和位置的设置，以在芯片面积较小的情况下仍能与打印机良好接触（CN201220700894.1）。

3）通过在喷墨墨盒的侧壁上设置突起，突起在墨盒安装方向上位于多个端子的上方。突起在墨盒芯片装机过程中，可以给予打印机侧上排触针一定的挤压力，使之维持与相应端子接触的状态，从而保证墨盒装机后可以保证芯片与打印机之间的电连接稳定（CN201320433572.X）。

在防止芯片触点/端子短路或烧坏方面，广东省各申请人采用的技术包括：

1）通过使墨盒芯片的电子模块内设置的发光控制电路具有与发光二极管阴极连接的第一电阻以及与第一电阻串联连接的第一开关器件，还设有与第一电阻并联连接的第二电阻，每一第二电阻与一个第二开关器件串联连接，以用于在电子模块接收到控制发光二极管发光的指令后，控制流经发光二极管的电流逐渐增大，减少避免流经发光二极管的电流瞬间增大或减小，延长发光二极管及墨盒芯片的使用寿命（CN201310180435.4）。

2）使芯片中高电压触点和低电压触点中一个与打印机的弹性件的平滑区位置相匹配，另一个与打印机中的弹性件的接触部位置相匹配，使弹性的平滑区与接触部位置相距较远，以解决现有用于打印机的芯片因低压触点与高压触点的距离很近在沾到墨水时而容易短路的技术问题（CN201220018200.6）。

在墨盒的方便安装或拆卸方面，广东省各申请人主要通过墨盒与打印机之间卡合安装结构的设置（CN201320070523.4）、或在墨盒上设置拉动薄膜的方式（CN201220525827.0）实现墨盒的方便安装或拆卸。

此外，对于墨盒重注技术，广东省各申请人主要从减少注墨过程中墨水泄漏（CN201210145110.8、CN201210223783.0）、提高注墨效率（CN201320011816.5、CN2012105 87712.9）、使墨盒尽可能容纳更多墨水（CN201210303683.9、CN201210223766.7）、带喷头墨盒的修复方法（CN201420353806.4、CN201410302069.X）等角度进行技术保护。

在压力平衡技术方面，广东省各申请人主要从在墨盒结构中基本不使用多孔质体，而配合空气导入口、海绵发泡体及蛇形槽的结构在实现墨盒内压力调节的同时以使墨盒部件数量减少、并使残留墨水减少化的角度开展了研究（CN201220002793.7、CN201220002792.2、CN201220002955.7）。

7.1.1.4 结论与导航建议

1. 对于合作申请的结论与导航建议

1）通过分析墨盒领域在中国申请的 6467 件专利的申请人类型可知，合作申请量较少，有 127 件，不足总量的 2%。而申请人为研究结构的申请更少，只有 31 件。在合作申请的合作方式中，企业-企业的合作申请最多，超过总量的一半，而企业-研究机构的合作申请最少，不到总量的 14.2%。

2）中国申请在合作申请中的比重较大，有 71 件，占总量的 56%；日本居第二位，有 28 件合作申请。虽然中国申请的合作申请量较多，但是大多数合作申请均是同一个公司的母公司与子公司、不同子公司之间的合作申请，不同公司之间的合作很少。相反，日本的合作申请，有一半左右是不同企业之间的合作，属于不同企业之间的强强联合。这对于国内企业来讲是一种好的发展方向，企业之间的合作和共同研发，可以促进技术发展和产业进步。国内企业在墨盒关键部件上的技术攻关，需要这种强强联合，以寻求实力强大的竞争对手进行共同发展，根据不同企业主营重点和研发方向的不同，在资源上进行整合，在技术上互相支持，以期望解决行业上的技术难题和冲破国外的专利壁垒。例如位于中国耗材之都的珠海纳思达和天威两家公司，可以互相联合，在发展中竞争，在竞争中求发展。

3）对于合作申请在墨盒领域各技术分支的分布情况，日本和中国的情况相同：在压力平衡和机械结构技术分支中的合作申请量最多，而余量检测和墨盒重注技术分支的合作申请量均不多。这与余量检测技术分支发展较为成熟，在这一领域很难进行技术突破有关。美国和日本在墨盒重注技术分支的发展较为成熟，墨盒重注领域的专利进入中国的申请量则不多。而面对当前全球各国对于环保力度的加大以及对可再生墨盒需求的增加，墨盒重注技术的进一步发展应当是各国下一步技术研发的热点。对于国内企业而言，加大在墨盒重注领域的研发投入和共同合作，将会是有利的举措。鉴于国内 2009 年禁止进口回收墨盒，国内企业对用于可再生墨盒的墨盒回收存在一定的困难，以及个别小生产厂家再生渠道不规范，亟待政府相关政策的引导规范，促进产业健康发展。

4）对于合作申请中企业-研究机构的合作申请人，中国的企业-研究机构的合作申请最多，和企业合作的高校有北京大学、大连理工大学和浙江工业大学。科研机构-企业的合作研发，说明企业与科研机构的产学研有较好的基础。墨盒领域国外研究机构与国内企业几乎没有相关合作研发，北京大学与企业之间的合作最多，与企业之间的研发较为开放，特别是在墨盒压力平衡领域专利布局较多，国内相关企业可在该领域寻求研发合作和技术支持。

5）对于墨盒领域合作申请的专利权转让情况，目前国内企业的专利权转让大多来自国内的相关企业，而国外龙头企业在墨盒关键部件上专利的大量布局，会给国内墨盒产业带来很大的侵权风险。综合衡量研发难度、成本因素和风险预警，寻求与国外龙头企业之间的专利转让和技术许可也未尝不可。

2. 对于重点专利申请人近四年在中国专利分析的结论与导航建议

（1）结论

1）从技术申请集中度来看，2012~2015年墨盒领域中国专利申请中四个主要国外申请人的重点专利申请主要集中于墨盒的机械结构技术分支，其次为集中于压力平衡技术分支，而对于余量检测和墨盒重注技术，申请量相对较少。这也与这两个技术分支目前已存在较成熟技术，基于成本和效果的综合考虑，进行开创性研发难度较高有关。而从2012~2015年国内在墨盒领域的专利申请分布现状来看，国内在墨盒领域的专利申请也主要集中于墨盒的机械结构分支，这与四个主要国外申请人的布局重点一致，因此国内申请人在进行与墨盒领域机械结构相关技术的研发创新活动时，应特别注意对主要国外申请人申请集中度高的机械结构技术进行规避。

2）从申请趋势来看，惠普和兄弟近四年的重点专利集中于机械结构和压力平衡分支，在余量检测和墨盒重注分支均未进行专利布局；佳能则在机械结构、墨盒重注和压力平衡分支都进行了专利布局，但在余量检测分支并未进行专利布局；爱普生公司则对墨盒的相关技术进行了较为全面的专利布局，近四年在机械结构、压力平衡、余量检测和墨盒重注分支都进行了专利技术保护，但相对于机械结构技术分支，其在压力平衡、余量检测和墨盒重注三个技术分支的专利申请相对较少。

3）从重点专利技术布局来看，在机械结构技术方面，各主要国外申请人主要集中于墨盒与打印机接口处（包括通信接口和墨供应接口）的专利技术布局，主要包括以下几个方面：

①在墨盒电接口稳定电连接方面，各主要国外申请人主要从设置有电接口的基板或支撑件相对于盒体的安装位置、朝向或相对支撑方式（固定或移动），或盒体和打印装置的附加卡合机构的设置等角度，对实现盒体与打印设备间的良好电连接进行了专利技术布局。

②在提高墨容器安装定位的准确性、稳定性、墨容器良好的组装性方面，各主要国外申请人主要从液体供给单元和液体喷射装置之间的安装连接方式（如卡合，或推压部和被推压部抵接，或旋转），或安装结构上安装部间距相对于多个电接触部间隔的设置等角度，对保证液体供给单元的安装状态进行了专利布局。

③在防止墨水泄漏方面，各主要国外申请人主要是根据流体泄漏的不同位置（如液体注入口、大气连通口和液体供应口），寻找对应的结构——包括在相应的泄漏位置设置拦截部、吸收部件、液体接收部，或通过盒内部空气室和液体容纳室在使用状态下的相对位置设置，同时结合大气导入口的位置设置等角度进行改进并进行专利技术布局。因此国内申请人在进行相关技术的研发创新活动时，可基于墨盒墨泄漏的位置的不同，采用上述技术手段的结合或采用能达到同等效果的替换手段进行专利技术布局。

④在压力平衡技术方面，主要取决于容纳墨水的容纳体的形式（挠性袋、包括可挠性部分的墨盒腔室或墨盒腔室），进而针对不同形式，采用从外部加压方式的控制，或内部腔室内的流路、阀的位置和协同作用角度，对盒内压力平衡的调节进行专利技术布局。

⑤在余量检测方面，墨余量检测结构采用的还是常规的浮子式、光学或直接目视结构，专利布局着眼于抑制检测装置的检测精度的下降，如从防止检测部件被泄漏的液体污染产生误检测、降低气泡到达液体余量状态检测部件的可能性、防止印刷材料向检测区域的倒流引起余量的误检测、设计方便目视观察液体容纳部的液位的结构等技术角度进行布局。

⑥在墨盒重注方面，则主要着眼于提供可靠的墨再填充方法的专利技术布局。

（2）导航建议

1）通过上述分析可知，墨盒领域中国专利申请中，四个主要国外申请人的重点专利主要集中于机械结构技术分支，其次为压力平衡技术分支，而对于余量检测和墨盒重注技术分支申请量相对较少。这一专利布局方式在很大程度上制约着国内企业在兼容或通用墨盒领域的发展。国内在墨盒领域的专利申请也主要集中于机械结构分支，广东省作为国内龙头耗材企业的集聚地，广东省申请人近四年的重点专利申请也主要集中于机械结构技术，其次为墨盒重注技术。国内申请人的这一专利技术布局特点与主要国外申请人的布局重点一致，因此国内申请人在进行与墨盒领域机械结构相关技术的研发创新活动时，应特别注意对国外申请人申请集中度高的机械结构技术进行规避。此外，全球兼容和再生墨盒的90%来自中国，其中70%～80%来自珠海，而赛纳墨盒占据全球通用耗材的20%～25%，针对广东省企业的通用耗材产品在国际市场上占据较大份额的情况，广东省耗材企业出口到国外的产品尤其要注意墨盒机械结构技术分支的专利技术规避，防止发生专利侵权诉讼。

此外，就机械结构技术而言，主要国外申请人的重点专利又侧重于墨盒与打印机接口处（包括通信接口和墨供应接口）的专利技术布局，且相关专利技术已相对成熟。由于墨盒与打印机间的通信接口和墨供应接口是实现墨盒与打印机间正常通信和墨水可靠供应的重要保证，因此墨盒与打印机间的通信接口和墨供应接口的相关技术必然成为墨盒技术不可忽视的一个重点。国内申请人在注意规避与墨盒与打印机间通信接口和墨供应接口相关的技术分支，例如涉及保证墨盒与打印机接触端子接触可靠技术、提高墨容器安装定位的准确性、稳定性和组装性技术及防止墨水泄露等，还应结合企业自身产品的特点，从寻求能够解决相同技术问题的替代手段，或进行技术手段的组合，或寻求解决墨盒与打印机接口处产生的新的技术问题的技术手段，或针对通用或兼容墨盒与打印机接口处的技术研发等角度出发，进行核心技术创新活动及专利技术布局。

2）墨盒领域主要国外申请人在余量检测技术分支的专利布局相对较少。而余量检测的准确性是涉及墨盒性能的一项重要指标，因此余量检测技术的研究不容忽视。国内申请人可以从提高墨水检测装置的检测精度角度开展该技术分支的核心技术创新及专利布局。

3）墨盒领域主要国外申请人近四年在墨盒重注技术分支的布局较少，这与国内目前墨盒重注或再生行业的发展现状有关。国内从 2004 年开始从事墨盒重注，但为了解决国外废弃产品进入后用完成为垃圾后出不去而给国内环境造成较大负担的问题，2009 年商务部发布《禁止进口限制进口技术管理办法》，对打印机、复印机、传真机、打字机、计算机器、计算机等废自动数据处理设备及其他办公室用电器电子产品禁止进口；此外，目前小企业进行墨盒重注的渠道不规范，没有考虑环境问题，这些因素都对国内再生行业的发展产生影响。国内目前在墨盒重注技术分支的专利申请相对于机械结构技术分支的申请也相对较少。然而，基于环境和可持续发展的考虑，墨盒重注或墨盒再生技术必然会成为墨盒技术今后发展的热点，虽然国内在政策法规上对回收墨盒来源存在限制，但国内申请人也可针对墨盒重注或再生技术热点，从实现可靠的墨盒再填充技术（填充量的控制、墨填充的难易等）、墨盒材料的可回收性等角度开展技术创新活动，以开展防御性专利技术布局。

7.1.2　喷头专利导航

7.1.2.1　喷头领域在中国合作申请专利分析

喷头领域进入中国专利申请中，合作申请共有 266 件，本小节通过对合作申请的类型、国别、申请年限、技术主题、重要申请人占比、重点专利被引用次数和发生专利权转让的重点专利等方面进行分析，并对国内外专利合作申请的异同进行简单的分析和总结，以给国内企业提供相应的参考和建议。

通过对喷头领域 6470 件专利的申请人类型进行分类统计，得出如图 7-17 所示的各申请类型的专利申请量分布。其中绝大部分申请类型为企业申请，共 5994件，占总申请量的 92.6%；合作申请次之，共 266 件，占总申请量的 4.1%；个人申请为 144 件，占总申请量的 2.2%；研究机构最少，只有 66 件，仅为总申请量的 1%左右。

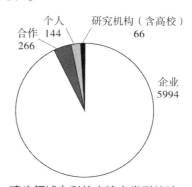

图 7-17　喷头领域专利的申请人类型统计（单位：件）

合作申请的类型主要有企业-企业、企业-研究机构、企业-个人、个人-个人、研究机构-个人。如图7-18所示，其中企业-企业的合作申请最多，为149件，占总量的56%；企业-研究机构的合作申请次之，为70件，占总量的26.3%；企业-个人的合作申请为28件，占总量的10.5%；个人-个人的合作申请较少，为16件，占合作申请总量的6%；而研究机构-个人的合作申请最少，只有3件，仅为总量的1%左右。

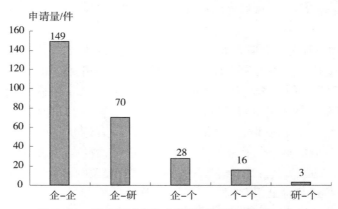

图7-18　喷头领域合作申请类型统计（单位：个）

合作申请中申请人所在国家主要有中国、日本、美国和韩国。如图7-19所示，中国申请最多，为126件，占总量的47.4%；日本申请次之，为113件，占总量的42.5%；美国为7件，占总量的2.6%；韩国最少，只有1件，不足总量的0.4%；其他国家为19件，占总量的7%。

其中，对于中国的126件合作申请，按照合作类型来分析，企业-企业的合作申请最多，有60件，在中国合作申请中占比47.6%。企业-企业的合作申请大多是同一个公司不同子公司之间，或者母公司与子公司之间的合作申请，这类申请有33件，不同企业之间的合作申请则不多。企业-研究机构的合作申请也占了较大比重，有43件，在中国合作申请

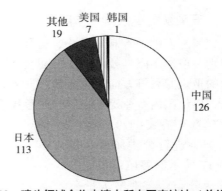

图7-19　喷头领域合作申请人所在国家统计（单位：件）

中占比34.2%；个人-个人的合作申请，有12件，在中国合作申请中占比9.5%；企业-个人的合作申请为8件，在中国合作申请中占比6.3%；而研究机构-个人的合作申请最少，只有3件，在中国合作申请中占比2.4%。

按照技术主题来分析，中国合作申请的重点在于喷头的维护与结构领域。喷头的维护领域的合作申请有56件，在中国合作申请中占比44.4%；喷头的结构领域的合作申请则有48件，在中国合作申请中占比38.1%；喷头安装和制造领域的中国合作申请

则相对较少，分别有 17 件和 5 件，在中国合作申请中分别占比 13.5%和 4%。

　　而作为喷头技术发展比较成熟的日本，在中国的合作申请则多达 113 件。按照合作方式来分析，企业-企业的合作有 77 件之多，在日本在中国的合作申请中占比 68.1%，企业-研究机构的合作申请为 27 件，企业-个人的合作申请为 9 件。其中，企业-企业的合作申请大多是不同公司之间的合作，有 39 件之多，占企业之间合作申请的一半以上。例如，兄弟和京瓷株式会社、松下电器株式会社与株式会社宫腰、大日本油墨和新日本制铁株式会社、爱发科和住友电气株式会社、索尼和太阳油墨制造株式会社、日立和夏普株式会社、佳能和富士化学株式会社、爱普生和株式会社吉姆帝王等大公司之间的合作申请，强强联合，对于产业发展和企业自身技术的进步都有较大的促进。企业-研究机构的合作申请主要集中于佳能、兄弟、柯尼卡和夏普几大公司与日本的高校以及研究院之间的合作，包括柯尼卡与独立行政法人产业技术综合研究所（8 件）、佳能与国立大学法人东京农工大学（7 件）、兄弟与独立行政法人产业技术综合研究所（5 件）和佳能与国立大学法人爱媛大学（3 件）。

　　按照技术主题来分析，日本在中国合作申请的侧重点则是在喷头的结构领域，共有 91 件合作申请，在日本在中国合作申请中占比 80%以上；喷头的维护领域合作申请有 10 件，日本在中国合作申请中占比 8.8%；喷头的安装领域合作申请为 8 件，在日本在中国合作申请中占比 7.1%；而喷头的制造领域的合作申请最少，只有 4 件。喷头领域的日本合作申请的申请人大多集中在爱普生、理光、佳能和东芝等工业巨头。

　　基于前述章节的分析，在喷头领域，国外大公司占据绝对技术优势地位，国内企业以中小企业为主，有一定规模的企业不多，研发能力不足，竞争力较弱。而产业联盟可以实现资源的有效配置，促进产业的结构优化和升级，实现生产和研发成本与风险共担，帮助企业在全球竞争的环境下，赢得市场和技术上的竞争优势。

　　对合作申请的前 10 名申请人进行统计分析，如图 7-20 所示。其中，有 5 家属于高校和企业之间的合作申请，分别是北京大学和北大方正集团、佳能与国立大学法人东京农工大学、大连理工大学和纳思达、兄弟与独立行政法人产业技术综合研究所和中国科学院与苏州锐发打印技术有限公司之间的合作申请，这类申请共 59 件，占合作申请总量的 22.2%；有 3 家是同一家公司内部之间的合作申请（主要由母公司与子公司、不同子公司之间的合作），包括西尔弗、富士康、东芝，这类申请共 45 件，占合作申请总量的 16.9%，均是国外企业或外资公司。其中，申请量最多的北大方正集团和北京大学的合作申请主要布局在喷头的维护领域中，涉及喷头清洗的申请较多，达 15 件；而东芝则主要布局在喷头的结构部件领域，有 19 件合作申请；兄弟和京瓷株式会社的合作申请全都是关于喷头的结构部件设计领域。通过分析申请量最多的前三名合作申请的申请人可知，国内外的合作研发重点有所不同，国内主要集中在喷头维护领域，而处于技术发展成熟阶段的日本则把合作研发重点放在喷头的结构设计上。

此外，北京大学（包括北大方正集团）、兄弟、西尔弗和佳能均是喷头领域中国专利申请的申请量前十名，分别是第七位、第三位、第六位和第二位。合作申请的前十名申请量为 131 件，占合作申请总量的一半左右。同时，喷头领域中国专利申请量第一的爱普生，其合作申请量很少，仅有 9 件，且大多是母公司与子公司之间的合作，可见爱普生在喷头方面与其他公司合作较少，在整个行业处于垄断地位。

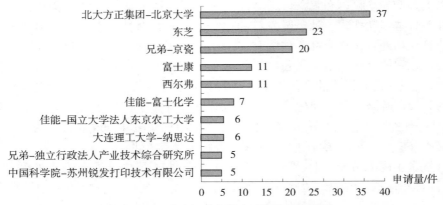

图 7-20　喷头领域合作申请的申请人统计

图 7-21 是合作申请的专利申请时间分布。总体上来说合作申请呈现出逐年增加的迹象。从图中可看出，合作申请在 2010～2013 年是高峰期，每年的申请量在 30 件左右。而 2015 年之后的下降则是由于 2015 年申请的专利尚未完全公开的原因。其中 2007～2008 年附近的低谷可能是由于世界范围内的金融危机对各国企业在经济上造成一定的影响导致。

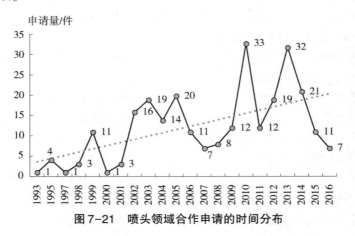

图 7-21　喷头领域合作申请的时间分布

图 7-22 是合作申请的技术分支分类统计情况。在合作申请中，喷头结构设计和维护的技术分支占据了前两位，分别为 153 件和 77 件，随后是安装和制造，分别只有 21 件和 15 件。这也与喷头领域在华申请专利的重点领域相吻合。其中，喷头的结构设计主要包括喷嘴结构、喷嘴布置、喷头的流动路径结构等，喷头的维护主要包括喷头的

清洁、防止喷头干燥或阻塞等，喷头的安装主要涉及喷头打印机之间的安装方式，而喷头的制造则主要包括喷头孔板的制造、喷嘴的制造、喷头驱动件的制造、喷头制造方法等方面。

对于喷头领域进入中国的合作申请，共有 41 件专利权发生转让。其中，中国的合作申请有 24 件，日本则有 17 件。转让的中国合作申请中，发明专利共有 18 件，实用新型专利共有 6 件。而转让的日本合作申请均为发明专利。

通过对发生专利权转让的 41 件合作申请中重点专利进行筛选，按照专利强度筛选出前 10 位的申请中，有 9 件是日本企业的申请，

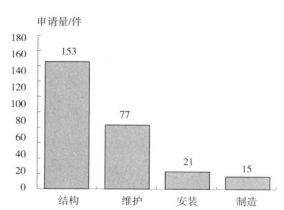

图 7-22　喷头领域合作申请的技术分支分类统计

主要是涉及喷头的结构设计和喷头的制造方法，其中有 7 件是独立行政法人产业技术综合研究所与企业之间的合作申请。独立行政法人产业技术综合研究所（简称 AIST）是日本国内最大的公立科研机构之一，2001 年 4 月原通产省工业技术院所述的 15 个国立研究所并入新组建的独立行政法人日本产业技术综合研究所，被誉为"日本的中科院"。其研究集中在生物技术、化学、电学、地质学、信息技术、力学、材料物理、计量学等领域，注重科学发展的应用和商业化，注重各学科间的研究和发展，是连接技术创新与商业化工业生产的有效桥梁。从合作发明的角度也说明日本在研究机构与企业之间的合作研发与产业应用方面比较成熟，取得了很好的产业价值。

7.1.2.2　喷头领域重点专利申请人近 4 年中国专利申请分析

喷头领域中国专利申请的申请量排名前 4 位的国外申请人分别为爱普生、佳能、兄弟和惠普。本小节通过对上述 4 个主要国外申请人在 2012～2015 年（申请年）、且同族数目不小于 6 件的重点专利进行筛选，以筛选出的重点专利为研究对象，对重点专利的申请趋势、各申请人在喷头领域各技术分支（喷头结构、喷头制造、喷头安装和喷头维护）的专利布局情况及各技术分支的重点专利技术进行分析。

1. 爱普生、佳能、兄弟和惠普的重点专利申请趋势

从图 7-23 可以看出，喷头领域中国专利申请的申请量排名前 4 位的国外申请人在 2012～2015 年同族数目不小于 6 件的重点专利申请中，佳能的申请总量位居第一，为 21 件；其次为爱普生，申请量为 19 件；惠普申请量排名第三，为 17 件；兄弟申请量排名第四，为 2 件。从中可以看出，兄弟于在喷头领域的技术研发活跃度并不高。

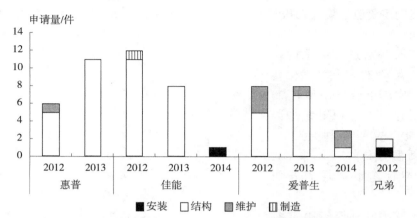

图 7-23　爱普生、佳能、兄弟和惠普重点专利申请趋势

2. 爱普生、佳能、兄弟和惠普的重点专利分布

从图 7-24 可以看出，2012~2015 年同族数目不小于 6 件的重点专利申请中，4 个主要国外申请人主要集中于喷头的结构技术分支，其次为喷头维护技术，而对于喷头安装和制造技术，申请量相对较少。这可能与目前针对喷头的制造技术和设备的制造水平已发展相对成熟，而国内喷头制造技术领域存在技术空白和实现难度有关。

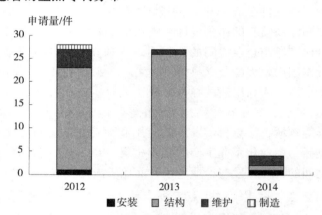

图 7-24　爱普生、佳能、兄弟和惠普重点专利分布

3. 爱普生、佳能、兄弟和惠普重点专利分析

（1）惠普

从图 7-25 中可以看出，惠普于 2012 年对喷头结构和维护技术分支都进行了专利布局，但喷头维护技术分支的专利申请仅为 1 件；2013 年仅对喷头结构技术分支进行了专利布局。即惠普于 2012~2015 年的重点专利并未涉及喷头安装和制造技术分支。

从图 7-26 可以看出，惠普的重点专利主要集中于喷头结构技术分支，布局的技术具体包括：使用较小的打印头芯片和更紧凑的芯片电路、提高流体流入喷头流体室的效率及可靠性等；此外，也涉及喷头维护技术方面的专利布局。

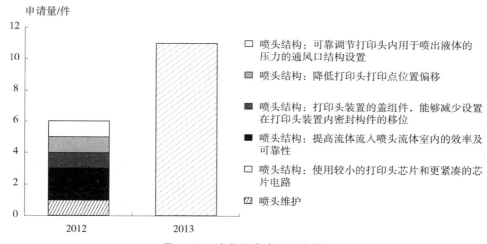

图 7-25　惠普重点专利分布情况

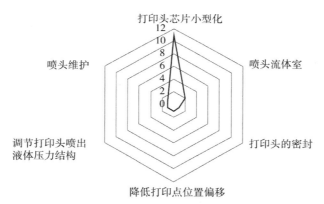

图 7-26　惠普重点专利在喷头领域各技术分支的分布（单位：件）

　　其中，在喷头结构技术分支，惠普又集中于其细分分支——使用较小的打印头芯片和更紧凑的芯片电路技术的专利保护。采用的技术为：

　　1）主要针对宽幅打印头组件，将打印头芯片被模制到可模制材料的细长且一体式的主体中，主体中的打印流体通道将打印流体直接输送到每个芯片中的打印流体流动通路。模制件有效地增加了每个用于制作外部流体连接并用于将芯片附接到其他结构的尺寸。所述模制主体具有通道或其他路径以供流体直接流动到所述装置之中或之上，同时可将：电子装置、机械装置或微机电系统装置嵌入模体中，因此允许使用更小的芯片（CN201380076081.7、CN201380076072.8、CN201380076073.2、CN201380076070.9、CN201380076069.6、CN201380076068.1、CN201380076067.7）。

　　2）多个打印头芯片，用胶粘或其他方式安装到印制电路板的开口中。每个开口形成通道，打印流体能够穿过所述通道直接流动到相应的芯片。印制电路板的导电途径连接芯片的电气端子以实现更紧凑的芯片电路设置（CN201380076071.3、CN201380076074.7）。

在提高流体流入喷头流体室的效率及可靠性方面，惠普主要是对通往喷射室的流体通道的结构设计角度进行专利技术保护（CN201280068725.3、CN201280072868.1）。

在喷头维护技术分支，惠普通过设置空气再循环器组件形成空气屏障，以对喷射过程中产生的浮质和/或微粒进行过滤去除（CN201280068783.6）。

（2）佳能

从图7-27可以看出，佳能于2012年在喷头结构和制造技术分支均进行了专利布局，但喷头制造技术分支专利申请仅为1件；2013年则仅在喷头结构技术分支进行了专利布局；2014年在喷头安装技术分支布局了1件专利申请。即佳能于2012～2015年的重点专利并未涉及喷头维护技术分支。而就喷头结构技术分支而言，佳能公司主要涉及喷头内压电元件的压电材料性能的提升，其次在提高墨滴喷射位置准确性、抑制液体从头部泄漏等方面也进行了相关技术研发活动。

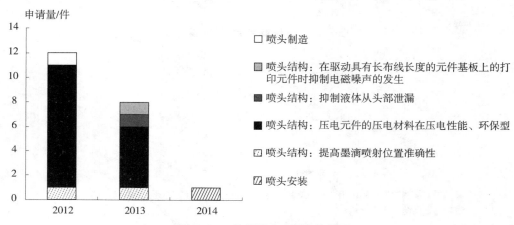

图7-27　佳能重点专利分布情况

从图7-28可以看出，佳能2012～2015年在喷头领域的重点专利主要集中于喷头结构技术分支下关于压电元件压电材料的压电性能、环保性能的提高的细分分支，为实现这个目的，佳能主要针对主成分为钙钛矿类型金属氧化物压电材料，从钙钛矿类型金属氧化物组分构成和组分占比（重量比或摩尔比），或引入附加组分的构成选择来进行专利布局（CN2013800130

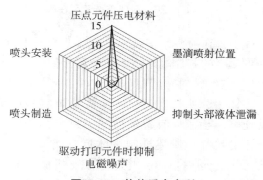

图7-28　佳能重点专利
在喷头各技术分支的分布（单位：件）

87.X、CN201380024609.6、CN201380016696.0、CN201380044802.6、CN2013800440 54.1、CN201380056974.5、CN201310718904.3、CN201480006687.8、CN201480006 454.8、CN201410328614.2、CN20141 0328462.6）。

此外，在提高墨滴喷射位置准确性方面，佳能基于喷头结构，具体从喷射口表面性能改善的结构设置及设置校正结构两个角度进行专利保护（CN201380020544.8、CN201410453346.7）。

在喷头制造分支，佳能主要从对包含用于保护喷出墨滴的加热驱动器的、并能够对保护层上发生短路的区域进行隔离的保护层结构的相应制造进行专利技术保护（CN201310741565.0）。

在喷头安装分支，佳能则主要从抑制双面打印中发生部分起皱引起的着墨位置偏离的角度进行专利技术保护（CN201510526895.7）。

（3）爱普生

从图7-29可以看出，爱普生于2012～2014年在喷头结构、喷头维护分支均进行了专利布局，且更集中于喷头结构。爱普生2012～2015年的重点专利并未涉及喷头安装和制造技术分支。

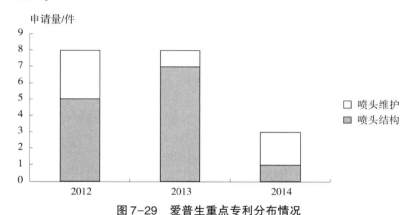

图7-29　爱普生重点专利分布情况

2012～2015年，爱普生在喷头领域共有19件重点专利申请。从图7-30可以看出，爱普生的重点专利主要涉及喷头结构技术，具体涉及喷头驱动电路结构、驱动电路配线的布置、液体喷出特性的提高或改善、压电元件中压电材料的压电性能和环保性能等。爱普生对喷头维护技术研究也相对侧重。

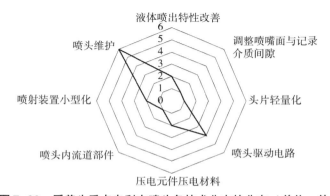

图7-30　爱普生重点专利在喷头各技术分支的分布（单位：件）

从图 7-30 可以看出，针对喷头结构技术分支，爱普生重点专利主要集中于喷头驱动电路结构或结合驱动电路配线的布置，以提高油墨喷出稳定性（CN201410088242.0、CN201610091557.X、CN201410105785.9、CN201410103407.7）。此外，还涉及液体喷出特性的提高和改善、压电元件中压电材料的压电性能和环保性能的提高或改善等方面。

在液体喷出特性的提高或改善方面，爱普生具体从以下几个技术点进行布局。

1）通过压电元件中驱动电极相对于压力腔室的尺寸、位置布局，保证压电元件的驱动特性以改善液滴的喷出特性（CN201310042767.6）。

2）通过在流道部件上设置用于对喷出液体温度进行检测的温度检测部、基于温度检测的结果调整驱动信号以改善液滴的喷出特性（CN201310041213.4）。

在压电元件中压电材料的压电性能、环保性能的提高或改善方面，爱普生主要针对由钙钛矿型结构的复合氧化物形成的压电材料的具体成分选择进行专利布局（CN201410120033.X、CN201410119238.6）。

在调整喷头喷嘴面与记录介质表面的间隙方面，爱普生具体从喷头结构出发，通过间隙调整部的结构设置以简单且高精度地调整喷头喷嘴面与记录介质的间隙（CN201310384519.X）。

在喷头维护方面，爱普生具体从以下几个技术点进行了布局：

1）对擦拭部件或喷嘴面相对于液体的接触角进行设置（CN201380042940.0）。

2）使擦拭部件的吸收部件中包含能够除去附着在喷嘴形成面的油墨雾滴、尘埃、布纤维等的物质（CN201610101720.6、CN201310625624.8）。

3）对抽吸装置的抽吸量进行设计（CN201410041491.4）。

4）对维护过程喷出墨进行吸收的废液吸收体的结构及安装设计（CN201510220043.5、CN201510355164.0）。

（4）兄弟

从图 7-31 可以看出，兄弟仅于 2012 年对喷头领域进行了专利布局，但申请量仅为 2 件，具体涉及喷头结构和安装技术分支。其中，在喷头结构技术分支，为抑制图像质量的降低，具体通过喷头内喷嘴开口组中喷嘴开口的定位关系来实现（CN201310087524.4）。

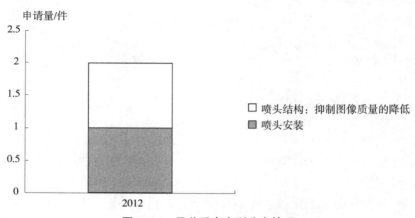

图 7-31　兄弟重点专利分布情况

在喷头安装技术分支，为实现在波形记录片材上期望的位置排出墨滴，根据喷墨打印机中喷墨头在移动方向上的位置函数来获取与喷墨头墨水排出表面的使用喷嘴布置区域和预定波形变形的记录片材之间的间隙的变化信息，用获取的间隙变化信息乘以校正系数获得代表性间隙变化，基于确定的代表性间隙变化确定从喷嘴行排出墨水的时刻（CN201210586201.5）。

7.1.2.3　广东省喷头领域近五年重点专利分析

本小节通过对喷头领域2011~2015年（申请年）且同族数目不小于1件的广东省专利申请进行筛选，以上述筛选出的重点专利为研究对象，对重点专利的总体布局情况、各主要申请人在喷头领域各技术分支（喷头结构、喷头维护、喷头制造和喷头安装）的专利布局情况进行分析。

从图7-32可以看出，2011~2015年，喷头领域广东省重点专利申请更集中于喷头结构技术分支，其次为喷头维护技术分支，而在喷头制造和安装技术分支的申请量相对较少。此外还可看出，华星光电重点专利申请量最多，其次为天威，且它们都更侧重于喷头维护技术的专利申请。此外，在上述重点专利中，仅纳思达就喷头制造技术提出了1件专利申请。

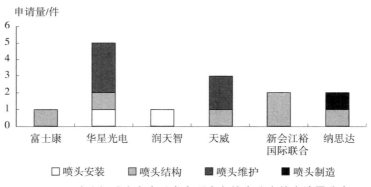

图7-32　喷头领域广东省重点专利在各技术分支的申请量分布

综合来看，2011~2015年喷头领域广东省重点专利主要集中于喷头结构技术分支，主要包括：对喷头内压电元件上施加的周期性控制电压的控制、喷头本体与喷头座的可拆卸安装设计、减少喷头的墨道内气泡累积的喷头结构设计、防止喷头出液孔的堵塞、喷头的供墨针上的密封套结构设计等。

在喷头本体与喷头座的可拆卸安装设计方面，申请人采用的方法为：将喷头本体通过倒扣扣接在喷头支架的缺口上的方式，摒弃了传统技术中喷头与喷头座一体成型的结构，实现了喷头本体与喷头支架的分体（CN201220610340.2）。

在减少喷头的墨道内气泡累积的喷头结构设计方面，申请人采用的方法为：使喷头本体上设置的与墨盒的出墨管口对接的上墨道中设置分隔板，分隔板将上墨道分为若干墨道，每一分隔墨道与下墨道连通，使得进入到上墨道中的墨水经由分隔板分隔出的若干墨道进入到下墨道中时，墨水中的气泡因分隔板的阻挡而不能继续累积，实现降低因气泡的累积而造成的墨道被堵塞的目的（CN201220608785.7）。

在防止喷头出液孔堵塞方面，申请人采用的方法为：利用设置于喷墨单元内的供气装置通过喷气孔向喷头周围喷出气体以清洁喷头，实现防止液体附着在喷头周围进而堵塞出液孔的目的（CN201120344301.8）。

针对上述重点专利中另一集中技术——喷头维护技术方面，广东省各申请人采用的技术包括：

1）利用超声波清洗装置对喷出配向液的喷头进行清洁，实现对堵塞的滴下孔口进行快速、彻底的清洁（CN201310294069.5）。

2）采用包含控制电路、泵、管、阀、上清洗盒、压力传感器的清洗装置，以准确判断打印头是否已经完成疏通（CN201310231153.2）。

3）设置喷墨印刷的涂料回收系统，在清洗喷墨头的同时吸取喷墨头所喷出的涂料（CN201110363909.X）。

4）按照一定的移动路径定时配向膜列印机的喷头喷洒溶解液，用以溶解凝固在喷头喷孔上的液滴；并按照上述移动路径进行吸真空操作，以吸走喷头表面覆盖的溶解液，有效防止配向膜列印机喷头因滴液干涸导致的堵塞现象（CN201210477207.9）。

7.1.2.4　喷头领域在中国失效专利分析

世界上每年有95%以上的科技发明成果记载在专利文献上。据统计，有效利用专利信息可以缩短60%的科研周期，可节约40%的研发费用。合理的利用专利信息可以帮助企业全面了解行业的技术发展状况、自身技术定位、提高研发起点、节约研发投资经费。创新驱动发展，企业要想在市场经济中生存、发展、壮大，就需要不断提升自身的创新能力。然而，我国企业在喷墨打印机的打印喷头领域，技术力量薄弱、研发能力不足、制造能力跟不上需要等现状均成为企业进行技术创新的障碍。而失效专利的合理利用则是促进我国企业发展的捷径之一。

1. 失效专利的形成原因

专利失效的原因包括：申请人在申请公布后撤回、申请人逾期不请求实质审查、申请人无正当理由逾期不答复而被视为撤回、驳回的不符合专利法相关规定的发明专利申请、专利权撤销、专利权被无效、专利权人未按规定缴纳年费而导致专利权在期满前终止、专利期限届满、专利权人以书面声明放弃其专利权等。其中基于视为撤回、驳回、主动撤回、被无效、专利权撤销的失效专利有一定的开发利用价值，但是其开发应用存在引起知识产权纠纷的可能。而基于专利期限届满、专利权人未按规定缴纳年费、专利权人书面声明放弃专利权的失效专利技术含量相对较高、并且不容易出现专利侵权纠纷，利用价值较高。

经过统计，喷头领域进入中国的失效专利共有2291件，其中曾经授权而后又失效的专利为1338件。

2. 喷头领域失效专利的基本情况

由上面的分析可知，因专利权人未按规定缴纳年费、专利权人以书面声明放弃专利权、专利期限届满而失效的专利利用价值较高。由于在喷头领域国外技术一直处于垄断地位，国内主要依靠进口，因此我们仅仅分析进入中国的国外申请的失效专利。基于上述限定，对上述专利进行检索和数据处理后，得到向国家知识产权局提出的涉及喷头的进入中国的国外专利申请共有 993 件。

　　由图 7-33 可以看出，失效专利中大部分为喷头结构相关专利，其次为喷头维护，而涉及喷头制造、安装的专利较少。其中 90% 为发明专利，仅有 10% 为实用新型专利；发明专利较实用新型的专利保护期限长，且通常情况下，发明专利的技术水平要高于实用新型专利。在喷头领域，申请人希望专利的维持年限较长，因此大部分专利为发明专利申请。由图 7-33 可以看出，大部分失效专利的申请时间集中在 1999~2004 年，距离现在都已超过 10 年。

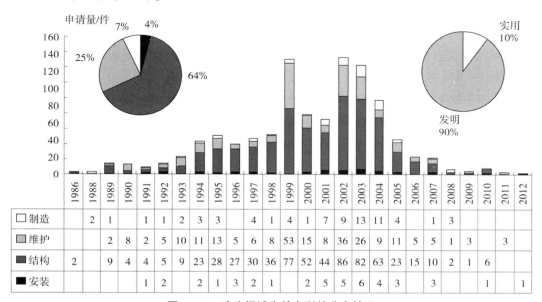

	1986	1988	1989	1990	1991	1992	1993	1994	1995	1996	1997	1998	1999	2000	2001	2002	2003	2004	2005	2006	2007	2008	2009	2010	2011	2012
制造		2	1		1	1	2	3	3		4	1	4	1	7	9	13	11	4		1	3				
维护			2	8	2	5	10	11	13	5	6	8	53	15	8	36	26	9	11	5	5	1	3		3	
结构	2		9	4	4	5	9	23	28	27	30	36	77	52	44	86	82	63	23	15	10	2	1	6		
安装					1	2		2	1	3	2	1		2	5	5	6	4	3		3			1		1

图 7-33　喷头领域失效专利的分布情况

　　由图 7-34 可知，失效专利的前 10 名申请人中，佳能、爱普生、兄弟、惠普都是打印耗材领域的商业巨头，这些企业主要来自日本和美国。而萨尔技术、莱克斯马克在打印耗材市场上并不常见。此外，失效专利前 10 名申请人的专利量占所有失效专利的 86%，可见该领域是一个技术集中度高、垄断性高的行业。

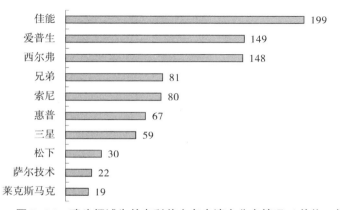

图 7-34　喷头领域失效专利前十名申请人分布情况（单位：件）

每个产业在世界范围内的发展水平都是不均衡的。一般情况下，如果某个国家/地区在行业内技术领先，其国家/地区势必存在一家或多家技术领先的企业。如果某个国家/地区存在多家技术领先的企业，那么在该国家/地区就会形成良好的竞争环境和研发环境，该国家/地区在该领域的专利申请也相对活跃。因此，分析掌握关键技术国家的申请人的失效专利对企业有很好的借鉴意义。通

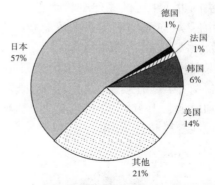

图7-35　喷头领域失效专利国家/地区分布

过图7-35可知，失效专利主要集中在日本和美国，而日本、美国大部分专利是因为期限届满和不缴纳费用而失效。对于国外大型龙头企业来说，其涉及核心技术的专利是不会轻易主动放弃的，即使放弃也会根据企业发展战略进行选择性的放弃。因此虽然失效专利对大型企业失去了意义，但还是值得我国企业去研究，从而弥补我国在喷头领域研发力不足、起步较晚的短板。

由图7-36可以看出，失效专利前6名申请人在喷头结构方面都有专利布局。其中，爱普生、兄弟在喷头的安装、结构、维护、制造四个方面都有专利布局；惠普主要在喷头制造和喷头结构方面布局；佳能主要在喷头维护和喷头结构方面进行专利技术布局；而西尔弗在喷头安装和喷头制造方面均没有布局专利。由上述分析可知，各个申请人根据公司的业务情况而开展了各不相同的布局侧重点。

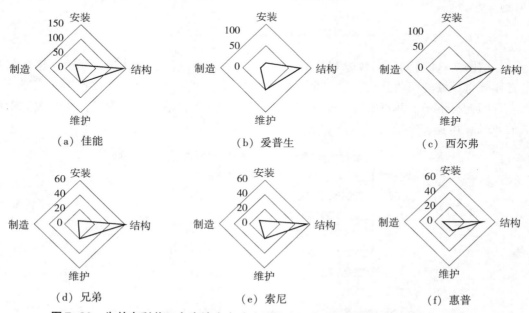

图7-36　失效专利前6名申请人在喷头结构方面的专利布局情况（单位：件）

由图7-37可以看出，喷头制造、安装方面的专利平均维持年限为11年，而喷头

结构、维护的相关专利的平均维持年限为 12 年。这也说明在喷头领域，喷头的结构和维护是重要的技术分支，且进入中国的专利的技术水平都相对较高。

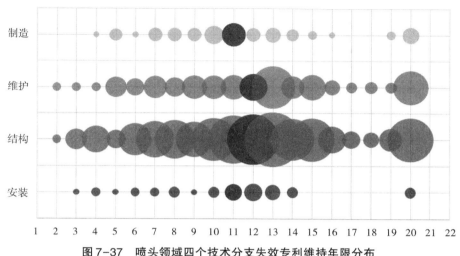

图 7-37　喷头领域四个技术分支失效专利维持年限分布

对于专利权人而言，只有当专利权带来的预期收益大于专利年费时，专利权人才会继续缴纳专利年费。因此，专利维持期限的长短在某种程度上反映了该专利的重要性。图 7-38 可以看出，申请人的专利维持的平均年限各有不同，这也体现出申请人专利布局的策略各有不同。例如，兄弟的专利权维持年限大都不超过 10 年；而佳能的专利中，专利权维持年限低于 10 年的专利很少，大部分为 20 年；爱普生的专利中，从专利权维持 2~20 年都有分布，其大部分专利的维持年限为 10 年。这也反映出佳能在喷头领域进入中国的专利都为较重要的专利。国内企业可以根据自身的情况而选择合适的专利布局策略。

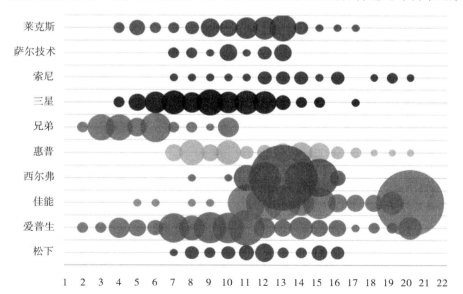

图 7-38　失效专利前 10 名申请人的维持年限分布

由图 7-39 可以看出，西尔弗布鲁克、拉普斯顿、品田聪主要集中在喷头的结构和喷头的维护，而久保田雅彦、渡边英年主要集中在喷头的结构和制造，因此我们可以根据各个发明人的擅长领域而有针对性地寻求合作或者实施人才引进。

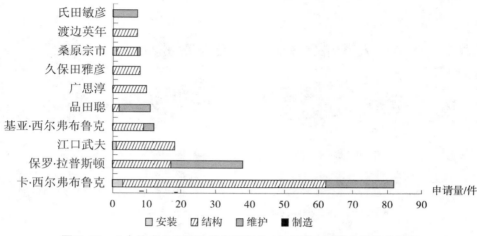

图 7-39　4 个技术分支的失效专利的前 10 名第一发明人的分布情况

3. 喷头领域失效专利筛选实例

喷头其实是一个组件，包括喷嘴、吸墨嘴（吸墨柱）电路板、过滤网、压电陶瓷等。喷嘴外层表面镀膜，内部由陶瓷层、衬板层、储墨层等组成，并采用胶体粘接；喷嘴又连接吸墨嘴，吸墨嘴形似塑料柱，其上端有多个呈菊花瓣状的小孔连接到墨盒上。以上这些组成一个整体，统称为喷头或者打印头。可见喷头是一个涉及多个领域的、高技术含量的产品。在喷头领域的龙头企业均为外国企业，例如惠普、佳能等几乎垄断了该行业的核心技术，而我国的喷头主要依靠进口。在这种前提下，课题组对失效专利筛选的目的旨在寻找行业内关键技术和技术发展情况，从而引导和指引国内企业尤其是广东省企业开展相关技术的研发创新活动。

由于专利权人以书面声明放弃其专利权的失效专利中，可能有部分是申请人为了避免重复授权而放弃了实用新型专利，而这部分失效专利还是具有专利侵权的风险的。为了排除这部分专利，课题组经过人工标引、去噪，最终获得 878 篇进入中国的喷头相关的失效专利。而这些专利是国内企业应该研究的重点。

（1）利用同族被引用频次和专利维持年限来筛选

引证专利是指由申请人在说明书中写明的，或由审查员在审查过程中确认的与该篇专利文献技术内容相关的其他专利文献。通常情况下，专利的被引用频次越高，该专利在该领域的产业链上所处的位置则较为关键，竞争对手规避专利的难度较大。因此，专利被引用次数可以在一定程度上反映其在行业内的重要性。而专利维持年限也能在一定程度上反映该专利对于企业的重要性，专利维持年限越高，说明企业对该专利越重视。同时，专利被引用频次和专利维持年限还受到公开时间的影响，通常公开时间越早，被引用的概率越高，专利维持年限也可能越长。因此在利用同族引用次数、专利维持年限来筛选的时候要考虑同一时间段的专利。

课题组从国外来华专利申请失效专利中，选取被引证数不小于5、专利权维持年限不小于10的专利进行详细分析，构建专利列表，并经过人工标引分类，最后实际得到的重点专利申请量为39件。

在筛选出的重点专利中，与热发泡式、压电式相关的专利都已经失效，热发泡式喷头的制备方法、压电喷头的结构、压电薄膜、喷嘴板、喷墨原理、文档数据传输、喷头防堵、喷头的维护、喷头的清洗等一系列相关专利都已成为现有技术。研发人员可以利用上述技术、或者在上述技术的基础上进行改进来制备喷头，进而引导我国企业发展。

（2）利用重要申请人筛选

由前面的分析可知，我国在喷墨头领域的技术水平远远落后于国外，且我国几乎全部的喷头都依赖进口。近几年来随着家用打印机的普及以及工业喷头在彩绘、陶瓷、印刷领域的崛起，对喷头的需求越来越大，那么及时摆脱国外企业的垄断迫在眉睫。而我国进入喷头的时间较晚，因此利用好失效专利，有利于为我国企业奠定较高的起步平台，加速我国企业在喷头技术领域的发展。而行业龙头企业通常是经过多年的技术积淀发展起来的，行业龙头企业也就是重要申请人，通过对这些申请人的失效专利的分析有助于我们了解行业内重要的技术以及行业的发展脉络情况。而由前面的分析可知，该行业内前10名的申请人占有了喷头领域所有失效专利的86%，可见该领域技术集中度非常高，很有必要对重点申请人进行研究。

由前面的分析可知，在喷头失效专利中，佳能的专利最多，且佳能大部分专利维持年限为20年。对佳能专利中涉及喷墨打印喷头专利权维持20年的失效专利进行分析，并对其专利进行了人工标引后发现，佳能喷头失效专利中，专利权维持20年的专利共有63件。其中大部分专利都是针对热发泡式喷墨打印。

采用热发泡技术的喷墨头长期在高温、高压环境中工作，除喷嘴腐蚀严重外，同时容易引起墨滴飞溅和喷嘴堵塞等。在打印品质方面，由于在使用过程中要加热墨水，而高温下墨水很容易发生化学变化，性质不稳定，色彩真实性就会受到一定程度的影响；同时由于墨水是通过气泡喷出的，墨水微粒的方向性与体积不好掌握，打印线条边缘容易参差不齐，一定程度上影响了打印质量。热喷印技术因其极限性（只能使用高张力低粘度的以水为主要介质的水基喷墨），不能使用有机溶剂，因而无法使用溶剂型喷墨以应用于户外大幅面广告喷印，及较高的保养维修成本，高昂的耗材成本，正在全世界范围内逐渐被淘汰。目前，采用热发泡技术的产品主要为佳能和惠普等公司的产品。惠普的新型喷印机也多转为陶瓷压电式喷印技术。

佳能的上述失效专利中涉及喷头的发热电阻、喷射原理、喷射方法、喷头的供墨通道、喷头的制备、喷头的结构、加热区域的结构、加热区域温度的控制等涉及喷头的必要组成部分的专利，以及为了提高打印速度、喷墨的稳定性、喷头的寿命、喷射速度、喷墨的均匀性等对喷头的性能进行改进的专利，还有与喷头相关的墨盒、供墨元件等相关的专利。可见佳能对喷墨头从喷墨的原理、喷墨产生的方法、喷墨头的主要部件、喷头的制备方法、对喷头性能的改进以及与喷头配合使用的墨盒都进行了专利布局，形成了完整的专利技术布局。对于国内企业尽快掌握喷头的技术有良好的借鉴作用。

（3）利用技术含量相对较低、容易突破的关键技术筛选

我国在喷墨打印头领域起步晚、没有技术积累，因此利用失效专利的直接目的就是找到容易突破的、技术含量相对较低的、企业投资少、见效快的技术方案和研发路径，进而节约研发经费、减少企业的投资和研发的风险、缩短新产品的开发周期。那么在寻找失效专利时候，就要关注与企业研发方向相近或者喷头所使用的关键部件在我国有一定的研发基础和技术积累的专利技术方案。这样对于企业的发展、关键技术的突破具有良好的帮助。而寻找到这些专利就需要企业的研发人员通过失效专利的筛选和技术方案的深入理解来评估。

课题组以综合利用上述筛选方式和条件筛选出的失效专利中 CN96100210.7 为例进行介绍。

该发明是一种制作液体喷头的方法，这种喷头依靠向液体加热能，产生气泡，以喷出要求的液体。它采用了活动部件、利用产生气泡移动来提高喷头的喷射效率，防止气泡泄压。

该发明的申请人是佳能。20 世纪 80 年代初，佳能成功开发气泡喷墨打印技术，并将其产品推向全世界。

相关技术的技术发展脉络：气泡喷射式墨水喷射记录方法是公知的，它把能量，如热，传给墨水，使之产生短暂的状态改变，并导致常用时体积变化（气泡产生），从而利用状态变化产生的力量使墨水从喷射口喷到并留在记录材料上形成图象。就像美国专利 US4723129 所披露的那样，一个采用气泡喷射记录方法的记录设备一般包括一个用来喷射墨水的喷出口，一个与喷出口相关联的墨水通路，以及一个设置在墨水通路上的用来产生能量的电热转换器。这种记录方法的好处在于，可以在高速和低噪声下产生高质量的图象，可以高密度地设置众多的此类喷出口，因此，实现了高分辨率、小体积的记录仪器，也可轻而易举地实现彩色图象。正因为如此，气泡喷射记录技术目前被广泛地应用于打印机、复印机、传真机或其他办公设备，以及类似织物印染设备等工业系统中。

而喷头的喷射效率关系到打印的速度，是喷头的一个主要的性能参数也是业界申请人普遍关注的技术问题，且出现了不同的解决办法。例如，人们提出采用一种在（墨水）流动通路上引入一个阀之类的活动部件的结构来提高喷射效率。而利用该方法的关键在于阀的制备，专利申请 No. 63-199972 #描述了一种制作阀元件的方法，在墨水喷射记录头的液流通路中用了这种阀。该阀是通过对光敏树脂或类似物质采用光刻形成的。日本公布的专利申请 No. 631918（美国专利 No. 5278585 #）公开了一个用来生产带有单向阀的墨水喷头的方法。其部件采用光刻模板，各向异性蚀刻处理。

目前，发明者开始发现，明显改善喷射特点的最重要的因素是根据气泡自身给于喷出部分能量的影响，考虑增加下游气泡部分。即，人们发现通过有效地指引气泡下游部分向喷射方向移动可以改善喷射效率和速度。基于这一发现，发明者们走到了和传统技术相比更高的技术层次上，他们有效地把气泡的下游部分移到了活动部件的自由端一面。

此外，人们也发现考虑结构因素，如活动部件和与产生气泡的加热区下游侧增加气泡有关的液体通路。例如，在下游一侧，从中线以液体流动的方向经过电热转换器的中心区域，或一个有助于气泡产生的表面的中心区域。

基于以上发现，有些发明者发明了一个全新的液体喷头的结构。

这种喷头有第一通路部分，使液体同喷射出口相通，还有第二通路部分，内置电热转换器。另有一个分隔壁置于第一通路部分与第二通路部分之间，壁上有一个可移到第一通路部分的活动部件。当此部件移动后，第一通路部分和第二通路部分液体相连。

这一喷头是被设计成以如下方式影响喷射的：电热转换器生成气泡，当气泡增多时，活动部件就移到第一通路部分那边，于是压力就由已移位的活动部件引向喷射口。

上述在液体喷头中采用了依靠气泡移动的活动部件，喷头是由一个带有电热转换器的衬底，第二通路部分的壁，带有活动部件的分隔壁，一个附有第一通路部分侧壁的带槽顶板放置、连接，和用压力弹簧密封而成的。

在上面制造液体喷头的过程中，有时在分隔壁和第二通路部分侧壁之间会因生产差异出现隙缝，这靠生产控制是不易避免的。如果在这一区域出现了缝隙，压力的泄放气泡会从这个缝隙逸散，从而导致因喷射压力不足喷射失败，因为压力波从缝中逸散，传到相邻的通路中，并使其中的液体波动，于是在连续驱动中有时就会出现喷射量的变化。一个避免出现缝隙的办法是用胶合剂把分隔壁和第二通路部份的侧壁粘住。但这个方法是不好的，因为那种情况下胶合剂会侵入活动部件和分隔壁之间的空间，以至于使活动部件无法移动。

更不利的是，上述生产方法需要把衬底，分隔壁，带槽顶板定位，这需要大量的时间以保证定位的精度。

而该申请就是在上述背景下，提供一个制作活动部件的方法。这一活动部件可以有效、实用地控制气泡的产生，可用于一般阀门，或新式喷头及目前发明者们在以前申请中所描述的喷射原理中。此喷头具有为喷射液体用的喷出口，有向所说液体供给热能的热产生元件，有一个包括第一通路部分和第二通路部分的液流通路。此第一通路部分与所说喷出口有液体连通，而第二通路部分安置在所说第一通路部分下面，其底面装有所说的热产生元件，有将所说的液流通路分成所说第一通路部分和第二通路部分的分隔壁，还有一放置在所说热产生元件上部、在所说分隔壁上的活动部件，以便根据由所说的热能在液体中生成的气泡被移动到第一通路部分的一侧，凭借所说气泡的生成，使第一通路部分与第二通路部分以液体连通，同时所说的压力通过所说活动部件的移动指向所说的喷出口，以喷射所说的液滴。其中所说的活动部件由提供的带有槽的所说分隔壁形成，而所说活动部件的槽是用电成型加工所说的分隔壁而形成。

一项专利可以引用其他专利，同时也可以被其他专利所引用，而其引用的专利或者引用该专利的专利都是技术相关、相近的专利技术，因此可以通过梳理其专利的引用情况和被引用情况来分析行业技术发展的脉络和关键节点。这对于失效专利的利用具有重要的意义。我国企业可以通过对大量的失效的专利的分析来指导企业的研发和技术创新。

7.1.2.5 结论与导航建议

1. 对于合作申请的结论与导航建议

1）通过分析喷头领域在中国申请的 6470 件专利的申请人类型可知，合作申请量较少，有 127 件，占总量的 4% 左右，而申请人为研究结构的申请更少，只有 31 件，占总量的 1%。在合作申请的合作方式中，企业-企业的合作申请最多，超过总量的一半，而企业-研究机构的合作申请次之，占总量的 26.3%。说明在喷头领域，企业比较重视与研究机构之间的合作研发，以给产业进步和工业化应用提供所需的技术支撑。

2）中国申请在合作申请中的比重最大，有 126 件，占总量的 47%，日本居第二位，有 113 件合作申请。可见，在喷头领域日本已经比较重视在中国市场的专利布局，且合作申请占的比重较大。虽然中国申请的合作申请量最大，但是大多数合作申请均是同一个公司的母公司与子公司、不同子公司之间的合作申请，不同公司之间的合作很少。相反，日本的合作申请，有一半左右是不同企业之间的合作，属于不同企业之间的强强联合，例如兄弟和京瓷、爱发科和住友、日立和夏普等公司之间的合作申请，这对于国内企业来说是一种好的发展方向。企业之间的合作和共同研发，可以促进技术发展和产业进步。因此，我们应该采取政府合理引导的方式，使企业联合起来，成立研发合作联盟等各种形式的产业联盟，增强技术创新和抵御专利技术风险的能力，以在国际竞争中处于有利地位。

3）对于喷头领域合作申请的技术分支，技术发展成熟且在全球处于垄断地位的日本，在喷头的结构设计领域中的合作申请量最多，中国则是在喷头的维护领域中合作申请最多。喷头的结构是喷墨打印机中重要的一个部件，日本在喷头结构设计这一关键技术上仍然投入了较大的研发力度，在中国的专利布局仍然较多。国内企业比较重视在喷头的维护领域中合作研发，期望在该领域中有所突破。喷头制造技术进入门槛较高，制造喷头的设备精度要求很高，我国喷头制造为国外品牌生产商所垄断，国内企业进行相关的研发难度较大；而喷头的结构技术发展较为成熟且日本在中国的专利布局很多，专利壁垒难以打破，在这一领域的专利布局很难进行突破，国内企业或许可以在喷头的安装领域寻找新的突破方向。

4）对于合作申请中企业-研究机构的合作申请人情况，中国的企业-研究机构的合作申请最多，和企业合作的研究机构有北京大学、大连理工大学、浙江工业大学和中国科学院苏州纳米技术与纳米仿生研究所。而日本的企业-研究机构的合作申请也占了较大的比重，尤其是独立行政法人产业技术综合研究所与日本国内企业之间的合作申请，占据了日本企业-研究机构合作申请的一多半。独立行政法人产业技术综合研究所涵盖了生物技术、化学、电学、地质学、信息技术、力学、材料物理、计量学等领域，类似于国民生产的产业联盟，为日本企业提供专业的技术支持和研发合作。在喷头领域，国内北京大学与北大方正集团科研能力处于领先地位，在喷头领域申请量最大。由于国内企业在喷头领域起步较晚，与科研机构之间的合作研发是国内企业研发的一个好的发展方向。

5）对于喷头领域合作申请的专利权转让情况，喷头的结构设计与喷头的制造方法占了较大比重，而且结合整个喷头领域各技术主题分支的申请量占比，喷头结构是整个喷头领域中最重要的部件，其也是各国企业的重点研发投入领域。喷头的制造方法虽然申请量不多，但是其专利权的工业价值度高，产业利用价值相对较大。国外龙头企业在喷头关键部件上专利的大量布局，例如澳大利亚西尔弗在喷头结构设计领域、日本爱普生在喷头的结构设计领域、佳能在喷头的维护领域、美国惠普在喷头制造技术领域的专利布局，势必会给国内喷头产业带来很大的侵权风险，综合衡量研发难度、成本因素和风险预警，寻求与国外龙头企业之间的专利转让和技术许可也未尝不可。

2. 对于重点专利申请人近四年在中国专利分析的结论与导航建议

（1）结论

1）从技术申请集中度来看，2012~2015 年，喷头领域中国专利申请中四个主要国外申请人的重点专利申请主要集中于喷头结构技术分支，其次集中于喷头维护技术分支；而对于喷头安装和喷头制造技术，申请量相对较少，这可能与目前针对喷头的制造技术和设备的制造水平已发展的相对成熟，而国内在喷头制造技术领域存在技术空白和实现难度有关，因此喷头领域中国专利申请中主要国外申请人的重点专利申请并未将布局重点放在喷头制造技术上。

2）从申请趋势来看，惠普近 4 年的重点专利更侧重于喷头结构技术的专利布局，在喷头安装分支和喷头制造分支均未进行专利技术布局；相对于其他 3 个主要国外申请人（爱普生、兄弟、惠普），佳能近 4 年在喷头技术领域的重点专利申请量最多，其在喷头结构、喷头制造和喷头安装分支均进行了专利技术布局，但相对于喷头结构技术，其在喷头制造技术和喷头安装技术的专利申请很少，且佳能在喷头维护分支并未进行专利布局。爱普生近 4 年的重点专利则更集中于喷头结构分支下的专利申请，此外也相对侧重喷头维护的技术创新，近 4 年未对喷头安装和喷头制造技术进行专利布局。兄弟近 4 年则在喷头领域的技术研发活动热度并不高，说明其近几年的研发重点并不在于喷头技术上。

3）从重点专利技术布局来看，各主要国外申请人主要集中于喷头结构技术分支，具体集中于以下几个技术层面：

①在压电材料的压电性能、环保性提高方面，具体主要从针对主成分为钙钛矿类型金属氧化物压电材料，从钙钛矿类型金属氧化物的组分构成和组分占比（重量比或摩尔比）、或引入附加组分的构成选择来进行专利技术布局。

②在减小打印头芯片尺寸和获得更紧凑的芯片电路方面，具体主要针对宽幅打印头组件，基于打印头芯片的集成结构选择（模制到由可模制材料形成的主体中、或以胶粘或以其他方式安装到印刷电路板中的开口中）实现能够使用更小尺寸的芯片及更紧凑的芯片电路结构的角度开展技术研究并进行专利技术保护。

③喷头驱动电路结构、驱动电路配线的布置方面。

④在液体喷出特性改善方面，各主要申请人从喷嘴开口间的相对定位位置、喷出液体的温度检测、喷射口表面性能改善结构的设置、喷射位置校正结构的设置、压电元件的驱动特性的改善等角度进行专利技术布局。

在喷头维护方面的专利技术布局，各主要申请人主要基于维护方式的不同，从维护构件（擦拭部件、抽吸装置、废液吸收体、或去除喷射过程中产生的浮质、微粒结构）的结构、维护构件相对于喷嘴面的擦拭位置或维护过程中维护参数的设定等角度进行专利技术布局。

（2）导航建议

1）通过上述分析可知，2012～2015年喷头领域中国专利申请中4个主要国外申请人的重点专利的专利布局主要集中于喷头的喷头结构技术，其次为喷头维护技术，而对于喷头安装和喷头制造技术的申请，数量相对较少，这与国内目前在喷头制造技术领域存在技术空白和实现难度有关，因此喷头领域主要国外申请人近几年并未将在国内的喷头专利技术布局重点放在喷头制造技术上。从国内申请人近几年在喷头领域的专利申请分布现状来看，国内申请人近几年在喷头领域的专利申请主要集中于喷头结构技术和喷头维护技术。分析广东省申请人近五年在喷头领域的重点专利申请情况可知，广东省申请人近几年在喷头领域的重点专利申请主要集中于喷头结构技术，其次为喷头维护技术，喷头制造技术则并未涉及。国内申请人的这一布局方式与喷头领域中国专利申请中四个主要国外申请人近几年在喷头领域的布局重点总体一致，因此国内申请人在进行与喷头结构相关技术的研发创新活动时，应特别注意对国外申请人，集中度高的喷头结构技术进行规避。喷头结构技术是实现喷头打印质量、精度、小型化的重要技术，喷头结构技术必然成为喷头技术不可忽视的一个重点，由于国外在喷头领域起步较早，且已具有深厚的技术积累，目前喷头的研究集中于日本、美国和英国，因此国内申请人可吸收借鉴国外喷头结构先进技术进行创新活动及专利技术布局。而在进行喷头结构技术研发时，还要特别注意规避与喷头结构相关的技术，例如压电材料的压电性能和环保性提高技术、减小打印头芯片尺寸和获得更紧凑的芯片电路技术、喷头驱动电路结构、驱动电路配线的布置技术等。

2）针对国外申请人和国内申请人近几年在喷头领域均集中布局的另一项技术——喷头维护技术，国内申请人可从喷头维护技术角度结合已积累的技术继续开展核心技术（从维护方法、维护时序的控制、维护结构的设计等角度）及外围专利进行布局。

3）由于进行喷头生产的喷头制造设备精度高、成本高，国内目前喷头制造技术方面几乎处于空白。国内申请人于喷头制造技术的申请也相对较少。喷头的生产制造技术基本为日本、美国和英国等国外企业所垄断，国内喷墨打印设备生产所需的核心部件面临进口依赖的问题。基于目前国内打印喷头领域的现状，国内从事该行业的企业应整合区域资源、人才优势加大技术研发投入力度，同时也可基于国外喷头主流品牌上近几年在市场上的表现，结合自身的资金链运转情况，对相关喷头领域企业实施并购业务，提高喷头技术的研发起点。

3. 对于在中国失效专利的结论与导航建议

（1）结论

1）经过统计，进入中国的失效专利共有2291件，其中曾经获得专利权而后又失效的专利为1338件，国外为993件，课题组对这993件进行了分析。从专利类型看，90%为发明专利，10%为实用新型，申请人的国籍主要为日本和美国，其中日本占有失效专利数量的57%，美国14%。失效专利主要集中在喷头的结构和维护。由此可以看出，在二十世纪八九十年代日本、美国在喷头的维护、结构等问题上已经进行了深入和广泛的研究，并且进行了大量的专利布局。目前我国的喷头大都依靠进口，我国在喷头领域还没有自主知识产权的产品。目前在喷头领域存在大量可以免费利用的专利，除上述专利外，利用专利的地域特性，未进入中国的国外授权专利，企业可以在中国免费的使用，即可以利用这些技术在国内生产、销售、许诺销售相关的产品。国内申请人可以充分、合理地利用这些免费专利，梳理和挖掘已有的技术来了解喷头领域技术发展的脉络和关键技术。

2）通过对失效专利的分析、研究可以直接获得解决问题行之有效的技术方案，但是除了技术方案本身之外，在分析失效专利时还要关注申请人或专利权人、专利被引用的次数、专利权维持年限、专利同族数等相关信息，这些信息可以在一定程度上反映该失效专利在行业内的重要性，为选取合适、重要的、核心的专利提供了选择依据。例如，佳能在上述失效专利中，专利权维持年限为 20 年的专利有 63 件。此外，通过上述信息找到重要专利或核心专利后，还要关注该专利引用的专利以及引用该专利的专利，即关注其引用和被引用的层级关系，通过对引用层级关系中相关技术的梳理从而找出该技术的发展脉络，为企业了解技术、开发技术提供参考和导向。

3）失效专利的利用如果仅仅是停留在技术模仿的阶段，技术的模仿受制于行业的龙头企业，企业缺乏竞争力和创新力，难以长久维持，所以失效专利的模仿可以帮助企业积累技术，而要在行业内保持竞争力就需要二次开发、在失效专利的基础上进行创新。通过专利的分析可以知道，技术的创新并不是一蹴而就的，是需要不断积累、不断解决生产实际中遇到的技术问题，通过不断积累而有助于创新的产生。而失效专利就是企业再创新的基础、素材，企业可以结合企业的实际，在失效专利的基础上寻找新的改进点实现技术创新进而提高企业的竞争力和抗风险能力。例如，国内耗材领域龙头企业珠海赛纳打印科技股份有限公司通过对现有专利的分析以及研发人员在现有技术上的二次创新和改进，最终一举打破了国外跨国公司对中国激光打印机近 30 年的技术垄断，成功研发出中国第一台自主核心技术的激光打印机，填补了中国在这一产业领域的空白，使中国成为继美、日、韩之后，全球第四个激光打印机核心技术的国家，并为国家打印机信息安全提供了保障。

（2）导航建议

虽然因专利权限期满而成为失效专利的技术所存在的法律风险远远小于因被宣告无效而失效的专利，但是并不意味着失效专利就不存在法律风险。

1）全面检索专利文献。对于有些很重要的技术，申请人一般会选择合适的专利布局策略来保护该项技术，例如针对同一项技术申请多项基于该技术的专利族、在该专利的外围进行包绕式布局或者对该技术的上游、下游进行布局，使得竞争对手难以避开该项专利。如果不进行检索而就使用其中的一件或几件专利技术，很容易陷入申请人布下的专利陷阱。在利用失效专利时要针对该专利的申请人、专利权人、发明人进行追踪检索，针对该专利的技术方案进行全面检索，了解该申请人或者发明人的技术发展情况和专利布局情况、了解该技术在现有技术中的位置，进而避免陷入专利陷阱。

2）建立专题数据库。企业要利用政府以及企业自身的资源，建立企业的专题数据库。企业专题数据库是根据企业的需要，收集与企业相关的所有专利信息以及竞争对手的专利信息，及时跟踪、更新专利动态，让企业内的研发人员对现有技术有全面的了解，那么对于失效专利在该行业的情况也有清楚的了解，这样可以避免利用失效专利的法律风险，同时也有助于企业进行专利布局策略和研发方向的调整。

3）建立知识产权队伍。专利一般是由政府机关或者代表若干国家的区域性组织根据申请而颁发的一种文件，这种文件记载了发明创造的内容，并且在一定时期内产生这样一种法律状态，即获得专利的发明创造在一般情况下他人只有经专利权人许可才能予以实施。由此可见，专利的利用既涉及技术又涉及法律，因此合理地利用失效专利需要既懂技术又懂法律的工作人员来实施。这样才能为失效专利的利用以及失效专利的二次开发或者再创新提高强有力的保障。

7.2　喷墨关键设备专利预警

7.2.1　墨盒领域专利预警

本小节主要从有效及公开待审专利的角度对墨盒产业的专利技术发展方向和重要专利技术方面进行分析，以了解中国在该领域是否存在技术风险。

7.2.1.1　墨盒领域在中国专利技术发展概况

通过对国外进入中国的专利申请的法律状态进行统计，得到有效和公开待审专利共 2526 件。经统计，得出各技术分支公开及有效专利分布如图 7-40 所示。

由图 7-40 可以看出，目前在墨盒产业领域，有效以及公开未审专利主要集中在机械结构以及压力平衡技术分支上，表明墨盒结构以及内部压力平衡系统是目前墨盒专利申请的研发重点以及保护重点。

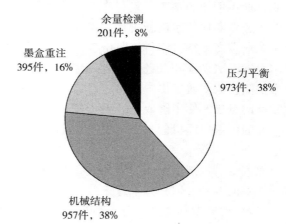

图 7-40　墨盒领域国外申请人在中国公开及有效专利技术分支分布情况

结合图 7-41 可知，国内墨盒领域的技术发展方向在机械结构方面与国外入华申请一致，而国内关于压力平衡方向的专利申请占比仅 23%，远远少于国外来华专利申请占比 38%，说明在对于机械结构的改进是全球的重点发展方向，而对于同样作为研发重点的压力平衡系统这一分支，国内申请人的专利申请量则远落后于国外申请人，可以作为日后的研发重点。

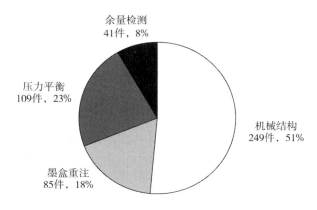

图7-41　墨盒领域国内申请人公开及有效专利技术分支分布情况

对墨盒领域各个技术分支在各国入华的公开及有效专利分布情况进行统计，从图7-42可以发现，各国的专利技术发展情况与全球总体情况基本类似，均是以墨盒的机械结构和压力平衡技术为主。

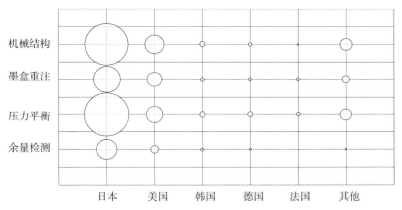

图7-42　墨盒领域各国公开及有效专利分布情况

为了进一步验证该领域的技术发展方向，我们绘制了全球墨盒领域在中国专利申请的时间分布趋势，如图7-43所示。

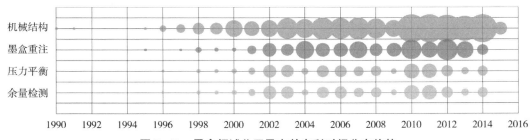

图7-43　墨盒领域公开及有效专利时间分布趋势

可以看出，历年来墨盒领域均以机械结构和压力平衡专利申请案件最多，是关注的重点，说明墨盒的机械结构和压力平衡一直是全球墨盒领域的主要发展方向。

其中，早期的专利申请以机械结构为主，近年来仍然在不断增长，年专利申请量最大。墨盒作为喷墨打印机的附属结构，其结构特征不断随喷墨打印机的结构变化而变化，各企业在对喷墨打印机进行改进的同时，对应用于其上的墨盒机械结构也作出了相应的改进。我国墨盒产业研究人员在对通用墨盒进行生产制造时应当实时对墨盒机械结构专利申请情况进行关注和分析，以便及时对墨盒结构专利进行规避，防止侵权情况发生。

此外，压力平衡也是墨盒领域的一项重要技术分支，该分支各国在中国的公开及有效专利在数量上仅次于墨盒机械结构分支，为墨盒领域的重要技术。我国研究人员需要重点关注该领域的基础专利申请，力图在该领域做出技术突破。

对于墨盒重注以及余量检测技术分支，虽然专利申请量不如机械结构和压力平衡分支，但其绵长的发展轨迹也体现了其重要程度。从消费者对墨盒内墨量使用余量要求的增加，以及墨盒废弃量的增加，余量检测和墨盒重注仍将受到足够的重视，短期内仍然需要加强研究。

7.2.1.2 重要专利技术分析与预警

在上一节介绍总体风险的情况下，本小节主要对国外在中国专利进行技术分析，以具体分析国内企业在该领域存在的技术风险。

1. 通过专利衡量指标筛选重点专利

通过对国外在中国申请专利的被引证数量、同族数以及技术内容分别整理出一些国外在中国的核心专利。

在国外在中国保持有效及公开的专利中，选取同族数不小于20、引证数不小于1、被引证数不小于2的专利（共127件）进行详细分析，构建专利列表，经过人工标引分类，实际得到的重点专利申请为90件。

以下对上述重点专利进行了归纳，作为对国内企业的高危预警专利。

2. 基础技术方案专利集

为进一步筛选出基础专利，对上述重点专利进行了手工筛选。选择墨盒领域各技术分支的重要申请人、专利同族数量多、被引用频次高、权利要求保护范围广的专利，得出基础技术方案，作为国内企业在对墨盒进行技术研发时的重点关注，进行合理规避；促使企业在这些公开技术的基础上进行改进，做到和在先专利的技术差异化，并且达到不被其权利要求所覆盖的程度，促进技术创新。

关于基础技术方案类型，由于墨盒领域机械结构主要与喷墨打印机结构密切相关。其关键技术与喷墨打印机结构改进有关，喷墨打印机在更新换代中其结构也随之变化。企业在面临墨盒的机械结构改进时，需要密切关注该墨盒所应用的打印机的墨盒安装结构以及位置的变换，及时对相关专利进行研究以及规避。最终确定墨盒领域压力平衡重要专利3件、余量检测，及墨盒重注重要专利各1件。

整体来说，墨盒领域各大技术分支需要注意几大喷墨打印机巨头的申请布局，目前专利申请较多都是细节的改进。国内墨盒产业受政策影响，回收及重注率不高，墨盒循环利用行业发展还有一段艰辛的路程。但受绿色制造的影响，墨盒再生与重注为墨盒领域的重要发展方向，根据对墨盒领域重点专利的分析，可见墨盒重注技术分支发展重点在于耗材信息存储与传递以及对墨盒检测；同时由于生活及工作习惯影响，墨盒产业以国外市场为主，有必要了解国外的专利技术避免出口风险。

7.2.1.3　小结与建议

1）在中国的主要外籍申请人和专利权人集中在日本和美国。从专利状态分布来看，日本和美国在待审量和专利权有效量中平衡发展，日本在该领域有成熟的长期发展规划。且墨盒领域专利申请人较为集中，国内企业在对墨盒进行研发时需重点关注各大墨盒巨头，如爱普生、惠普、佳能的专利及其动向。

2）从专利布局数量上来看，在墨盒重、余量检测方面在国内进行产业化时相对容易规避国外专利的保护。而墨盒机械结构和压力平衡是国外申请人在中国重点布局的分支。目前国内墨盒领域的技术发展方向与国外入华申请一致的是在墨盒的机械结构方面，而国内关于压力平衡方向的专利申请占比仅 23%，远远少于国外来华专利申请占比 38%，说明该技术分支可以作为今后国内企业的研发重点。

国内墨盒产业由于墨盒回收政策的原因，回收及重注率不高，墨盒循环利用行业发展还有一段艰辛的路程。但受绿色制造的影响，墨盒再生与重注为墨盒领域的重要发展方向，根据对墨盒领域重点专利的分析，可见耗材信息存储与传递以及对墨盒检测为墨盒重注技术分支的发展热点；同时由于生活及工作习惯影响，墨盒产业以国外市场为主，有必要了解国外的专利技术避免出口风险。

7.2.2　喷头领域专利预警

本小节主要从有效及公开待审专利的角度对喷头产业的技术发展方向和重要专利方面进行分析，以了解中国在该领域是否存在技术风险。

7.2.2.1　喷头领域在中国专利技术发展概况

通过对喷头领域国外进入中国的专利申请的法律状态进行统计，得到有效和公开待审专利共 4458 件。经分析，得出各技术分支公开及有效专利技术分布如图 7-44 所示。

从图 7-44 可以看出，目前喷头产业领域，有效以及公开未审专利主要集中在喷头结构以及维护技术分支上，分别占据喷头领域公开及有效专利申请的 56% 和 29%，而喷头安装和制造技术分

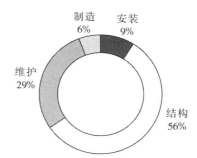

图 7-44　喷头领域国外申请人在中国公开及有效专利技术分支分布情况

支专利申请分别只有 9% 和 6%，表明喷头结构以及喷头维护是目前喷头专利申请的研发以及保护重点。

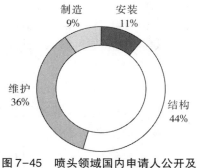

图7-45 喷头领域国内申请人公开及
有效专利技术分支分布情况

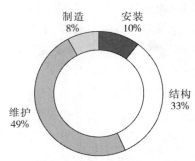

图7-46 广东省申请人公开及
有效专利技术分支分布情况

从图 7-45 和图 7-46 可见，国内申请人与国外申请人在喷头领域的技术发展方向基本一致，均是以喷头结构和维护为主；且国内喷头维护技术分支专利占比为 36%，高于国外在中国华专利申请中喷头维护技术分支专利占比；广东省喷头维护技术分支专利占比则更高，达到了 49%，喷头结构技术分支专利占比相应地有所下降。

对喷头领域在中国申请的公开及有效专利申请比例进行统计，从图 7-47 可以发现，各国专利申请公开比例均为 20% 左右，表明各国在中国的专利申请仍处于较快速的发展期。

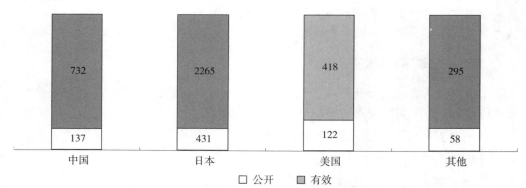

图7-47 喷头领域各国公开及有效专利分布情况（单位：件）

为了进一步验证该领域的技术发展方向，我们绘制了喷头领域在中国专利申请的时间分布趋势，如图 7-48 所示。

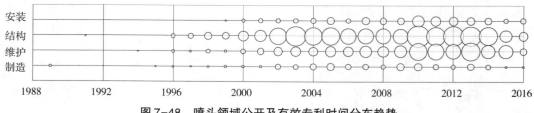

图7-48 喷头领域公开及有效专利时间分布趋势

可以看出，喷头领域在中国专利申请中，最早期被提出的专利申请为喷头制造技术分支专利。然而，由于喷头的研发周期长，技术投入要求高，制造工艺精密且复杂，受制造水平的限制，除台湾地区部分企业外我国大陆企业尚无喷墨打印产品及喷头自主生产制造能力。国外申请人在中国专利申请中喷头制造技术分支专利申请量增长量不大。

从总量上看，历年来喷头领域均以喷头结构以及维护技术分支专利申请案件最多，是关注重点，说明在喷头领域研发方向主要集中在对喷头结构以及维护方式的改进上。国内对喷头的研发尚处于起步阶段，需重点关注上述领域的基础专利申请，加大研发力度，防止侵权现象的发生，力图作出技术突破。

7.2.2.2 重要专利技术分析与预警

在上一节介绍总体风险的情况下，本小节主要对国外在中国专利进行分析，以具体分析国内企业在该领域存在的技术风险。

1. 通过专利衡量指标筛选重点专利

通过对国外在中国申请专利的被引证、同族数、以及技术内容分别整理出一些国外在中国的核心专利。选取被引用频次不小于 3、同族数不小于 20 的国外在中国申请专利；对于 2015、2016 年以后的专利，由于申请时间较晚，其被引用频次相对较低，同族数也存在未公开的情况，因此，选择同族数不小于 4 的国外在中国申请专利。最终得到喷头领域重点公开及有效专利 67 件。

2. 基础技术方案专利集

对于喷头安装类重点专利，各公司采用不同的喷头安装技术，技术研发重点也不同。西尔弗通过控制相邻打印头段之间重叠度，提高打印头的打印质量；爱普生通过滑架驱动用马达、输送用马达及将输送用马达的动力传递至输送辊的驱动机构，可实现更进一步的小型化；惠普研发的喷头系统设有打印流水线、多组图象生成元件、打印引擎、半色调处理器、打印元件控制器，从半色调处理器接收半色调数据，并由此生成打印元件控制指令，传送给一组打印元件；迪马蒂克斯股份有限公司申请了一种喷头安装组件，能有效的实现喷头的对准安装。

通过分析喷头结构技术分支重点专利，可知国外申请人在中国申请专利的研发重点主要有：高精度地规定喷嘴列间的喷嘴位置；缩小流道容积；提供致动器，其致动器系统可在具有允许低成本制造方法的喷嘴间隔的高密度打印头设计中使用，以防止喷嘴大型化；优化压电元件与电缆基板的连接方法，防止电极之间的短路；改进液体排出头的结构，使得已经在安装或卸下液体罐时漏出的液体难以附着至电接触部。改进记录元件基板的固定黏接位置，进而减小导致利用墨记录的图像品质下降的问题；通过对压电材料及其结构的改进，提高喷嘴的压电元件性能；通过对喷头内压力室的改进，降低喷头内由于液体流动引起的干扰，减小波动状态的发生等。

对于喷头维护技术分支重点专利，目前的研发重点主要集中在减少喷嘴不良的发生，采用的方式主要有：通过用于在喷墨印刷机中对失活的印刷喷嘴进行补偿的方法，克服关于硬件冗余和效率低下方面的缺点；通过擦拭件执行的擦拭动作与由擦拭件清洁器执行的清洁动作，有利于小型化，且墨水、异物除去性能优异；合理设置废液收纳体的位置，有利于打印机整体安装及维护等。

喷头制造技术分支重点专利，受国内制造业水平限制，国外在中国专利申请数量较少。目前喷头制造技术分支维持有效的重点专利中，公开了在金属平板上形成感光树脂层、供墨通路、过滤器，对感光树脂层曝光和显影，使感光树脂层形成喷嘴的制造方法。

国内企业在对喷头进行进一步研发时，需重点关注上述重点专利保护方向，避免可能存在的侵权风险。也可以根据技术需要，对相关专利以及主要发明人进行技术引进。

7.2.2.3　小结与建议

1）在中国的主要外籍申请人和专利权人集中在日本和美国。从专利状态分布来看，日本和美国在待审量和专利权有效量中平衡发展，有成熟的长期的发展规划；且喷头领域专利申请人较为集中，国内企业在对喷头进行研发时需重点关注各大喷头企业巨头，如爱普生、惠普、佳能的专利和动向。

2）国外在中国专利申请以喷头结构以及维护技术分支专利为主，喷头结构技术分支专利占比达 56%，喷头维护技术分支专利占比 29%；由于喷头的研发周期长，技术投入要求高，制造工艺精密且复杂，受制造水平的限制，除台湾地区部分企业外我国大陆企业尚无喷墨打印产品及喷头自主生产能力，喷头市场基本为国外品牌厂商垄断，国内生产所需主要依赖进口。国外在中国专利申请中喷头制造技术分支专利申请量不大，占比仅 6%，国内喷头制造技术存在较大的技术发展空间。在国内制造水平落后的情况下，高精度喷头制造类技术难以进行深入研发，我国企业可以尝试从精度要求较低的工业应用领域进行研发，如部分 3D 打印领域及纺织印染领域，集中研发力量，加强技术积累，力争降低喷头制造成本。此外，国内企业可以考虑先从喷头外围技术入手，尝试国外专利布局较少的喷头维护技术，进而逐步实现喷头技术的专利布局。

3）国外在中国专利申请中，通过对喷头各分支重点专利的分析可知。对于喷头安装技术分支专利，各公司采用不同的喷头安装技术，技术研发偏重点也不同。对于喷头结构技术分支专利，技术侧重点有：防止喷嘴大型化；防止电极之间的短路；提高记录图像品质，改进压电材料，减小喷头内流体波动状态发生等。对于喷头维护技术分支专利，目前的研发重点主要集中在减少喷嘴不良的发生。对于喷头制造技术分支专利，其基础专利涉及在金属平板上形成感光树脂层、供墨通路、过滤器，通过对感光树脂层曝光和显影的方式，使感光树脂层形成喷嘴的喷头制造方法。其中国外申请人在喷头结构上研发投入较大，专利数量较多，形成了强大的专利壁垒；国内企业在对喷头进行研发时，需要注意对上述技术领域进行规避。

第8章 主要结论和措施建议

本章对喷墨关键设备的专利发展整体情况进行总结，分墨盒、喷头两个分支，从全球、中国和广东省多个层面，对喷墨打印机中的墨盒和喷头领域的专利申请趋势、主要专利申请人、专利申请类型及专利申请合作模式、专利申请法律状态、专利申请集中度与活跃度、专利风险预警、专利导航等情况进行全面总结分析，并对喷墨关键设备领域的发展提供建议。

8.1 墨盒产业主要结论和建议

8.1.1 墨盒产业总体专利态势分析结论

1. 中国墨盒技术受国际打印机设备生产厂家制约

按生产厂商划分，可以将墨盒分为原装墨盒、通用墨盒（兼容墨盒）和假墨盒。原装墨盒由打印机厂商生产，只能用于自己生产的打印机，优点是打印质量好、墨水流畅、不易堵塞喷头。通用墨盒是指在功能、质量上符合打印需求的非原装打印耗材产品，品牌通用耗材在保证打印品质与原装媲美的基础上，还具有兼容、环保、经济等优点。假墨盒则是单纯的假冒产品，它与原装墨盒外包装一模一样，但其墨盒内则是劣质墨水。

由于墨盒是安装在喷墨打印机上的，而国内墨盒企业又不生产喷墨打印机，且国内消费者使用的喷墨打印机都是由国际巨头所生产，兼容墨盒需要适配国外打印机生产厂商生产的打印机。国内墨盒企业主要生产兼容墨盒，但是价格远远低于原装墨盒，因此对原装墨盒企业的利益造成了一定的冲击。国际企业为了限制国内墨盒的发展，经常推出新的打印机，通过改变打印机与墨盒的接口结构、改变芯片等手段来打压中国企业。中国企业只能跟随国际企业的步伐，不断进行专利规避、芯片破解，从而导致国内墨盒企业很被动。而大部分企业由于公司规模较小，仅仅靠贴牌生产，并借助行业内大企业建立的供应链进行销售，没有破解芯片、专利规避的实力，逐渐会被产品换代的更新而淘汰或者被迫生产仿制品。中国墨盒企业一直处于被动状态，企业缺乏核心技术，导致市场同质化严重。

在21世纪初，由美国国际贸易委员会对中国产品发起的"337调查"、欧盟连续发起的反倾销、反补贴调查，以及在欧洲、美国、日本的专利诉讼都让国内耗材企业的墨盒产品出口受到了阻碍，市场受到了影响。在这种情况下，国内耗材企业开始注重知识产权的保护，逐渐加大企业的研发力度和专利申请的力度，国内耗材企业已经开始注重研发和知识产权的保护。

2. 全球墨盒产业专利态势分析结论

（1）墨盒领域专利申请现状

墨盒领域全球、国外申请人在中国、国内和广东省的申请量如表8-1所示。

表8-1 墨盒领域专利申请分布

	全球申请量/项	国外申请人在中国申请量/件	国内申请量/件	广东省申请量/件
总量	20369	8484	3898	2062
墨盒重注	8425	5080	416	190
余量检测	8537	2380	845	475
压力平衡	9675	5198	731	359
机械结构	11383	6482	1906	1038

可以看出，墨盒领域专利申请以机械结构为主，广东省专利申请量占国内专利申请量的一半以上。

（2）国外企业进入技术成熟期，中国企业技术研发仍较为活跃

全球在1991年前，墨盒专利年申请量较少，均在100项以内，1994年后进入快速发展，2004年达到峰值1206项。而后国外申请人关于墨盒领域各项技术的申请量总体呈下降趋势，年申请量回落到1000项以内。

从各国申请情况来看，美国2004年达到峰值398项，欧洲2008年达到峰值67项，韩国2005年达到峰值56项，之后均有较大幅回落；日本2005年达到峰值778项后，年申请量呈缓慢下降；中国申请人起步较晚，自1996年申请第一件专利之后，专利申请量一直处于波动增长趋势，近年来在年专利申请量上不断接近多年来一直领先的日本，在2012年达到峰值579项。近几年中国在该领域较为活跃，活跃度值为5.04，而全球的平均活跃度为2.43。

可见，墨盒领域各项技术经过了长足发展，国外企业专利申请发展势头已开始放缓，专利申请量和活跃度均有所下降，进入技术成熟期，而国内企业专利技术申请增长较快，技术研发仍较为活跃。

（3）技术集中度非常高，呈垄断态势

墨盒领域申请人中，日本申请人专利申请量占专利申请总量的61%；其次为中国，占申请总量的17%；美国占申请总量的15%；欧洲占4%，韩国占3%，与日本相比均存在很大的差距。以上五个国家/地区的申请量占据墨盒领域申请总量的98.92%，墨盒领域专利技术的地域集中度非常高。

全球专利排名前三的企业均为日本企业，依次为爱普生、佳能和兄弟，其专利集中度分别为14.88%、12.02%、7.9%；此外，日本的理光和富士胶片分别位于第五和第九位。美国惠普排名第四，其专利集中度为5.67%。中国目前有2家龙头企业跻身十强，分别位于第七和第八位。前十名申请人的专利集中度指数为52.00%，且以外国企业居多。

可见，外国企业申请人在专利申请数量上占据了绝对的优势，拥有雄厚的技术实力，技术垄断现象较为严重，整个墨盒产业技术集中度很高，日本在该领域占据绝对的优势地位。

（4）技术创新主体主要为企业，研究机构技术研发较少

从全球喷墨打印机墨盒领域的专利申请类型来看，企业单独申请占专利申请总量的 77%，合作申请占专利申请总量的 19%，个人申请占专利申请总量的 5%，研究机构与高校申请占专利申请总量的接近 0%。合作申请中，企业-企业的合作占 9%，企业-个人的合作占 7%，个人-个人的合作占 2%，其中，日本的企业-企业合作申请中，有一半左右是不同企业之间的合作，属于不同企业之间的强强联合；中国的企业-企业合作申请中，大部分为同一个公司的母公司与子公司、不同子公司之间的合作申请，不同公司之间的合作很少。

可以看出，墨盒领域，技术创新主体主要为企业，研究机构与高校关于墨盒的技术研发较少。也侧面反映出了企业在墨盒领域的技术创新中占据主导地位，企业的技术发展水平基本代表了行业的整体发展水平。

（5）日本的技术原创能力全球领先，中国具备一定的技术竞争力

从全球主要专利公开国和原创国来看，全球专利申请中，日本申请量位居第一（12540 项），其次为美国（7998 项）、中国（5871 项）、韩国（1535 项）和欧洲（3304 项）；日本的原创申请百分比高达 99%；美国为 35%；中国为 58%；韩国为 41%，欧洲为 25%。

专利申请量的多少体现该国家/地区市场被重视的情况，而原创申请的百分比体现该国家/地区本身的技术原创能力。可见，日本非常重视国内市场，在墨盒领域的技术原创能力全球领先，也反映出日本的墨盒领域企业在该领域各项技术上投入研发较多。中国的专利技术原创申请百分比占比较高，反映出中国通过近些年不断发展，在墨盒领域具备一定的技术竞争力。

（6）全球专利布局已较为严密，中国海外专利布局较少

从全球五大专利局之间的专利流向来看，日本在本国专利申请量和海外申请量分别为 11506 项和 9577 项，美国为 2660 项和 1576 项，中国为 3111 项和 399 项；欧洲为 408 项和 521 项，韩国为 607 项和 375 项。并且，其他国家在日本的专利申请量均不超过 100 项，日本在他国的专利申请量均接近或超过他国在其本国的专利申请量，而美国则是最大的专利输入国。

可见，日本、美国的企业已在全球范围形成较为严密的专利布局，尤其是日本，其对任一国家的专利输出数量均大于他国专利输入数量，处于顺差地位，体现了日本申请人在专利布局上立足本国防御、积极对外扩张的状态。而美国则是墨盒领域的最大的专利输入国，各国向美国提交的专利申请量均多于向其他国家提交的数量，体现出美国是最受重视的市场，美国向来注重知识产权的保护，凡是进入美国的产品都可能会受到专利侵权的影响，在严厉的专利制裁制度下，各国均重视美国的专利技术申请。中国企业海外布局较少，专利输出数量均小于他国专利输入数量，处于明显逆差地位，面临较大的竞争压力，需在技术上积极寻求突破，注重海外专利布局和专利侵

权风险防范。

3. 中国墨盒产业专利态势分析结论

（1）国内企业起步较晚，创新热度较高

国外申请人 1985 年在中国提出第一件关于墨盒领域的专利申请。中国申请人在墨盒领域起步较晚，1996 年才提出第一件申请。1996 年以前墨盒领域在中国的年专利申请量不超过 60 件，此后申请量逐年攀升，2012 年达到一个峰值（597 件），并在 2017 年达到最高值（690 件）。其中，国外申请人在中国的申请自 2010 年达到峰值 297 件后，总体呈波动下降状态。而中国本国申请人在墨盒领域的专利申请量于 2015 年达到一个峰值（336 件）后，于 2017 年达到最高值（578 件），总体仍呈波动增长状态。

国内申请人年申请量已高于国外申请人在中国的年申请量；直至检索日，国内申请人的专利申请总量占比（46%）超过日本申请人在中国的专利申请总量占比（39%）。近五年中国于墨盒领域技术活跃度达到 2.68，高于日本的 2.30、美国的 2.60、韩国的 0.41。

国内企业快速增长的专利申请量势头，反映出国内申请人知识产权保护意识的增强以及对于新技术研发积极性的提高。相较于国外企业，国内企业的创新热度较高。

（2）国外在中国专利申请人以日本为主，企业为创新主体

墨盒领域中国申请的申请量排名前十位的申请人中，4 家日本公司（爱普生、佳能、兄弟、理光）、2 家美国公司（惠普和施乐）、3 家中国公司（天威、纳思达、研能科技）。国外公司在申请数量上占据了主导地位，尤其是日本的爱普生，专利申请量高达 1624 件。中国的 3 家企业（大陆的纳思达、天威，台湾的研能科技）在墨盒领域的专利申请量分别为 586、580 和 96 件；国内其他相关企业和研究机构在该领域的研发热度不高。

墨盒领域的国内申请人绝大部分也是企业单独申请，占专利申请总量的 80%；其次为个人申请，占专利申请总量的 17%；研究机构和合作申请各自均占专利申请总量的 1%。中国企业的合作申请中，大部分合作申请均是同一个公司的母公司与子公司、不同子公司之间的合作申请，不同公司之间的合作很少；而日本的合作申请中，有一半左右是不同企业之间的合作，属于不同企业之间的强强联合。体现出企业在墨盒领域的技术创新中占据主导地位，企业的技术发展水平基本代表了行业的整体发展水平。且日本申请人为国外来华的主要专利申请人，侧面反映了其在墨盒领域的技术实力。

（3）创新成果质量与日本有一定差距

墨盒领域中国申请中，中国申请发明专利权维持有效比率仅为 25%，日本为 49.6%，美国为 46%，中国的发明专利权维持有效比率远低于日本和美国。

墨盒领域中国申请中，实用新型专利申请占比为 35%，发明专利申请占比为 65%。其中，发明专利申请中，52% 为日本申请，25% 为中国申请；实用新型专利申请中，15% 为日本申请，85% 为中国申请。即绝大部分的实用新型专利均为中国申请，一半以上的发明专利均为日本申请。这说明日本申请人较为注重墨盒领域专利技术的质量和专利的稳定性，倾向于申请专利保护较为稳定的发明专利申请。而中国申请人由于墨盒技术受制于与其配套的打印机技术的影响，国内企业为了时时跟进国外打印机墨盒

安装技术的变换，需要加快更新换代速度，缩短研发周期，进而倾向于选择申请授权时间快，保护周期短的实用新型专利进行保护；同时，国内申请人发明专利权维持有效率较低，大部分专利技术申请流失成为公众免费获取的现有技术，创新成果质量与日本有一定差距。

（4）地域集中度高，以广东省为主

国内申请区域中，以广东省为主要申请人区域，其专利申请总量（2058件）占据国内申请人申请总量的58%。浙江省在国内墨盒领域的专利申请量位居第二（454），占据国内申请人申请总量的13%。江苏省在国内墨盒领域的专利申请量位居第三（407件），占据国内申请人申请总量的12%；另外，台湾地区和北京市在国内墨盒领域的专利申请量也占据一定比例，分别为9%和4%。

国内各申请区域的申请量分布表明墨盒领域在中国主要以产业群的形式出现，地域集中现象较为突出，主要集中在广东省。

（5）企业受"337调查"频繁

截至2017年底，美国"337调查"案例中针对喷墨关键设备领域的侵权诉讼已有8起，被诉企业大部分集中在珠三角区域。调查结果中一件和解、一件撤诉，其余的都判定侵权成立，并且侵权成立的案例中大部分都颁布了普遍排除令。这体现出墨盒领域各技术经历了多年的发展，企业间的市场竞争较为激烈，各企业将专利申请作为市场竞争的重要武器。

（6）对墨盒重注技术研发较少，回收墨盒难

中国关于墨盒重注的专利申请有5085件，国内申请人关于墨盒重注的专利申请292件，国内申请人在墨盒重注领域申请占比较低，仅为10.8%。

目前国内墨盒重注行业乱象严重，部分企业由于公司规模较小，仅仅靠贴牌生产，并借助行业内大企业建立的供应链进行销售，没有破解芯片、专利规避的实力，逐渐会被产品换代的更新而淘汰或者被迫生产仿制品，处于被动模仿状态，企业缺乏核心技术，市场同质化严重。

为了解决国外废弃产品进入后，用完成为垃圾后出不去而给国内环境造成较大负担的问题，2009年我国商务部发布《禁止进口限制进口技术管理办法》，对打印机、复印机、传真机、打字机、计算机器、计算机等废自动数据处理设备及其他办公室用电器电子产品禁止进口，国内企业无法通过正规途径批量回收墨盒，进而无法进行墨盒重注生产。因此，国内申请人在墨盒重注领域研发较少，专利申请量较低。

4. 广东省墨盒产业专利态势分析结论

（1）技术主要集中于珠海，初步具备海外专利布局意识

从专利申请量来看，广东省专利申请量逐年上升，申请人数量也维持增长状态，正处于活跃发展期，墨盒领域广东省的专利申请（2058件）占中国专利申请的58%。

从主要地区专利发展情况来看，广东省的墨盒技术主要集中于珠海。广东省在墨盒技术领域最早由天威于1997年1月3日提出关于墨盒重注的专利申请，2006年后专利申请量开始快速增长，并于2011年达到峰值（209件）。目前，天威和纳思达两家企业的专利申请量为广东省专利申请量的71.2%。近年来，广东省专利申请量有所下降，

表明该领域的相关技术的开发已相对成熟，保持技术创新活动比较困难，近几年的专利年度申请量有所下降。

广东省 PCT 国际专利申请量为 172 件，PCT 国际专利申请占比为 11.6%。珠海天威的 PCT 国际专利申请量为 73 件，PCT 国际专利申请占比为 12.8%；珠海纳思达的 PCT 国际专利申请量为 76 件，PCT 国际专利申请占比为 15.6%。广东省龙头企业已初步具备国外专利布局意识。但近年来，关于墨盒的专利诉讼层出不穷，美国多次针对中国尤其是广东申请人进行"337 调查"，很多广东省企业深受影响。

（2）企业为创新主体，产业集中度非常高

墨盒领域的广东省专利申请中，企业仍是专利申请的主体，比重高达 84%，其次为个人申请，占比为 14%，合作申请则占有很少的比重，仅为 2%。高校和研究机构由于更加侧重基础理论和前沿技术的研究，采用专利权进行保护的意识相对薄弱；企业为创新主体。

墨盒领域广东省的专利申请人个数为 146，虽然申请人数众多，但是产业集中度相对高，71.2% 的专利申请集中在天威和纳思达两家企业，其余申请人的专利申请量均在 30 件以下。这说明墨盒领域在广东省产业集中明显，中小企业力量较弱，大多数并未形成较大技术规模。

（3）广东省专利申请以实用新型为主

墨盒领域广东省的专利申请以实用新型（1421 件）为主，占比达 69%，发明专利（637 件）只占 31%。一方面，由于广东省墨盒技术受制于与其配套的国外打印机技术的影响，国外企业对打印机技术定期进行更新，国内企业为了时时跟进国外打印机墨盒安装技术的变换，需要加快技术更新速度，缩短研发周期，进而倾向于寻求能够快速授权的渠道；实用新型专利较发明专利申请门槛低，专利审批速度快，保护周期短，因此，广东省实用新型比例较高。另一方面，由于实用新型与发明专利申请相比，创造性要求以及申请难度均较低，说明广东省在墨盒领域专利申请的创新性投入有待增强。

与其他省份相比，排名第四的台湾地区，专利申请中发明专利申请（218 件）占了其专利申请总量（305 件）的 71%，实用新型的专利申请比重则仅为 29%，低于广东省实用新型的专利申请占比 68%，和浙江省的实用新型（342 件）占比 75%。可见台湾地区在墨盒技术领域具有一定的技术积累，技术创新较为活跃，创新意识较强。

8.1.2　墨盒产业发展建议

1. 提高企业创新能力，摆脱模仿困局

（1）建立喷头研发和制造重大专项，突破核心技术缺乏的局面

墨盒安装在喷墨打印机上，需要适配喷墨打印机接口。喷头为喷墨打印机的核心部件，全球喷头领域专利申请中，日本占专利申请总量的 71%，美国占 17%，中国仅占 4%，国内在喷头领域专利申请数量落后于日本、美国，日本、美国在喷头领域已经形成了强大的专利技术壁垒。同时国内制造技术水平达不到喷头精度要求，还没有企业能够进行喷头的批量化生产，缺乏喷头核心技术，目前无自主生产能力，喷墨打印

设备生产所需的核心部件面临进口依赖的问题。

基于国内目前在喷墨打印领域的发展现状，应当建立喷头研发和制造重大专项，突破核心技术缺乏的局面。政府可牵头建立喷头技术研发专项实验室，配备先进研发设备，并制定鼓励或奖励政策，吸引高新技术企业或从事相关领域的企业和研发机构加入，进行喷头技术的研发和试验。

同时推动广东省企业或研究机构针对喷头上下游的精加工产业，应积极申请喷墨打印设备、装备制造等相关领域的国家"863 计划""科技支撑计划""火炬计划""电子信息产业发展基金"等技术创新项目或创新专项基金，以政策引导、科研资金扶持、资金融资等方式全力争取国家或省内重大项目落户，为企业突破国外技术和市场垄断提供保障。

广东省企业可以依靠国家力量引进喷头制造相关生产线，购买先进生产设备；还可以通过国际合作或者与国外先进制造业企业进行谈判，建立委托生产机制，委托别国企业进行生产，以改善我国制造水平达不到喷头精度要求的局面，提升整体制造水平。

（2）关注国外龙头企业的研发动向

墨盒领域的专利集中度非常高，呈垄断态势，中国墨盒技术受制于国外的打印机及其墨盒技术，国内企业需要时时跟进国外打印机墨盒安装技术的变换；国际企业为了限制国内墨盒的发展，不断对打印设备进行升级改造，经常推出新的打印机，通过改变打印机与墨盒的接口结构、改变芯片等手段来打压中国企业，国内企业只能通过模仿、专利规避的方式生产墨盒，很容易受到国际打印机厂商的专利诉讼，给行业带来了较大发展风险，国内生产的兼容墨盒受打印机设备厂商的制约较大。

为了及时推出与打印机相适配的墨盒，国内企业在对墨盒进行研发时需重点关注国外各大打印机和墨盒企业，如爱普生、惠普、佳能的技术研发以及专利布局动向，并可以根据企业具体情况，建立相关的行业专利数据库。

同时建议企业在内部建立和健全知识产权工作管理机构和管理制度，在技术开发部门、经营部门以及下属单位等机构配备负责知识产权工作的专职或兼职人员，建立企业内部知识产权监控以及管理网络，把知识产权工作贯穿于企业产品开发、生产经营、市场运作和资产管理的全过程，以提高企业知识产权工作整体水平，促进企业创新主体的形成。

从政府层面看，政府可以依据现有的专利分析预警项目研究成果，设立打印耗材重点关注领域的专项分析项目，例如针对墨盒连接结构（如芯片等）进行立项。

（3）完善行业标准

目前中国墨盒行业不存在统一的国家标准。广东发布的地方标准《喷墨打印机墨盒通用技术规范》（DB44/T 305-2006），从保护环境、保护消费者合法权益和符合中国现有消费水平的国情出发，创新地提出了墨盒生产应遵循"头盒分""色体分离""不使用芯片""可填充再利用"的原则，同时规定了墨水的残留量、墨水的安全数据等指标。上海发布的地方标准《喷墨打印机用再制造喷墨盒技术规范》（DB31/T 407-2015），规定了喷墨打印机用再制造喷墨盒的技术要求、试验方法、检验规则、标识、包装、贮运等，对生产再制造喷墨盒有效，适用于国内外主流打印机。目前墨盒和再生墨盒行业尚无国家标准和行业标准参照，使得不同企业不同型号打印机适配的墨盒均不一致，不同墨盒产品的墨盒材料、净含量、墨盒报废时的墨水残留量等没有统一标准。

墨盒产业标准的完善可使得行业更加规范化，使得企业有法可依、有章可循。而统一行业标准的出台，一方面使得墨盒技术门槛提高，产品安全性和稳定性更具有保障，新的高要求将促使墨盒行业技术创新；另一方面，对墨盒某个细分行业的具体要求和标准，可能推动其上下游产业、其他墨盒细分行业的发展。

建议政府推动相关管理部门及行业协会进一步引领行业向标准化、规范化发展，完善行业标准，尤其是在墨余量检测、墨盒循环利用等方面制定详细标准方案，逐步实现"技术专利化、专利标准化、标准国际化"。

（4）整合现有资源，加大对中小企业专利扶持力度

虽然墨盒领域申请人数众多，但是集中度相对高，广东省71.2%的专利申请集中在天威和纳思达两家企业，其余申请人的专利申请量均在30件以下。这说明墨盒领域在广东省技术集中明显，中小企业力量较弱，大多数并未形成技术规模。

建议政府加大对中小企业创新主体的专利扶持力度，加大研发投入，鼓励创新，多点开花。此外，政府可以出台相应的鼓励创新的政策、举办促进企业创新的活动，例如组织创新设计与专利大赛，将企业获得奖项作为创新型企业的评判加分标准，以增强企业研发的积极性、提高企业的创新能力和创新实力。

广东省可以通过整合现有资源，提升广东省耗材领域的科技创新实力。例如整合现有精细化工国家重点实验室珠海分中心、嵌入式系统教育部工程中心珠海分中心、浙江大学-赛纳科技联合实验室、耗材检测中心等资源，促进企业不断加大技术创新的投入力度，提高自主创新能力，培育具有自主知识产权的核心专利技术。

（5）重点技术研发方向建议

墨盒领域中国专利申请的申请量排名前4位的国外申请人分别为爱普生、佳能、兄弟和惠普，上述企业在喷墨关键设备领域技术研发创新的时间较早，技术创新高度较高，其技术发展水平在一定程度上对全球喷墨关键设备的发展起着主导作用。

2012~2015年，四个主要申请人的专利技术申请主要集中于墨盒的机械结构，其次为压力平衡技术。而广东省2012~2015年墨盒领域重点专利申请中，主要集中于墨盒机械结构技术的专利布局，其次为墨盒重注技术，体现出广东省研发重点与国外重要申请人基本一致，但各分支技术与国外相比还存在一定差距。

为了明确广东省专利申请人在墨盒领域的专利布局方向，为国内申请实现专利技术规避和寻找技术突破点奠定基础，通过对墨盒重点专利申请人近四年入华专利申请进行分析，得到以下重点技术研发方向建议。

惠普和兄弟近几年集中于机械结构和压力平衡分支的专利布局，在余量检测分支和墨盒重注分支均未进行专利布局；佳能则在机械结构、墨盒重注和压力平衡分支都进行了专利布局，但在余量检测分支并未进行专利布局；爱普生对墨盒的相关技术进行了较为全面的专利布局，近几年在机械结构、压力平衡、余量检测和墨盒重注分支

也都进行了专利技术保护，但与机械结构技术相比，其在压力平衡、余量检测和墨盒重注三个技术分支的专利申请相对较少。

从重点专利技术布局来看，在机械结构技术方面，各主要申请人主要集中于墨盒与打印机接口处（包括通信接口和墨供应接口）的专利技术布局，主要包括以下几个方面。

1）在墨盒电接口稳定电连接方面，各主要申请人主要从设置有电接口的基板或支撑件相对于盒体的安装位置、朝向或相对支撑方式（固定或移动），或盒体和打印装置的附加卡合机构的设置等角度对实现盒体与打印设备间的良好电连接进行了专利技术布局。

2）在提高墨容器安装定位的准确性、稳定性、墨容器良好的组装性方面，各主要申请人主要通过液体供给单元和液体喷射装置之间的安装连接的方式（如卡合部、或推压部和被推压部抵接的方式、或旋转机构），或安装结构上安装部间的间距相对于多个电接触部间的间隔的设置，保证液体供给单元的安装状态。

3）在防止墨水泄漏方面，各主要申请人主要是根据流体泄漏的不同位置（如液体注入口、大气连通口和液体供应口），从而寻找对应的结构，包括在相应的泄漏位置设置拦截部件、吸收部件、液体接收部，或通过盒内部空气室和液体容纳室在使用状态下的相对位置设置，同时结合大气导入口的位置设置等角度进行改进并进行专利布局。

在压力平衡技术方面，主要取决于容纳墨水的容纳体的形式（挠性袋、包括可挠性部分的墨盒腔室或墨盒腔室），进而针对不同的容纳墨水的容纳体的形式，采用从外部加压方式的控制，或内部腔室内的流路、阀的位置和协同作用角度对盒内压力平衡的调节。

在余量检测方面，余量检测结构采用的还是常规的浮子式、光学或直接目视结构，在余量检测方面的专利布局着眼于抑制检测装置的检测精度的下降，如从防止检测部件被泄漏的液体污染产生误检测、降低气泡到达液体余量状态检测部件的可能性、防止印刷材料向检测区域的倒流引起余量的误检测、设计方便目视观察液体容纳部的液位的结构等技术角度。

在墨盒重注方面，则主要着眼于提供可靠地进行墨的再填充的再填充墨的方法的专利技术布局。

2. 注重专利布局，形成专利策略

（1）提升墨盒技术的专利布局方式，对产品和技术全方位保护

国外核心专利申请通过小改进布局到大系统，如爱普生通过对端子结构的改进布局到所有打印材料容器，进而保护打印设备、电路板、制作方法等；通过有技巧地对表述方式进行改进获得了尽可能大的扩大保护范围，最大化地防止竞争对手的规避设计。将能够解决其技术问题的所有规避方案全部申请专利，形成围城式系列专利的布局模式来包围别人，将涉及这一改进的所有产品都申请了保护范围或大或小、记载特征或上位或下位的专利，既规避了对一项核心专利无效后将对所有产品都失去保护的风险，又可对某一具体型号的产品提供多重保护，在专利诉讼、专利许可或交叉许可中占据有利位置。

国内企业可以积极学习借鉴国外企业在这方面的模式和经验，注重专利布局，将上述方法应用到目前的研发重点，机械结构类以及压力平衡类专利申请中，对产品和技术实现立体、全方位的保护，形成自己的专利战略。

（2）引进核心专利技术，进行二次创新

早期"337调查"案例所涉及的专利中有部分已失效，但从技术角度来看，其较高的被引次数表明其在本领域内具有一定的技术代表性，其一定程度上引领了本技术领域的发展方向，同时也说明了其代表的技术具有较好的经济价值，为墨盒领域重点基础专利。

具体失效所涉及的专利技术包括：通过打印喷头的供墨结构解决四色打印机的墨水供墨的时候对环境变量和温度不敏感的问题；通过用于点阵打印喷头的墨盒结构解决不同颜色的油墨可以被分开，从而防止串色的问题；通过一种用于矩阵打印喷头的供墨系统和打印机，使得向供墨管提供墨水而不受温度环境的影响；另外还涉及墨盒压力平衡基本的结构；以及供墨针的结构改进。

基于上述已失效专利技术，我国墨盒企业在墨盒结构以及压力平衡技术分支方向上有需求的企业，可以在此基础上实现专利技术的二次创新，衍生新的技术，但要注意规避上述专利权人围绕该专利技术所进行的进一步的研发。

建议企业对短期内无法拥有核心专利的技术和产品，如国外重点专利技术列表中的技术，可通过引进其核心专利，经过消化、吸收，围绕原核心专利再进行二次创新，成为自己的应用技术专利、组合专利或外围专利，形成原核心专利的包围圈，并尝试通过交叉许可等方式，获得更大的发展空间，实现提前进行专利布局，制约国外企业的垄断。

3. 加强合作研发和专利合作申请

在墨盒领域的全球、中国和广东省专利申请中，企业均为主要创新主体；墨盒领域中国专利申请中，合作申请量不足总量的2%，而在合作申请的合作方式中，也以企业-企业的合作申请最多，超过总量的一半，企业-研究机构的合作申请，只有不到合作申请总量的14.2%。目前中国申请的合作申请量占墨盒领域进入中国专利申请中的合作申请总量的56%，但是大多数合作申请均是同一个公司的母公司与子公司、不同子公司之间的合作申请，不同公司之间的合作很少。相反，日本的合作申请，有一半左右是不同企业之间的合作，属于不同企业之间的强强联合。

国内企业可以借鉴这种合作研发思路，在墨盒关键部件的技术攻关上强强联合，来寻求实力强大的竞争对手共同发展，根据不同企业主营重点和研发方向的不同，在资源上进行整合，在技术上互相支持，以期望能够解决行业上的技术难题和冲破国外的专利壁垒，在发展中竞争，在竞争中求发展。通过企业间合作研究解决本行业、本产业的共性技术、关键技术，提高原创性、高水平的自主知识产权拥有量。

此外，企业作为墨盒领域各项技术中的创新主体，在寻求独立研发以提高市场竞争力的同时，对于基础技术的研究，可以考虑与高校或研究机构进行合作，以实现企业资源的最优配置和效能的最大化。

目前和企业合作的高校有北京大学、大连理工大学和浙江工业大学，其中北京大学与企业的合作最多，特别是在墨盒压力平衡领域，国内相关企业可在该领域寻求研发合作和技术支持。

国内申请人可以运用知识产权制度，促进企业与高校、科研机构之间形成以市场为导向、以合同为纽带、以法律为保障、以效益为目标的合作创新机制。

4. 支持企业在国外部署知识产权，降低市场风险

广东省的打印耗材产和打印设备的产业结构中，在全国范围内属于优势产业。广东省90%以上的通用墨盒出口国外，5%左右的通用墨盒销售到国内，耗材产业外贸出口依赖型较高。目前中国在本国专利申请量和海外申请量分别为2503件、395项；广东省在中国的专利申请为1477件，PCT国际专利申请量为172件，PCT国际专利申请占比只有11.6%。

耗材企业在国际市场上占有了较大的市场份额，而我国耗材企业在国外的专利布局数量又少，国外耗材领域的龙头企业已布局大量专利，且近年来"337调查"在耗材领域频发，可见企业面临侵权的风险严重，国内相关企业在海外专利技术受限，而且"出口依赖型"的市场模式容易受到国外政策、经济等因素的影响，增加了企业持续发展的风险。

企业应该提高专利申请质量、开拓海外专利布局、增加产品的附加值、提升服务水平和质量巩固国际市场。可以加大在主要产品出口国的专利布局，以避免产品侵权风险。同时，建议企业在将产品出口以及海外参展时，提前针对具体产品在目标市场进行专项专利预警分析，以提前排除专利侵权隐患。

另外，目前墨盒领域国内企业的专利权转让大多来自国内的相关企业，而国外龙头企业在墨盒关键部件上专利的大量布局，会给国内墨盒产业带来很大的侵权风险，综合衡量研发难度、成本因素和风险预警，寻求与国外龙头企业之间的专利转让和技术许可也未尝不可。

建议政府加大支持企业在国外部署知识产权。利用现有资金渠道加大对战略性新兴产业领域在国外申请专利的支持力度，例如在扶持国外申请制度的基础上，增加专利维持年限的奖励。建立企业和研发机构与专利申请目的国专业服务机构的对接机制，促进我国企业和研发机构在国外申请专利。

5. 加大国外知识产权维权援助力度

"337调查"案例中针对喷墨打印机墨盒的侵权诉讼已有8起，调查结果中一件和解、一件撤诉，其余的都判定侵权成立，并且侵权成立的案例中大部分都颁布了普遍排除令。我国企业在"337调查"中的应诉结果各异，除了存在确定侵权情形的调查外，应诉效果不佳的主要原因普遍是企业应诉实力不足、应诉资金缺乏、自主知识产权意识淡薄、以及涉案企业分散、缺乏有力协调等因素。

基于此，可以加大国外知识产权维权援助力度。收集国外知识产权专业服务机构信息，发布国外知识产权专业服务机构指导目录，方便企业在国外获得当地专业化服务。在主要贸易目的地、对外投资目的地建立保护知识产权工作机制，进一步健全和完善相关知识产权预警应急机制、国外维权和争端解决机制，指导和帮助企业在当地及时有效得到知识产权保护。针对广东省企业在欧美等主要出口国的诉讼，提供更高

资金或更多的援助。

6. 出台推动墨盒产业环保技术发展的相关政策

中国关于墨盒重注的专利申请有 4340 件，而国内申请人关于墨盒重注的专利申请 292 件，国内申请人在墨盒重注领域申请占比较低，仅为 10.8%。

受绿色制造的影响，基于环境和可持续发展的考虑，墨盒重注或墨盒再生技术有可能会成为墨盒技术的重要发展方向。鉴于目前国内在政策法规上对回收墨盒来源存在限制，建议政府出台相应的政策鼓励再生耗材发展、建立墨盒回收机制，提高墨盒回收企业的准入门槛，例如放开几家资质较好，规模较大企业进行回收试点，加强行业保环保监督管理，使产业和生态共同发展，走可持续发展之路，为企业营造良好环境。

同时，企业可以适当加强墨盒重注的研发、专利布局，坚持走绿色发展之路。国内申请人也可针对墨盒重注或再生技术热点，从实现可靠的墨盒重注技术（填充量的控制、墨填充的难易等）、墨盒材料的可回收性等角度开展技术创新活动和防御性专利技术布局。

8.2 喷头产业主要结论和建议

8.2.1 喷头产业总体专利态势分析结论

1. 喷头技术被国外垄断，国内无自主生产能力

喷墨打印机领域，爱普生、佳能、惠普作为行业龙头企业，技术发展成熟，专利申请量远超过中国，已形成严密的专利技术布局，专利壁垒难以打破；同时日本、美国在市场上占有垄断格局，通过压低打印机价格、提高耗材价格的市场价格战策略，使得喷墨打印机的整机利润较低，国内企业无资本对喷头的研发投入重资金。

喷头制造工艺精密且复杂，国内由于制造水平达不到喷头精度要求，生产所需主要依赖进口，目前无自主生产能力，国内企业普遍面临核心技术缺乏带来的发展后劲不足，竞争力不强的问题。同时企业间也形成了相对封闭的稳定运行体系，大幅提高了芯片、整机研发等高价值环节的转移难度。

2. 全球喷头产业专利态势分析结论

（1）喷头领域专利申请现状

喷头领域全球、国外申请人在中国、国内和广东省的申请量如表 8-2 所示。

表 8-2 喷头领域专利申请分布

	全球申请量/项	国外申请人在中国申请量/件	国内申请量/件	广东省申请量/件
总量	45735	7574	1470	340
喷头结构	21615	4675	596	114
喷头制造	18955	2558	93	16

	全球申请量/项	国外申请人在中国申请量/件	国内申请量/件	广东省申请量/件
喷头维护	17647	3019	591	169
喷头安装	6424	1886	190	41

可以看出，喷头领域专利申请以喷头结构技术为主。此外，喷头制造技术全球专利申请量为 18955 项，而国内喷头制造技术仅 93 件，广东则仅 16 件，这也从侧面体现出国内由于喷头领域核心技术缺乏，无自主生产能力，国内企业在喷头制造领域的技术储备薄弱。

（2）全球喷头技术进入技术成熟期，中国企业创新积极性不断提高

全球喷头领域专利年申请量从萌芽期末期的不到 100 项跃升到超过 900 项；之后专利申请量迅速增长，年申请人数量均超过 100 个，2001 年专利申请量达到峰值 2640 项。近几年喷头领域的全球年专利申请量以及申请人数量均保持了较多的数量，但呈现波动发展态势，全球喷头技术已进入技术成熟发展阶段。

从各国家喷头技术申请情况来看，日本从 1989 年开始，专利申请就突破了百项，之后专利申请量迅速增长，2001 年专利申请量达到峰值 2000 项，近年来专利申请量保持平稳，仍保持 1000 项左右。美国 1968 年开始喷头领域的专利申请，1998 年后专利申请量快速增长，2004 年申请量达到峰值 795 项，之后专利申请量呈下降趋势。

中国申请人 1989 年开始喷头领域技术的专利申请，之后专利申请量逐步增长，但申请量较少，近年来专利申请量增长较明显，2017 年专利申请量达到峰值 258 项。中国近年于喷头领域专利申请活动表现活跃，活跃度为 3，领先于日本（1.8）和美国（1.3）的活跃度。

可见，全球喷头技术经过长时间的发展，已进入技术成熟发展阶段；由于日本和美国在喷头技术领域的领先主导地位，同时国内制造水平达不到喷头精度要求，生产所需主要依赖进口，目前无自主生产能力的现状，中国喷头技术发展缓慢，专利申请量与日本和美国相比存在较大差距，近年来中国企业创新积极性不断提高，正逐步加强喷头领域技术的创新研发投入。

（3）日本呈垄断态势，技术原创能力处于领先地位

喷头领域日本专利申请量最多，占申请总量的 71%，美国占 16%，中国占 5%，欧洲和韩国均占 3%。日本自 20 世纪 80 年代以来，每年在喷头领域的专利申请量均保持第一位，在该领域占据优势地位。全球专利排名前四的企业均为日本企业，分别为爱普生、佳能、兄弟、理光，且爱普生和佳能公司的申请量分别为 8701 项和 7385 项，远远领先于兄弟（2864 项）、理光（2824 项）、惠普（1982 项）、施乐（961 项）等企业，占据着喷头技术发展的主导地位。并且理光、爱普生近年在喷头技术领域创新活动仍较为活跃，活跃度分别为 2.9、1.5，高于除惠普外的其他企业。

原创申请的多少体现该国家/地区本身的技术原创能力。日本在专利申请量领先的同时，在喷头领域具有绝对领先的技术原创性，原创申请百分比高达 97%；韩国原创申请百分比为 40%，美国为 33%，中国为 32%，和日本相比，存在很大差距；虽然中

国原创申请百分比与美国相近，但在原创申请量（美国为 7346 项，中国为 2335 项）和公开专利量（美国为 21982 项，中国为 7335 项）方面仍存在较大差距。

可见全球专利申请主要集中于日本，日本在喷头技术领域呈垄断态势，并且具有很高的技术原创能力。中国专利申请量与日本相比存在很大的差距，中国尚未有企业在喷头领域的专利申请量有突出的表现，技术原创能力有待提高。

（4）技术集中度非常高

喷头领域日本、美国、中国、欧洲和韩国五个国家/地区申请量集中度高达 98.72%，其中日本专利集中度高达 71.02%，可见喷头领域专利技术的地域集中度非常高，日本在该领域具有绝对的技术优势。

喷头领域全球专利申请量排名前 10 位的申请人包括 6 家日本企业、2 家美国企业、1 家韩国企业和 1 家澳大利亚企业，这 10 家企业的专利申请量集中度达到 65.43%。可见，全球排名前 10 的企业已成为喷头技术的领先者，是该领域创新力量的核心。

总体来看，喷头领域技术集中度非常高，国外各龙头企业的专利布局已初步完成，专利申请数量上占据优势，拥有着领先技术实力，中国在喷头技术领域还没有出现具有突出优势的企业。

（5）技术创新主体为企业

全球喷头领域的专利申请主要为企业申请，占专利申请总量的 84%。其次为合作申请，合作申请包括企业-企业、企业-个人、企业-研究机构、个人-个人等形式，占申请总量的 14%；由于企业在喷头技术创新活动的活跃性，在合作申请中，以企业-企业的合作申请量最多，占申请总量的 11%。研究机构（含高校）申请量仅占比 1%。

可见，企业作为喷头领域的技术创新主体，其技术发展水平主导着行业的整体发展水平，研究机构或高校在喷头领域的研发活动并不活跃。

3. 中国喷头产业专利态势分析结论

（1）国内企业近年创新积极性不断提高

国内申请人于 1986 年开始喷头技术专利申请，具体涉及喷头的喷口防堵装置的实用新型专利申。之后专利申请量逐步增长，申请数量较少，年申请量几件到几十件不等，近年专利申请量增长明显，2016 年专利申请量达到峰值 167 件。从活跃度表现来看，国内申请人近年来表现活跃，活跃度达到 3.9 以上，高于美国（2）和日本（1.1）的活跃度。

国外申请人是 1987 年开始在中国提交喷头技术领域的专利申请，1998 年专利申请量突破百件，之后专利申请量快速增长，2010 年专利申请量达到峰值 466 件，近年专利申请数量有所下降。

可见，喷头领域中国专利申请以国外申请人为主，国内申请人专利申请数量与国外申请人相比存在差距。但随着中国喷墨打印市场的不断发展，国外企业对对中国市场的不断进入，推动了国内申请人对喷头技术的关注，国内申请人在喷头技术领域的创新积极性不断提高，正逐步增强该领域技术研发投入，以提高技术和市场竞争力。

（2）技术集中度高，来华专利申请以日本企业为主

喷头领域中国专利申请以国外申请人为主，日本专利申请量位居第一，占总量的

55%，具有绝对的领先地位。中国占 20%，位居第二；美国占 13%。喷头领域中国专利申请中日本、中国、美国、韩国四个国家专利申请量占喷头领域中国专利申请总量的 92.41%，喷头技术地域集中度非常高。

喷头领域中国专利申请的申请量排名前 10 位的申请人中，6 家为日本企业，分别为爱普生、佳能、兄弟、富士胶片、理光和索尼，其中爱普生申请量最多，为 1734 件；美国惠普排名第 3 位，为 498 件；中国仅有北京大学，排名第 9 位，申请量为 150 件。喷头领域中国专利申请量排名前十的申请人专利申请总量占比 58.9%。其中惠普和爱普生近年研发活动仍较活跃，分别为 2.7 和 1.7，说明该技术领域仍作为它们研发重点。

总体来看，喷头技术领域技术非常集中；来华专利申请以日本企业为主，在专利申请数量上占据主导地位。日本、美国企业很重视中国市场，已在中国形成严密的专利布局，掌握着喷头主要技术。同时日本、美国的龙头企业对喷头技术的加大投入将进一步地提高该领域的技术门槛，对中国申请人在该领域的技术发展会造成更大的压力。

（3）日本和美国企业创新成果质量高于中国企业

喷头领域中国专利申请中发明专利占比高达 89%。发明专利中，53% 为日本申请人，13% 为美国申请人，中国申请人占 11%；日本发明专利申请中 2192 件保持有效，超过了其发明专利申请量的一半，还有 1073 件为公开未审状态；美国发明专利申请中保持有效的发明专利申请量（430 件）占其发明专利申请总量的近 43%；中国国内有效发明专利量为 252 件，仅占其发明专利申请总量的约 27%，落后于日本和美国。

可以看出，喷头领域中国专利申请以发明为主，而国内企业发明专利申请数量较少，发明专利有效率落后于日本和美国；日本、美国企业则无论在申请数量还是创新成果质量上都高于中国。

（4）企业为技术创新主体，国内不同企业间合作有待加强

喷头领域中国专利申请主要为企业申请，占总申请量的 92%，其次为合作申请，占总申请量的 4%。合作申请以企业-企业的合作方式为主，个人申请和研究机构（含高校）申请占比较少，分别为 3% 和 1%。

国内企业-企业的合作申请大多是同一个公司不同子公司之间，或者母公司与子公司之间的合作申请，不同企业之间的合作申请则不多；而日本企业-企业的合作申请大多是不同公司之间的合作，属于不同企业之间的强强联合，占企业之间合作申请的一半以上，例如兄弟和京瓷、爱发科和住友、日立和夏普等，对于产业发展和企业自身技术的进步都有较大的促进。

可见，企业在喷头技术的发展中起着主导作用。国内企业还应注重不同企业之间的加强合作，以进行技术优势的互补及生产、研发的成本与风险的共担。

（5）我国台湾地区技术创新成果数量和质量较高

喷头领域国内申请主要集中在台湾、广东、北京和浙江，这四个省市区的专利申请量占国内专利申请总量的 69%，其中尤以台湾地区的专利申请量为最多，达到 397

件，占比达24%，其次为广东省，占比23%；喷头领域国内专利申请人排名中，申请量最大的是北京大学（151件），其次分别为台湾的明基（100件）、研能科技（83件）和财团法人（48件），反映出台湾地区对喷头的技术研发具有一定的技术储备优势。

喷头领域国内申请以发明专利申请为主，占比59%。发明专利申请中，主要为台湾申请，占比23%，广东省占比12%；实用新型申请中，广东省占比最高，为11%；台湾地区有效发明专利为89件，虽然未达到发明专利申请总量的半数，但是超越了国内其他省份的有效发明专利数量；除台湾、北京外，广东、浙江以及其他省份的专利申请均以实用新型专利为主，且实用新型专利保持有效比例较高。

可以看出，台湾地区技术创新成果数量和质量均较高。国内其他省市在喷头领域发明专利申请整体并不多，主要以授权门槛相对发明专利申请低的实用新型为主，技术创新成果质量有待提升。

4. 广东喷头产业专利态势分析结论

（1）广东省未形成有重要影响力的企业

喷头领域广东省专利申请量国内排名第二，仅次于台湾地区。广东省于1997年开始喷头技术的专利申请，2017年申请量达到峰值54件；喷头领域国内申请人前十位排名中，广东省仅有一家企业为纳思达，排名第七，且申请量较少，为38件，主要集中于喷头结构技术。

可以看出，广东省整体在喷头领域专利申请量较少，未形成有重要影响力的企业，广东省企业在喷头技术领域的创新研发积极性有待提升。

（2）深圳、珠海技术创新成果质量优于其他城市

广东省各城市中，深圳专利申请量最大，占40%，广州占19%，珠海占16%；各市在喷头领域的专利年申请量均未超过22件。

广东省喷头领域的专利申请以实用新型为主，占比达55%。发明专利申请中，珠海市有效发明专利数量最多，为27件，超过了其发明专利申请总量的一半，驳回、撤回比例也较低；其次为深圳，有效发明专利为21件。此外广州有效发明专利为4件，佛山有效发明专利为3件。实用新型专利申请中，深圳有效实用新型专利数量高于其他城市，为63件，其次为广州，有效实用新型专利33件。珠海有效实用新型专利为15件，超过了其实用新型专利申请量的一半。

可以看出，广东省深圳、珠海市专利有效率优于广东省其他城市，但广东省企业整体在喷头领域技术储备仍薄弱。

8.2.2 喷头产业发展建议

1. 建立喷头研发和制造重大专项，突破核心技术缺乏的局面

全球喷头领域专利申请中，日本占专利申请总量的71%，美国占16%，中国仅占5%，国内在喷头领域专利申请数量落后于日本、美国，日本、美国在喷头领域已经形成了强大的专利技术壁垒。同时国内缺乏喷头核心技术，喷头制造技术达不到喷头精度，还没有企业能够进行喷头的批量化生产，喷墨打印设备生产所需的核心部件依赖进口，也严重制约了国内喷墨打印制造行业的发展。

基于国内目前在喷头领域的发展现状，对于喷头研发和制造技术的突破，政府可牵头建立喷头技术研发专项实验室，配备先进研发设备，并制定鼓励或奖励政策吸引高新技术企业或从事相关领域的企业和研发机构加入，进行喷头技术的研发和试验。

同时应推动广东省企业或研究机构针对喷头上下游的精加工产业，如根据《广东省工业企业技术改造目录（试行）》，积极申请喷墨打印设备、装备制造等相关领域的国家"863 计划""科技支撑计划""火炬计划""电子信息产业发展基金"等技术创新项目或创新专项基金，以政策引导、科研资金扶持、资金融资等方式全力争取国家或省内重大项目落户，为企业突破国外技术和市场垄断提供保障。例如广东省《2016年度广东省前沿与关键技术创新专项资金》中就对研发印刷显示材料与器件工艺相关的核心装备，包括喷墨打印设备、印刷显示材料制备装备等，为印刷显示产业的发展提供关键设备支撑，获取自主知识产权建立专项资金。

广东省企业可以依靠国家力量引进喷头制造相关生产线，购买先进生产设备；还可以通过国际合作或者与国外先进制造业企业进行谈判，建立委托生产机制，委托别国企业进行生产，以改善我国制造水平达不到喷头精度要求的局面，提升整体制造水平。

此外广东省内像天威、纳思达等耗材龙头企业应整合区域资源、人才优势，加大技术研发投入力度，同时也可基于国外喷头主流品牌近几年在市场上的表现，结合自身的资金链运转情况，对相关喷头领域企业实施并购业务，提高喷头技术的研发起点。

2. 利用好失效专利，进行二次创新

（1）充分利用失效专利，梳理喷头技术发展的脉络和关键技术

由于国内制造水平达不到喷头精度要求，生产所需主要依赖进口，没有自主知识产权的产品，普遍面临核心技术缺乏、竞争力不足的问题。因此国内企业掌握喷头基础技术和核心技术，生产出自主知识产权的喷头，突破技术创新障碍以追赶上日本、美国企业迫在眉睫。

失效专利是一种极其重要的信息资源，失效专利的分析、研究和开发运用，能够事半功倍地以最快的速度获得技术储。目前在喷头领域存在大量可以免费利用的失效专利。经统计，喷头全球专利申请中申请日在 1996 年（包含 1996 年）以前的专利为5939 项，进入中国的失效专利共有 2291 件，其中曾经获得专利权而后又失效的专利为1338 件，中国为 345 件，国外为 993 件。日本占失效专利数量的 57%，美国占 14%。失效专利主要集中在喷头的结构和维护技术，进入中国的国外申请的专利权平均维持年限都大于 10 年。可见 20 世纪八九十年代日本、美国在喷头的维护、结构等问题上已经进行了深入和广泛的研究，并且进行了大量的、高质量的专利布局。

国内企业可以建立专业的技术团队，结合技术方案本身及能够反映失效专利在行业内的重要申请人或专利权人、专利被引用的次数、专利权维持年限、专利同族数等信息，对合适、重要的、核心的专利进行筛选，充分利用这些喷头相关技术的大量的、高质量的失效专利，梳理和挖掘已有的技术来了解喷头领域技术发展的脉络和关键技术，从失效专利中获得有价值的信息，并在此基础上加以运用。

（2）将失效专利作为企业再创新的基础进行二次创新

如果对失效专利的利用仅停留在技术模仿的阶段，技术的模仿受制于行业的龙头企业，企业缺乏竞争力和创新力，难以长久维持，所以企业要积累技术、二次开发，在失效专利的基础上进行创新。

失效专利作为企业再创新的基础、素材，企业可以结合企业已有的技术基础或技术优势，在失效专利的基础上寻找新的改进点实现技术创新，以符合不断发展的市场需求，进而提高企业的竞争力和抗风险能力。例如，国内耗材领域龙头企业珠海赛纳打印科技股份有限公司通过对现有专利的分析，以及研发人员在现有技术上二次创新和改进，最终一举打破了国外跨国公司对中国激光打印机近 30 年的技术垄断，成功研发出中国第一台自主核心技术的激光打印机，填补了中国在这一产业领域的空白，使中国成为继美国、日本、韩国之后全球第四个掌握激光打印机核心技术的国家，并为国家打印机信息安全提供保障。

3. 加强企业与企业、企业与高校合作

由于喷头领域国内企业-企业的合作申请集中在同一个公司的母公司与子公司、不同子公司之间的合作申请，不同公司之间的合作很少。而日本的合作申请中，有一半左右是不同企业之间的合作，属于不同企业之间的强强联合，例如兄弟和京瓷、爱发科和住友、日立和夏普等公司之间的合作申请。同时日本的企业-研究机构的合作申请也占了较大的比重，尤其是涵盖生物技术、化学、电学等领域等独立行政法人产业技术综合研究所与日本国内企业之间的合作申请，为日本企业提供专业的技术支持和研发合作。

因此国内企业应注重加强不同企业之间的技术合作交流，充分利用各企业在喷头领域技术研究的技术优势，协作互利发展。此外，由于国内企业在喷头领域起步较晚，企业可继续积极与科研机构之间开展合作，如目前已和企业开展产学研合作的北京大学、大连理工大学、浙江工业大学和中国科学院苏州纳米技术与纳米仿生研究所等，充分利用科研机构在基础技术研究方面的优势，寻求技术支持和技术突破。

政府则可以引导企业联合起来，成立研发合作联盟等各种形式的产业联盟。同时积极推动企业、研究机构、高校、市场等多种要素融合聚集的科技资源共享服务平台、协同创新平台、技术成果转化平台的建设，建立相应的奖惩机制，推进各类创新主体协同创新，提高知识产权成果转化率。政府可建立专项基金，依托知识产权服务机构，引导企业、研究机构、高校在产学研合作中的高价值专利培育、转化和运营工作。

4. 研究行业技术热点，突破技术难点

通过分析可知，近几年喷头领域国外重点申请人的重点专利与广东省重点专利申请均主要集中于喷头结构和维护技术。受制于国内喷头领域制造技术达不到喷头精度要求，生产所需依赖进口，无自主知识产权产品的发展现状，国内申请人在喷头技术领域技术储备不足，与国外申请人在重点技术分支的创新水平存在很大差距。为此，通过在喷头领域筛选出重点申请人爱普生、佳能、兄弟和惠普，对这几家公司的重点专利技术进行分析，为国内申请实现专利技术规避和寻找技术突破点奠定基础。其中喷头领域近四年重点申请人在中国申请的重点专利集中在喷头结构技术方面，各重点

申请人主要具体集中于以下几个技术层面。

1）在压电材料的压电性能、环保性提高方面，具体主要从针对主成分为钙钛矿类型金属氧化物压电材料，从钙钛矿类型金属氧化物组分构成和组分占比（重量比或摩尔比）、或引入附加组分的构成选择来进行专利布局。

2）在减小打印头芯片尺寸和获得更紧凑的芯片电路方面，具体主要针对宽幅打印头组件，基于打印头芯片的集成结构选择（模制到由可模制材料形成的主体中、或以胶粘或以其他方式安装到印刷电路板中的开口中）实现能够使用更小尺寸的芯片及更紧凑的芯片电路结构的角度开展技术研究并进行专利保护。

3）喷头驱动电路结构、驱动电路配线的布置方面。

4）在液体喷出特性改善方面，各主要申请人从喷嘴开口间的相对定位位置、喷出液体的温度检测、喷射口表面性能改善结构、喷射位置校正结构的设置、压电元件的驱动特性改善等角度进行专利布局。

在喷头维护方面的专利技术布局，各申请人主要基于维护方式的不同，从而对维护构件（擦拭部件、抽吸装置、废液吸收体、或去除喷射过程中产生的浮质、微粒结构）的结构、相对于喷嘴面的擦拭位置或维护过程中维护参数等角度进行专利布局。

结合上述分析的喷头领域近年重点申请人入华专利申请布局的具体重点技术，广东省在进行喷头领域的技术创新研究时，应结合自身的技术优势，通过对相关技术领域的专利信息进行检索和分析，掌握重要申请人喷头领域专利布局技术，把握技术发展路线，选择技术突破方向，提升技术创新水平。对于企业或研发机构目前短期内无法突破的核心专利的技术，可有针对性地引进知识产权，进行消化、吸收和二次开发。

同时政府和企业可积极构建和完善相应领域的专利信息检索、分析平台，培养熟练应用专利服务平台的知识产权人才，实现知识产权与技术创新的衔接。同时政府或企业也应完善相应激励政策吸引国外或国内相应领域的人才投入技术创新研发工作。

附　　录

附录 A　申请人名称约定

1. 爱普生

精工爱普生株式会社、精工电子有限公司、日本精工株式会社、爱普生映像元器件有限公司、精工精密株式会社、爱普生拓优科梦株式会社、精工电子打印科技有限公司、精工电子工业株式会社、精工电子纳米科技有限公司、株式会社精工技研、株式会社精工舍、精工精密有限公司、精工电机股份有限公司、精工电子水晶科技股份有限公司、精工爱普生股份有限公司、精工时钟有限公司、精工电子微型器件有限公司、精工电子信息技术有限公司、精工爱普生股份株式会社、精工精机株式会社、株式会社精工电子研究开发中心、精工电子数据服务有限公司、精工恩琶希株式会社、大连精工株式会社、现代精工株式会社、精工株式会社、精工埃普生株式会社、精工时钟株式会社、精工爱普森株式会社、精工电子机器株式会社、株式会社精工制作所、日昭精工株式会社、日本精工股份有限公司、精工技研株式会社、精工爱普生株工会社、精工电器有限公司、精工电子纳米科技有限公司、精工电子部品株式会社、精工表股份有限公司、精工钟表株式会社、精工普生株式会社、精爱普生株式会社、日本精工轴承有限公司、群马精工株式会社、精工光学产品株式会社。

2. 佳能

佳能株式会社、佳能精技股份有限公司、佳能企业股份有限公司、佳能公司、佳能电子株式会社、佳能化成株式会社、佳能元件股份有限公司、佳能市场营销日本株式会社、佳能 it 解决方案股份有限公司、佳能组件股份有限公司、佳能生命关爱医疗科技株式会社、佳能欧洲股份有限公司、佳能特机株式会社、佳能美国生命科学公司、佳能机械株式会社、佳能精机株式会社、佳能苏州系统软件有限公司、佳能美国公司、澳大利亚 pty 佳能信息系统研究公司、佳能成像系统株式会社、佳能 it 解决方案株式会社、佳能信息技术北京有限公司、佳能模具株式会社、佳能仪器公司、佳能商业机器公司、佳能研究中心法国公司、佳能系统集成有限公司、佳能股份公司、佳能阿泰克股份有限公司、台湾佳能股份有限公司、欧洲佳能研究中心有限公司、欧洲佳能有限公司、佳能能株式会社。

3. 兄弟

兄弟工业株式会社、兄弟科技股份有限公司兄弟股份有限公司、ets 兄弟公司、兄弟国际公司。

4. 理光

株式会社理光、理光打印系统有限公司、理光株式会社、理光微电子株式会社、理光越岭美有限公司、理光深圳工业发展有限公司、理光技术系统有限公司、理光办公设备有限公司、理光打印系统技术上海有限公司、上海理光传真机有限公司、理光股份有限公司、理光系统开发株式会社。

5. 富士胶片

富士胶片株式会社、富士施乐株式会社、富士胶卷迪马蒂克斯股份有限公司、富士摄影胶片株式会社、富士胶片公司、富士写真胶片株式会社、富士写真光机株式会社、上海富士施乐有限公司、富士写真菲林株式会社、富士胶片映像着色有限公司、富士胶片电子材料苏州有限公司、富士胶片戴麦提克斯公司、富士胶片制造欧洲有限公司、富士通先端科技上海有限公司、富士摄影胶片公司、富士胶片电子材料有限公司、富士胶片戴奥辛思生物技术英国有限公司、富士胶片映像着色公司、富士胶片迪麦提克斯公司、富士胶片电子材料美国有限公司、富士胶片索诺声公司、富士摄影胶片有限公司、富士写真软片株式会社、富士胶片控股株式会社、富士胶片电子影像有限公司、富士胶片精细化学株式会社、富士施乐实业发展上海有限公司、富士胶卷成像染料公司、富士施乐工程株式会社、富士胶片亨特化学制品美国有限公司、富士胶片印刷机材株式会社、富士胶片摄影公司、富士胶片欧洲制造公司、富士胶片弗陀尼克斯有限公司、富士胶片印刷器材株式会社、富士胶片 ri 制药株式会社、富士胶片精细化学无锡有限公司、富士胶卷成像染料有限公司、富士施乐实业发展中国有限公司。

6. 惠普

惠普发展公司，有限责任合伙企业惠普开发有限公司、惠普公司、康帕克电脑公司、惠普发展公司有限责任合伙企业美商·惠普公司、惠浦电子深圳有限公司、上海惠普有限公司、惠普研发有限合伙公司、惠普发展公司、惠普发展有限合伙公司、康派克上海贸易有限公司、香港智力公司、天津智力电子工业有限公司 dec 股份有限公司、智力股份有限公司、dec 研究、中国惠普有限公司、康柏计算机股份有限公司、惠普匈牙利电脑及电子仪器贸易和服务有限公司、惠普发展公司有限责任合伙企业、惠普股份有限公司、美国智力公司、惠普有限公司。

7. 施乐

施乐公司、施乐有限公司。

8. 西尔弗

西尔弗布鲁克研究有限公司、西尔弗布鲁克研究股份有限公司、卡·西尔弗布鲁克。

9. 三星

三星电子株子会社、三星 sdi 株式会社、三星电机株式会社、三星显示有限公司、北京三星通信技术研究有限公司、第一毛织株式会社、苏州三星电子有限公司、天津三星电子有限公司、三星移动显示器株式会社、三星光州电子株式会社、三星电子中国研发中心、三星电管株式会社、天津三星光电子有限公司、天津三星电子显示器有限公司、三星 techwin 株式会社、广州三星通信技术研究有限公司、三星泰科威株式会社、三星半导体中国研究开发有限公司、三星航空产业株式会社、三星 sds 株式会社、三星 led 株式会社、三星精密化学株式会社、三星重工业株式会社、三星康宁精密素材株式会社、三星康宁株式会社、苏州三星电子电脑有限公司、天津三星通信技术研究有限公司、三星高新电机天津有限公司、天津三星电机有限公司、三星麦迪森株式会社、三星综合化学株式会社、三星 total 株式会社、江苏三星机械制造有限公司、三星康宁精密琉璃株式会社、天津通广三星电子有限公司、山东三星机械制造有限公司、苏州三星显示有限公司、惠州三星电子有限公司、深圳三星通信技术研究有限公司、三星数码影像株式会社、三星电梯有限公司、三星皮带株式会社、三星日本电气移动显示株式会社、三星重工业株、三星科技股份有限公司、三星生命公益财团、三星工程株式会社、上海三星真空电子器件有限公司、三星光通信株式会社、西安三星电子研究有限公司、三星信息系统美国公司、三星 sdi 德国有限责任公司、湖南同为节能科技有限公司、三星阿托菲纳株式会社、三星电子股份有限公司、三星卡株式会社、三星 lcd 荷兰研究开发中心、三星五金工厂股份有限公司、三星泰科株式会社、三星物产株式会社、三星电机日本高科技株式会社、三星电子苏州半导体有限公司、三星 oled 株式会社、三星精密工业株式会社、三星产品公司、三星康宁精密玻璃株式会社、三星泰利斯株式会社、三星电子国际公司、三星自动车株式会社、上海贝尔三星移动通信有限公司、天津三星通信技术有限公司、三星琉璃工业株式会社、三星精密化学股份有限公司、三星 techwin 业株式会社、三星 thales 株式会社、三星电子株式社、三星石油化学株式会社、三星科英株式会社、株式会社三星建业、美国三星资讯系统公司、天津市三星技术开发有限责任公司、株式会社三星横滨研究所、三星中国投资有限公司、三星工业株式会社、三星显示器有限公司、三星埃尔兰德株式会社、天津三星电子显示器有限公司 、三星 smd 株式会社、三星信息公司、三星半导体股份有限公司、三星国际有限公司、三星层板有限公司、三星康宁股份有限公司、三星株式会社、三星汤姆森 csf 系统公司、三星电器公司、三星电子株式公社、三星电株式会社、三星石油化工株式会社、三星空间技术开发公司、三星食品株式会社、南昌三星电动车制造有限公司、株式会社三星产业、韩商三星电子股份有限公司、三星电子电器有限公司、三星物产、三星日本株式会社、第一毛织株、韩国三星综合技术研究院、株式会社三星混凝土、株式会社三星 mk、三星物产株、三星精密化学株、三星移动显视器有限公司、三星 cns 株式会社、三星海南光通信技术有限公司、三星显示器株式会社、三星爱宝乐园、三星通信技术株式会社、三星信息系统美国有限公司、三星康宁先进玻璃有限责任公司、韩国三星电子有限公司、三星中国投资有限公司上海分公司。

10. 天威

珠海天威飞马打印耗材有限公司、珠海天威技术开发有限公司、珠海飞马耗材有限公司、天威打印机耗材制造厂、天威飞马打印耗材有限公司。

11. 纳思达

珠海赛纳打印科技股份有限公司、珠海纳思达企业管理有限公司、珠海艾派克微电子有限公司、珠海纳思达电子科技有限公司、珠海并洲贸易有限公司。

12. 研能科技

研能科技股份有限公司、研能科技有限公司。

附录 B 检索过程

一、墨盒

1. 墨盒重注

中文检索过程

CNTXT：

编号	所属数据库	命中记录数	检索式
1	CNTXT	8698	/ic（B41J2/175 or B41J2/18 or B41J2/185 or B41J2/17 or B41J2/19 or B41J2/195）
2	CNTXT	4292255	or 重注,注墨,注入,再生,循环,再利用,回收,绿色,灌墨,再制造,再生产,再填充,再充填,更新,补充,灌注,灌入,灌装
3	CNTXT	1528095	储墨 or 耗材 or（（墨 or 流体 or 液体）and（盒 or 罐 or 箱 or 瓶 or 匣 or 槽 or 容器 or 容纳 or 容置））or（（墨 or 流体 or 液体）4D（存储 or 储存 or 容置））
4	CNTXT	4845	1 and（3 s 2）

CNABS：

编号	所属数据库	命中记录数	检索式
1	CNABS	8056	/ic（B41J2/175 or B41J2/18 or B41J2/185 or B41J2/17 or B41J2/19 or B41J2/195）
2	CNABS	2346058	（（ink or liquid or fluid）4D stor???）or cartridge? or box or tank? or container? or cas????? or reservoir? or 储墨 or 耗材 or（（墨 or 流体 or 液体）and（盒 or 罐 or 箱 or 瓶 or 匣 or 槽 or 容器 or 容纳 or 容置））or（（墨 or 流体 or 液体）4D（存储 or 储存 or 容置））
3	CNABS	2214726	or 重注,注墨,注入,再生,循环,再利用,回收,绿色,灌墨,再制造,再生产,再填充,再充填,更新,补充,灌注,灌入,灌装,Refill＋,replenish＋,reinject＋,reload＋,regenerat＋,

recycl+，reus???，remanufactur???，syringe，pour+，recall+，reclaim+，recover+，restor+，recuperat+，retriev+，recharg+，fill+，affus???，inject+

| 4 | CNABS | 2165 | 1 and（2 s 3） |

SIPOABS：

编号	所属数据库	命中记录数	检索式
1	SIPOABS	3503	B41J2/17506/cpc
2	SIPOABS	7172	B41J2/17509/cpc
3	SIPOABS	104721	/ic（B41J2/175 or B41J2/18 or B41J2/185 or B41J2/17 or B41J2/19 or B41J2/195）
4	SIPOABS	8900506	（（ink or liquid or fluid）4D stor???）or cartridge? or box or tank? or container? or cas???? or reservoir?
5	SIPOABS	6065802	or Refill+，replenish+，reinject+，reload+，regenerat+，recycl+，reus???，remanufactur???，syringe，pour+，recall+，reclaim+，recover+，restor+，recuperat+，retriev+，recharg+，fill+，affus???，inject+
6	SIPOABS	7587	B41J2/17503/cpc
7	SIPOABS	9219	（3 or 6）and（4 s 5）
8	SIPOABS	16557	1 or 2 or 7
9	SIPOABS	4837	8 and pd<=2002
10	SIPOABS	4388	8 and pd=2003：2007
11	SIPOABS	4875	8 and pd=2008：2012
12	SIPOABS	2456	8 and pd=2013：2016

JPABS：

编号	所属数据库	命中记录数	检索式
1	JPABS	817	/ft 2C056EA19 or 2C056/KD08 or 2C056EC62 or 2C056EC64 or 2C056JC27
2	JPABS	58201	2C056/ft
3	JPABS	8347	（カートリッジ or インクタンク）and（再生 or 重注 or 再充填 or 充填 or 補充 or 注入 or 回収 or 再利用 or リサイクル）
4	JPABS	972	2 and 3
5	JPABS	1540	1 or 4

CPRSABS：

编号	所属数据库	命中记录数	检索式
1	CPRSABS	3368	转库检索
2	CPRSABS	2142	转库检索
3	CPRSABS	277	*m1 /fn
4	CPRSABS	681	*m1 /fn
5	CPRSABS	950	*m1 /fn
6	CPRSABS	701	*m1 /fn
7	CPRSABS	549	*m1 /fn
8	CPRSABS	4277	1 or 2 or 3 or 4 or 5 or 6 or 7

墨盒重注中文检索结果：4277 件

西文检索过程

SIPOABS：

编号	所属数据库	命中记录数	检索式
1	SIPOABS	104721	/ic（B41J2/175 or B41J2/18 or B41J2/185 or B41J2/17 or B41J2/19 or B41J2/195）
2	SIPOABS	152677	（ink or liquid or fluid）4D stor???
3	SIPOABS	8838724	cartridge? or box or tank? or container? or cas???? orreservoir?
4	SIPOABS	9881	（B41J2/17506 or B41J2/17509）/cpc
5	SIPOABS	6065802	Refill+or replenish+or reinject+or reload+orregenerat+or recycl+or reus??? or remanufactur??? or fill+or affus??? or inject+or syringe or pour+orrecall+or reclaim+or recover+or restor+or recuperat+or retriev+or recharg+
6	SIPOABS	790106	（2 or 3）S 5
7	SIPOABS	7587	B41J2/17503/cpc
8	SIPOABS	9219	（1 or 7）and 6
9	SIPOABS	16557	4 or 8
10	SIPOABS	4212	9 and pd＝2011：2016
11	SIPOABS	4138	9 and pd＝2007：2010
12	SIPOABS	4662	9 and pd＝2001：2006
13	SIPOABS	3544	9 and pd＜＝2000

JPABS：

编号	所属数据库	命中记录数	检索式
1	JPABS	58201	2C056+/ft
2	JPABS	817	/ft（2C056EA19 or 2C056/KD08 or 2C056EC62 or 2C056EC64 or 2C056JC27）
3	JPABS	8347	（カートリッジ or インクタンク）and（再生 or 重注 or 再充填 or 充填 or 補充 or 注入 or 回収 or 再利用 or リサイクル）
4	JPABS	972	1 and 3
5	JPABS	1540	2 or 4

DWPI：

编号	所属数据库	命中记录数	检索式
1	DWPI	32778	/ic（B41J2/175 or B41J2/18 or B41J2/185 or B41J2/17 or B41J2/19 or B41J2/195）
2	DWPI	103358	（ink or liquid or fluid）4D stor???
3	DWPI	4172158	cartridge? or box or tank? or container? or cas???? or reservoir?
4	DWPI	3285722	Refill+or replenish+or reinject+or reload+orregenerat+or recycl+or reus??? or remanufactur??? or fill+or affus??? or inject+or syringe or pour+or recall+or reclaim+or recover+or restor+or recuperat+or retriev+or recharg+
5	DWPI	434046	（2 or 3）S 4
6	DWPI	3978	1 and 5
13	DWPI	1889	转库检索
14	DWPI	2031	转库检索
15	DWPI	1883	转库检索

16	DWPI	1080	转库检索
17	DWPI	1447	转库检索
18	DWPI	7429	6 or 13 or 14 or 15 or 16 or 17

墨盒重注西文检索结果：7429 项

2. 墨盒余量检测

中文检索过程

CNABS：

编号	所属数据库	命中记录数	检索式
3	CNABS	2373678	（（ink or liquid or fluid）4D stor???）or cartridge? or box or tank? or container? or cas???? or reservoir? or 储墨 or 耗材 or（（墨 or 流体 or 液体）and（盒 or 罐 or 箱 or 瓶 or 匣 or 槽 or 容器 or 容纳 or 容置））or（（墨 or 流体 or 液体）4D（存储 or 储存 or 容置））
9	CNABS	7964	/ic（B41J2/175 or B41J2/17 or B41J2/18）
23	CNABS	2658634	or detect+，measur+，sens???，monitor+，inspect+，Estimat+，检测，记录，监视，监测，探测，测量，检查，传感，检测器，探测器，传感器，测定
24	CNABS	635264	or 余量，剩余，残余，残留，墨量，残量，液位，液面，（（Ink or fluid or liquid）S（remain??? or amount or residue or residual or amount or level or surface））
25	CNABS	102866	or 浮子，浮标，浮筒，浮力，float??，bobber?，dobber?，buoy???，flotage（-----预计浮力有噪声,拟加入浮球,浮体;经检索尝试,比原来检索方式检索多4篇,但4篇均存在总量中;比原来检索方式少4篇,其中3篇为余量检测,故不进行修改）
26	CNABS	1243888	or 电子，电极，电阻，（Electrode? and（resistance or impedance））
27	CNABS	1598026	or 光学，发光，接收，遮挡，镜面，棱镜，Prism?，（light??? 2w（emit???? or receiv??? or shelter））
28	CNABS	507283	or 超声，振动，震动，Ultrasonic，vibrat???
29	CNABS	888879	or 磁，Magnet+
33	CNABS	1842	3 and 9 and 23 and 24
34	CNABS	596176	or 视觉，眼，目测，透明，vision，transparenc?，clarity
35	CNABS	3910489	25 or 26 or 27 or 28 or 29 or 34
39	CNABS	1312	3 and 9 and 24 and 35
40	CNABS	2189	33 or 39　　/-----CNABS 检索总量/
52	CNABS	138	25 and 40　　/-----浮子检测/
53	CNABS	689657	or 电极，电阻，（Electrode? and（resistance or impedance））
54	CNABS	266	40 and 53　　/-----电子检测/
55	CNABS	673	27 and 40　　/-----光学检测/
56	CNABS	211	28 and 40　　/-----振动或超声/
57	CNABS	291751	or 视觉，眼，目测，vision，transparenc?
58	CNABS	59	57 and 40　　/-----视觉检测/
59	CNABS	19998	24 s（打印量 or 计算 or 估算）
60	CNABS	73	59 and 40　　/-----打印量检测,最终因噪声大,去除/

CNTXT：

编号	所属数据库	命中记录数	检索式
1	CNTXT	8478	/ic（B41J2/175 or B41J2/17 or B41J2/18）

2	CNTXT	1412522	储墨 or 耗材 or（（墨 or 流体 or 液体）and（盒 or 罐 or 箱 or 瓶 or 匣 or 槽 or 容器 or 容纳 or 容置））or（（墨 or 流体 or 液体）4D（存储 or 储存 or 容置））
3	CNTXT	5276172	or 检测，记录，监视，监测，探测，测量，检查，传感，检测器，探测器，传感器，测定
4	CNTXT	1876519	or 余量，剩余，残余，残留，墨量，残量，液位，液面
5	CNTXT	4520	1 and 2 and 3 and 4
6	CNTXT	101725	or 浮子，浮标，浮筒，浮力
7	CNTXT	3166563	or 电子，电极，电阻
8	CNTXT	3281372	or 光学，发光，接收，遮挡，镜面，棱镜
9	CNTXT	1349640	or 超声，振动，震动
10	CNTXT	1373817	or 磁性，磁力，磁石，磁电，电磁
11	CNTXT	2896	1 and 2 and（3 s 4）
12	CNTXT	1876	1 and 2 and（4 s（6 or 7 or 8 or 9 or 10））
13	CNTXT	3190	11 or 12　　/-----因噪声大，去除该检索式/
16	CNTXT	2969546	打印量 or 计算
17	CNTXT	2086	1 and 2 and（4 s（6 or 7 or 8 or 9 or 10 or 16））　　/-----CNTXT 结果/
22	CNTXT	1680	8 and 17　　/-----光学检测/
23	CNTXT	436	6 and 17　　/-----浮子检测/
24	CNTXT	33212	4 s（电极 or 电阻抗）
25	CNTXT	367	17 and 24　　/-----电子检测/
26	CNTXT	457	（4 s 9）and 17　　/-----振动或超声/
27	CNTXT	83	（4 s（or 视觉，眼，目测））and 17　　/-----视觉检测/
28	CNTXT	69	（打印量 and（计算 or 估算））and 17　　/-----打印量，去除/

CPRSABS：

编号	所属数据库	命中记录数	检索式
2	CPRSABS	2171	转库检索
8	CPRSABS	1343	转库检索
9	CPRSABS	2690	2 or 8　　/-----中文检索总量/
10	CPRSABS	1149	转库检索
11	CPRSABS	721	转库检索
12	CPRSABS	1531	10 or 11
13	CPRSABS	131	4 and 12
14	CPRSABS	137	转库检索　　/-----浮子 CNABS/
15	CPRSABS	285	转库检索　　/-----浮子 CNTXT/
16	CPRSABS	326	14 or 15　　/-----浮子检测/
17	CPRSABS	667	转库检索　　/-----光学 CNABS/
18	CPRSABS	1062	转库检索　　/-----光学 CNTXT/
19	CPRSABS	1389	17 or 18　　/-----光学检测/
20	CPRSABS	265	转库检索　　/-----电子 CNABS/
21	CPRSABS	221	转库检索　　/-----电子 CNTXT/
22	CPRSABS	393	20 or 21　　/-----电子检测/

23	CPRSABS	209	转库检索　　　/-----振动或超声 CNABS/
24	CPRSABS	285	转库检索　　　/-----振动或超声 CNTXT/
25	CPRSABS	407	23 or 24　　/-----振动或超声/
26	CPRSABS	58	转库检索　　　/-----视觉检测 CNABS/
27	CPRSABS	47	转库检索　　　/-----视觉检测 CNTXT/
28	CPRSABS	101	26 or 27　　/-----视觉检测/
29	CPRSABS	908	9 not（16 or 19 or 22 or 25 or 28）　/-----其他/

增加西文转库结果：

30	CPRSABS	43	转库检索
31	CPRSABS	341	16 or 30　　/-----浮子检测/
32	CPRSABS	76	转库检索
33	CPRSABS	1407	19 or 32　　/-----光学检测/
34	CPRSABS	28	转库检索
35	CPRSABS	406	22 or 34　　/-----电子检测/
36	CPRSABS	39	转库检索
37	CPRSABS	416	25 or 36　　/-----振动或超声/
38	CPRSABS	32	转库检索　　/-----打印量/
39	CPRSABS	163	14 or 30　　/-----此部分为不加入 CNTXT 转库
40	CPRSABS	700	17 or 32 所得检索结果，作为去噪前的最终
41	CPRSABS	282	20 or 34　结果/
42	CPRSABS	225	23 or 36
43	CPRSABS	1145	转库检索　　/-----西文结果/
44	CPRSABS	2900	9 or 43　　/-----检索总量/
49	CPRSABS	1757	44 not（39 or 40 or 41 or 42 or 38）　/-----其他/

采用分类号进行去噪，cprsabas 中直接采用最相关的分类号：/ic B41J2/14：B41J2/165；/ic or B41J2/06，B41J2/095，B41J2/10，B41J2/085；SIPOABS 中采用最可能造成噪声的 CPC 分类号转库/cpc or B41J2/035，B41J2/0452，B41J2/04511，B41J2/04555，B41J2/04576，B41J2/04581，B41J2/06，B41J2/095，B41J2/10，B41J2/085。采用/ic B41J2/00：B41J2/165 去噪

51	CPRSABS	10653	/ic B41J2/00：B41J2/165
52	CPRSABS	3640	/ic B41J2/14：B41J2/165
53	CPRSABS	106	/ic or B41J2/06，B41J2/095，B41J2/10，B41J2/085
54	CPRSABS	500	转库检索
55	CPRSABS	150	转库检索
56	CPRSABS	2614	44 not（52 or 53 or 54 or 55）　/-----总量/
57	CPRSABS	158	39 not（52 or 53 or 54 or 55 or 48）　/-----浮子检测/
58	CPRSABS	631	40 not（52 or 53 or 54 or 55）　/-----光学检测/
59	CPRSABS	240	41 not（52 or 53 or 54 or 55）　/-----电子检测/
60	CPRSABS	199	42 not（52 or 53 or 54 or 55）　/-----振动或超声/
61	CPRSABS	1594	56 not（57 or 58 or 59 or 60 or 38）　/-----其他/
62	CPRSABS	1303	61 not 51　/-----去噪/
63	CPRSABS	2328	57 or 58 or 59 or 60 or 38 or 62　/-----去噪后总量/

墨盒余量检测中文检索结果：2614 件，去噪后实际总量 2328 件；其中浮子检测检索结果：158

件，光学检测检索结果：631 件，电子检测：240 件，振动或超声：199 件，基于打印量检测检索结果：32 件

西文检索过程

SIPOABS：

编号	所属数据库	命中记录数	检索式
1	SIPOABS	10082	／cpc（B41J2/17566 or B41J2002/17569 or B41J2002/17573 or B41J2002/17576 or B41J2002/17579 or B41J2002/17583 or B41J2002/17586 or B41J2002/17589）
2	SIPOABS	103056	／ic（B41J2/175 or B41J2/18 or B41J2/185 or B41J2/17）
3	SIPOABS	1063816	（Ink or fluid or liquid）S（remain??? or amount or residue or residual or amount or level or surface）
4	SIPOABS	10494314	detect+or measur+or sens??? or monitor+or inspect+or Estimat+
5	SIPOABS	4277670	Prism? or（（light 2w emit????）And（light 2w receiv???））or light???
6	SIPOABS	284034	FLOAT?? or bobber? or dobber? or buoy???? or flotage?
7	SIPOABS	215965	Electrode? and（resistance or impedance）
8	SIPOABS	1153747	Ultrasonic or vibrat???
9	SIPOABS	2068707	Magnet+
10	SIPOABS	7709941	5 or 6 or 7 or 8 or 9
11	SIPOABS	154567	（ink or liquid or fluid）4D stor???
12	SIPOABS	8923381	cartridge? or box or tank? or container? or cas???? or reservoir?
13	SIPOABS	7609	B41J2/17503/cpc
14	SIPOABS	2227	（11 or 12）and 10 and 4 and（2 or 13）
15	SIPOABS	4990	（11 or 12）and 3 and 4 and（2 or 13）
16	SIPOABS	13437	1 or 14 or 15
17	SIPOABS	7555	16 and pd>2005
18	SIPOABS	5882	16 and pd<＝2005
19	SIPOABS	1347	B41J2002/17573/cpc
20	SIPOABS	815	B41J2002/17576/cpc
21	SIPOABS	748	B41J2002/17579/cpc
22	SIPOABS	549	B41J2002/17583/cpc
23	SIPOABS	83063	／cpc（B41J2/14；B41J2/16+）
24	SIPOABS	6152	23 and pd＝2015；2016
25	SIPOABS	8212	23 and pd＝2013；2014
26	SIPOABS	8264	23 and pd＝2011；2012
27	SIPOABS	8969	23 and pd＝2009；2010
28	SIPOABS	9384	23 and pd＝2007；2008
29	SIPOABS	9363	23 and pd＝2005；2006
30	SIPOABS	7916	23 and pd＝2003；2004
31	SIPOABS	9911	23 and pd＝1999；2002
32	SIPOABS	9312	23 and pd＝1990；1998
33	SIPOABS	5579	23 and pd<1990

34	SIPOABS	101663	/ic（B41J2/14：B41J2/16+）
35	SIPOABS	6747	34 and pd＝2015：2016
36	SIPOABS	9890	34 and pd＝2012：2014
37	SIPOABS	8217	34 and pd＝2010：2011
38	SIPOABS	46094	/CPC（B41J2/00：B41J2/135）
39	SIPOABS	9666	38 and pd＝2013：2016
40	SIPOABS	9721	38 and pd＝2008：2012
41	SIPOABS	9910	38 and pd＝2003：2007
42	SIPOABS	9638	38 and pd＝1991：2002
43	SIPOABS	7144	38 and pd<1991
44	SIPOABS	15944	/cpc（B41J2/035 or B41J2/0452 or B41J2/04511 or B41J2/0451or B41J2/04548 or B41J2/04555 or B41J2/04565 or B41J2/04576 or B41J2/0457 or B41J2/04575 or B41J2/04581 orB41J2/06 or B41J2/085 or B41J2/10）
45	SIPOABS	9502	44 and pd＝2005：2016
46	SIPOABS	6438	44 and pd<2005

JPABS：

编号	所属数据库	命中记录数	检索式
1	JPABS	822	/ft（2C056EA29 or 2C056EB50 or 2C056EB51 or 2C056EB52 or 2C056EB53 or 2C056EB54 or 2C056EB55 or 2C056EB56）
2	JPABS	58751	2C056+/ft
3	JPABS	651454	電極 or 電流
4	JPABS	358615	光学 or（発光 and 受光） or（光1w（照射 or 反射））
5	JPABS	384214	磁気 or 磁性 or 磁束 or 磁石 or 磁力 or 磁電 or 電磁
6	JPABS	34971	圧力センサ or 液圧
7	JPABS	195531	振動
8	JPABS	1506195	3 or 4 or 5 or 6 or 7
9	JPABS	66359	カートリッジ or インクタンク or 墨盒
10	JPABS	1107133	検出 or 検知 or 監視
11	JPABS	41471	残量 or（インク3w量） or（液1w量） or 液面
12	JPABS	729	2 and（8 or 11）and 10 and 9
13	JPABS	1362	1 or 12
14	JPABS	204	2C056EB52/ft
15	JPABS	194	2C056EB51/ft
16	JPABS	48	2C056EB53/ft

USTXT：

编号	所属数据库	命中记录数	检索式
1	USTXT	301609	FLOAT?? or bobber? or dobber? or buoy???? or flotage?
2	USTXT	3999017	Prism? or（（light 2w emit????）And（light 2w receiv???））or light???
3	USTXT	669933	Electrode? and（resistance or impedance）
4	USTXT	986175	Ultrasonic or vibrat???
5	USTXT	2277050	Magnet+

6	USTXT	10787	/ic（B41J2/175 or B41J2/18 or B41J2/185 or B41J2/17）
7	USTXT	189034	（ink or liquid or fluid）4D stor???
8	USTXT	8011830	cartridge? or box or tank? or container? or cas???? or reservoir?
9	USTXT	1394680	（Ink or fluid or liquid）S（remain??? or amount or residueor

residual or amount or level or surface）

10	USTXT	7062319	detect+or measur+or sens??? or monitor+or inspect+or Estimat+
11	USTXT	2276	6 and（7 or 8）and 2 and（10 S 9）
12	USTXT	1002	6 and（7 or 8）and 3 and（10 S 9）
13	USTXT	1210	6 and（7 or 8）and 4 and（10 S 9）
14	USTXT	679	6 and（7 or 8）and 5 and（10 S 9）
15	USTXT	765	6 and（7 or 8）and 1 and（10 S 9）

EPTXT：

编号	所属数据库	命中记录数	检索式
1	EPTXT	50887	FLOAT?? or bobber? or dobber? or buoy???? or flotage?
2	EPTXT	715183	Prism? or（（light 2w emit????）And（light 2w receiv???））or

light???

3	EPTXT	126501	Electrode? and（resistance or impedance）
4	EPTXT	219600	Ultrasonic or vibrat???
5	EPTXT	424636	Magnet+
6	EPTXT	4147	/ic（B41J2/175 or B41J2/18 or B41J2/185 or B41J2/17）
7	EPTXT	38663	（ink or liquid or fluid）4D stor???
8	EPTXT	1882122	cartridge? or box or tank? or container? or cas???? or reservoir?
9	EPTXT	317677	（Ink or fluid or liquid）S（remain??? or amount or residue or resid-

ual or amount or level or surface）

10	EPTXT	1579087	detect+or measur+or sens??? or monitor+or inspect+or Estimat+
11	EPTXT	910	6 and（7 or 8）and 2 and（10 S 9）
12	EPTXT	428	6 and（7 or 8）and 3 and（10 S 9）
13	EPTXT	545	6 and（7 or 8）and 4 and（10 S 9）
14	EPTXT	255	6 and（7 or 8）and 5 and（10 S 9）
15	EPTXT	391	6 and（7 or 8）and 1 and（10 S 9）

JPTXT：

| 编号 | 所属数据库 | 命中记录数 | 检索式 |
| 1 | JPTXT | 2388125 | Prism? or（（light 2w emit????）And（light 2w receiv???））or |

light??? or 光学 or（発光 and 受光）or（光 1w（照射 or 反射））

| 2 | JPTXT | 890972 | FLOAT?? or bobber? or dobber? or buoy???? or flotage? or 浮 |
| 3 | JPTXT | 1366167 | （Electrode? and（resistance or impedance））or（（電極 or 電流） |

and（抵抗 or 电阻 or 阻抗））

4	JPTXT	1474256	Ultrasonic or vibrat??? or 振動
5	JPTXT	2539685	Magnet+or 磁気 or 磁性 or 磁束 or 磁石 or 磁力 or 磁電 or 電磁
6	JPTXT	58680	2C056+/ft
7	JPTXT	30922	/ic（B41J2/175 or B41J2/18 or B41J2/185 or B41J2/17）
8	JPTXT	335764	カートリッジ or インクタンク or 墨盒

9	JPTXT	541798	残量 or（インク 3w 量）or（液 1w 量）or 液面
10	JPTXT	4975862	検出 or 検知 or 監視
11	JPTXT	177	（ink or liquid or fluid）4D stor???
12	JPTXT	173085	cartridge? or box or tank? or container? or cas???? or reservoir?
13	JPTXT	1069	6 and 8 and（9 S 1 S 10）
14	JPTXT	204	6 and 8 and（9 S 2 S 10）
15	JPTXT	378	6 and 8 and（9 S 4 S 10）
16	JPTXT	297	6 and 8 and（9 S 5 S 10）
17	JPTXT	1563	6 and 8 and（9 S 10）and 3

DWPI：

编号	所属数据库	命中记录数	检索式
1	DWPI	32641	/ic（B41J2/175 or B41J2/18 or B41J2/185 or B41J2/17）
2	DWPI	104647	（ink or liquid or fluid）4D stor???
3	DWPI	4211316	cartridge? or box or tank? or container? or cas???? or reservoir?
4	DWPI	525889	（Ink or fluid or liquid）S（remain??? or amount or residue or residual or amount or level or surface）
5	DWPI	5390848	detect+ or measur+ or sens??? or monitor+ or inspect+ or Estimat+
6	DWPI	2335892	Prism? or（（light 2w emit????）And（light 2w receiv???））or light???
7	DWPI	205603	FLOAT?? or bobber? or dobber? or buoy???? or flotage?
8	DWPI	127626	Electrode? and（resistance or impedance）
9	DWPI	731956	Ultrasonic or vibrat???
10	DWPI	1088156	Magnet+
11	DWPI	4284653	6 or 7 or 8 or 9 or 10
12	DWPI	2264	1 and（2 or 3）and 4 and 5
13	DWPI	893	1 and（2 or 3）and 11 and 5
14	DWPI	2603	12 or 13　　　-----DWPI 墨余量检测结果
15	DWPI	1239	转库检索　　　-----JPABS 墨余量检测转库结果
16	DWPI	2435	转库检索　　　-----SIPOABS 墨余量检测部分转库结果
17	DWPI	1669	转库检索　　　-----SIPOABS 墨余量检测另一部分转库结果
18	DWPI	4937	14 or 15 or 16 or 17　　-----DWPI+JPABS 转库+SIPOABS 转库墨余量检测结果
19	DWPI	2291	转库检索　　　-----CPRSABS 墨余量检测转库结果
20	DWPI	6456	18 or 19　　-----DWPI 墨余量检测总结果
21	DWPI	771	6 and 20　　-----DWPI 光学分支结果
22	DWPI	194	7 and 20　　-----DWPI 浮子分支结果
23	DWPI	65	8 and 20　　-----DWPI 电阻抗分支结果
24	DWPI	230	9 and 20　　-----DWPI 振动或超声分支结果
25	DWPI	138	10 and 20　　-----DWPI 磁分支结果
26	DWPI	243	转库检索　　　-----SIPOABS 光学分支 CPC 转库结果
27	DWPI	140	转库检索　　　-----SIPOABS 浮子分支 CPC 转库结果
28	DWPI	115	转库检索　　　-----SIPOABS 电阻抗分支 CPC 转库结果

29	DWPI	74	转库检索	-----SIPOABS 振动或超声分支 CPC 转库结果
30	DWPI	190	转库检索	-----JPABS 光学分支 FT 转库结果
31	DWPI	175	转库检索	-----JPABS 电气装置 FT 转库结果
32	DWPI	31	转库检索	-----JPABS 磁分支 FT 转库结果
33	DWPI	1015	21 or 26 or 30	
34	DWPI	290	22 or 27	
35	DWPI	334	23 or 28 or 31	
36	DWPI	285	24 or 29	
37	DWPI	163	25 or 32	
38	DWPI	1378	转库检索	-----USTXT 光学分支转库结果
39	DWPI	615	转库检索	-----USTXT 电阻抗分支转库结果
40	DWPI	748	转库检索	-----USTXT 振动或超声分支转库结果
41	DWPI	442	转库检索	-----USTXT 磁分支转库结果
42	DWPI	475	转库检索	-----USTXT 浮子分支转库结果
43	DWPI	680	转库检索	-----EPTXT 光学分支转库结果
44	DWPI	331	转库检索	-----EPTXT 电阻抗分支转库结果
45	DWPI	401	转库检索	-----EPTXT 振动或超声分支转库结果
46	DWPI	208	转库检索	-----EPTXT 磁分支转库结果
47	DWPI	278	转库检索	-----EPTXT 浮子分支转库结果
48	DWPI	962	转库检索	-----JPTXT 光学分支转库结果
49	DWPI	153	转库检索	-----JPTXT 浮子分支转库结果
50	DWPI	292	转库检索	-----JPTXT 振动或超声分支转库结果
51	DWPI	253	转库检索	-----JPTXT 磁分支转库结果
52	DWPI	1414	转库检索	-----JPTXT 电阻抗分支转库结果
53	DWPI	3035	33 or 38 or 43 or 48	-----光学分支总结果
54	DWPI	904	34 or 42 or 47 or 49	-----浮子分支总结果
55	DWPI	2210	35 or 39 or 44 or 52	-----电阻抗分支总结果
56	DWPI	1288	36 or 40 or 45 or 50	-----振动或超声分支总结果
57	DWPI	881	37 or 41 or 46 or 51	-----磁分支总结果
58	DWPI	5365	53 or 54 or 55 or 56 or 57	
65	DWPI	3103	20 and 58	
66	DWPI	3353	20 not 65	
67	DWPI	1983	66 not 19	-----其他检测分支总结果（去除中文结果）
77	DWPI	2983	转库检索	-----检索式 77-86 均为 SIPOABS 中 B41J2/14:

B41J2/16+CPC 转库结果

78	DWPI	3844	转库检索	
79	DWPI	4330	转库检索	
80	DWPI	4717	转库检索	
81	DWPI	4412	转库检索	
82	DWPI	3822	转库检索	
83	DWPI	3129	转库检索	
84	DWPI	3778	转库检索	

85	DWPI	2604	转库检索
86	DWPI	953	转库检索
87	DWPI	17980	77 or 78 or 79 or 80 or 81 or 82 or 83 or 84 or 85 or 86
88	DWPI	1736	67 not 87　　-----其他检测分支结果去除 B41J2/14:B41J2/16+CPC 的降噪结果
89	DWPI	31214	/ic（B41J2/14:B41J2/16+）
90	DWPI	1652	88 not 89　　-----去除 B41J2/14:B41J2/16+的 IC 的降噪结果
91	DWPI	85741	/ic（B41J2/00:B41J2/135）
92	DWPI	1250	90 not 91　　-----去除 B41J2/00:B41J2/135 的 IC 降噪结果
94	DWPI	3359	转库检索　　　-----检索式 94-98 均为 B41J2/00:B41J2/135CPC 转库结果
95	DWPI	3477	转库检索
96	DWPI	2976	转库检索
97	DWPI	2583	转库检索
98	DWPI	1059	转库检索
99	DWPI	1241	92 not（94 or 95 or 96 or 97 or 98）　　-----其他检测方式最终降噪结果
100	DWPI	2398	转库检索　　　-----检索式 100-101 均为 B41J2/00:B41J2/135 中更相关的 CPC 转库结果
101	DWPI	1418	转库检索
102	DWPI	3345	100 or 101
103	DWPI	1786	/ic（B41J2/035 or B41J2/06 or B41J2/085 or B41J2/10）
104	DWPI	5316	20 not（87 or 89 or 102 or 103）　　-----去噪后总量
105	DWPI	2423	53 not（87 or 89 or 102 or 103）　　-----去噪后光学分支总量
106	DWPI	761	54 not（87 or 89 or 102 or 103）　　-----去噪后浮子分支总量
107	DWPI	1605	55 not（87 or 89 or 102 or 103）　　-----去噪后电学分支总量
108	DWPI	924	56 not（87 or 89 or 102 or 103）　　-----去噪后振动或超声分支总量
109	DWPI	669	57 not（87 or 89 or 102 or 103）　　-----去噪后磁分支总量

墨盒余量检测西文检索结果：5316 项，其中涉及浮子检测检索结果：716 项，光学检测检索结果：2423 项，电阻或电极检测检索结果：1605 项，振动或超声检测检索结果：924 项，磁学检测检索结果：669 项

3. 墨盒压力平衡

中文检索过程

CNABS：

编号	所属数据库	命中记录数	检索式
1	CNABS	7426	B41J2/175/ic
2	CNABS	2371572	（（ink or liquid or fluid）4D stor???）or cartridge? or box or tank? or container? or cas????? or reservoir? or 储墨 or 耗材 or（（墨 or 流体 or 液体）and（盒 or 罐 or 箱 or 瓶 or 匣 or 槽 or 容器 or 容纳 or 容置））or（（墨 or 流体 or 液体）4D（存储 or 储存 or 容置））
3	CNABS	2097595	or 负压，真空，气压，压力，压缩，加压，压力差，压差，囊管力，

pressur+,compress,vacuum

| 4 | CNABS | 2342 | 1 and 2 and 3 |
| 5 | CNABS | 2398586 | or 柔性袋,柔性薄膜,柔性包,墨水包,油墨包,墨囊,弯折,挤压, |

推压,变形,弹性,膨胀,收缩,((体积 or 容积)s(改变 or 变化 or 变形 or 变小 or 缩小)),extrusion,distention,((soft or flexibility or flexible or flexure)s(bag or package or sac)),bend+,flex+,buckl+,push,distortion,elastic+,condensation,((bulk or cubage or volume)s(change or distortion or diminish or reduce+))

| 6 | CNABS | 1114 | 1 and 2 and 3 and 5 　/-----变形/ |
| 7 | CNABS | 693265 | or 聚氨酯,发泡材料,海绵,多孔,泡沫,吸液材料,玻璃珠,毛细, |

(滤芯 s 套管),polyaminoester,polyaminoesters,polyurethane,foam+,expand+,bubble,wicking,imbibition,((beaded glass or galss bead or glass pearls or granulatedglass sphere)s capillar+),((filter or strainer core)s(cas??? or bushing or sleeve or cannula))

| 8 | CNABS | 567 | 1 and 2 and 3 and 7 　/-----通过材料/ |
| 9 | CNABS | 2973540 | or 阀,阀体,阀门,阀芯,阀构件,泵,气门,塞子,塞堵构件,闭合, |

开关,valve,pump,clicket,SUCTION,plug,stopple,close,on-off,switch

| 10 | CNABS | 1162 | 1 and 2 and (3 p 9) 　/-----通过阀/ |
| 11 | CNABS | 1920 | 6 or 8 or 10 |

CNTXT:

编号	所属数据库	命中记录数	检索式
1	CNTXT	8138	B41J2/175/ic
2	CNTXT	1419682	储墨 or 耗材 or ((墨 or 流体 or 液体)and(盒 or 罐 or 箱 or 瓶

or 匣 or 槽 or 容器 or 容纳 or 容置))or((墨 or 流体 or 液体)4D(存储 or 储存 or 容置))

| 3 | CNTXT | 3762748 | or 负压,真空,气压,压力,加压,压力差,压差,囊管力 |
| 4 | CNTXT | 289636 | or 柔性袋,柔性薄膜,柔性包,墨水包,油墨包,墨囊,((体积 or |

容积)s(改变 or 变化 or 变形 or 变小 or 缩小))

| 5 | CNTXT | 4775685 | or 弯折,挤压,推压,变形,弹性,膨胀,压缩,收缩,((体积 or 容 |

积)s(改变 or 变化 or 变形 or 变小 or 缩小))

6	CNTXT	15029	or 柔性袋,柔性薄膜,柔性包,墨水包,油墨包,墨囊
7	CNTXT	894	1 and 2 and (3 s 4)
8	CNTXT	678	1 and 2 and 3 and 5 and 6
9	CNTXT	1218	7 or 8 　/-----变形/
10	CNTXT	1109065	or 聚氨酯,发泡材料,海绵,多孔,泡沫,吸液材料,玻璃珠,毛细,

(滤芯 s 套管)

11	CNTXT	1108	1 and 2 and (3 s 10) 　/-----通过材料/
12	CNTXT	2245191	or 阀,泵
13	CNTXT	2751	1 and 2 and (3 s 12)
14	CNTXT	1623	1 and 2 and (3 5w 12)
15	CNTXT	1889	1 and 2 and (3 5D 12)
16	CNTXT	2311346	or 气门,塞子,塞堵构件,闭合,开关
17	CNTXT	157	1 and 2 and (3 5D 16)
18	CNTXT	1620	1 and 2 and (3 3D 12)
19	CNTXT	1640	17 or 18 　/-----通过阀/

CPRSABS：

编号	所属数据库	命中记录数	检索式	
1	CPRSABS	1111	转库检索	/-----CNABS 变形/
2	CPRSABS	566	转库检索	/-----CNABS 通过材料/
3	CPRSABS	1161	转库检索	/-----CNABS 通过阀/
4	CPRSABS	779	转库检索	/-----CNTXT 变形/
5	CPRSABS	743	转库检索	/-----CNTXT 通过材料/
6	CPRSABS	1049	转库检索	/-----CNTXT 通过阀/
7	CPRSABS	1543	1 or 4	
8	CPRSABS	1027	2 or 5	
9	CPRSABS	1628	3 or 6	
10	CPRSABS	2732	7 or 8 or 9	/-----总量/
11	CPRSABS	4931	天威/pa	
12	CPRSABS	181	10 and 11	/-----第一次查准/
13	CPRSABS	319	/TI 灌墨 or 注墨	
14	CPRSABS	2645	10 not 13	/-----标题去噪/
15	CPRSABS	72848	/TI 再生 or 重注 or 再制造 or 回收	
16	CPRSABS	2596	14 not 15	/-----标题去噪,得总量/
17	CPRSABS	137	11 and 16	/-----查准/
18	CPRSABS	1496	7 not（13 or 15）	/-----通过变形/
19	CPRSABS	966	8 not（13 or 15）	/-----通过材料/
20	CPRSABS	1524	9 not（13 or 15）	/-----通过阀/

墨盒压力平衡中文检索结果：2596 件，其中通过变形分支中文检索结果：1495 件，通过负压材料分支中文检索结果：966 件，通过阀分支中文检索结果：1524 件

西文检索过程

CNABS：

编号	所属数据库	命中记录数	检索式
1	CNABS	7451	B41J2/175/ic
2	CNABS	2437340	（（ink or liquid or fluid）4D stor???）or cartridge? or box or tank? or container? or cas???? or reservoir? or 储墨 or 耗材 or（（墨 or 流体 or 液体）and（盒 or 罐 or 箱 or 瓶 or 匣 or 槽 or 容器 or 容纳 or 容置））or（（墨 or 流体 or 液体）4D（存储 or 储存 or 容置））
3	CNABS	2117854	or 负压,真空,气压,压力,压缩,加压,压力差,压差,囊管力,pressur+,compress,vacuum
4	CNABS	2382	1 and 2 and 3
5	CNABS	2425298	or 柔性袋,柔性薄膜,柔性包,墨水包,油墨包,墨囊,弯折,挤压,推压,变形,弹性,膨胀,收缩,（（体积 or 容积）s（改变 or 变化 or 变形 or 变小 or 缩小）），extrusion,distention,（（soft or flexibility or flexible or flexure）s（bag or package or sac）），bend+,flex+,buckl+,push,distortion,elastic+,condensation,（（bulk or cubage or volume）s（change or distortion or diminish or reduce+））
6	CNABS	1127	1 and 2 and 3 and 5　　/-----变形分支总结果-----/
7	CNABS	700962	or 聚氨酯,发泡材料,海绵,多孔,泡沫,吸液材料,玻璃珠,毛细,（滤芯 s 套管），polyaminoester,polyaminoesters,polyurethane,foam+,expand+,bubble,wicking,imbibition,

((beaded glass or galss bead or glass pearls or granulated glass sphere) s capillar+) , ((filter or strainer core) s (cas??? or bushing or sleeve or cannula))

8	CNABS	569	1 and 2 and 3 and 7 /-----负压材料分支总结果-----/
9	CNABS	3004774	or 阀,阀体,阀门,阀芯,阀构件,泵,气门,塞子,塞堵构件,闭合,

开关,valve,pump,clicket,SUCTION,plug,stopple,close,on-off,switch

10	CNABS	1187	1 and 2 and (3 p 9) /-----阀、泵分支总结果-----/

CNTXT:

编号	所属数据库	命中记录数	检索式
1	CNTXT	8174	B41J2/175/ic
2	CNTXT	1685507	((ink or liquid or fluid) 4D stor???) or cartridge? or box or tank?

or container? or cas???? or reservoir? or 储墨 or 耗材 or ((墨 or 流体 or 液体) and (盒 or 罐 or 箱 or 瓶 or 匣 or 槽 or 容器 or 容纳 or 容置)) or ((墨 or 流体 or 液体) 4D (存储 or 储存 or 容置))

3	CNTXT	4409998	or 负压,真空,气压,压力,压缩,加压,压力差,压差,囊管力,

pressur+,compress,vacuum

4	CNTXT	291586	or 柔性袋,柔性薄膜,柔性包,墨水包,油墨包,墨囊,((体积 or

容积) s (改变 or 变化 or 变形 or 变小 or 缩小))

5	CNTXT	4814906	or 弯折,挤压,推压,变形,弹性,膨胀,压缩,收缩,((体积 or 容

积) s (改变 or 变化 or 变形 or 变小 or 缩小))

6	CNTXT	15131	or 柔性袋,柔性薄膜,柔性包,墨水包,油墨包,墨囊
7	CNTXT	920	1 and 2 and (3 s 4)
8	CNTXT	718	1 and 2 and 3 and 5 and 6
9	CNTXT	1278	7 or 8 /-----变形分支总结果-----/
10	CNTXT	1116910	or 聚氨酯,发泡材料,海绵,多孔,泡沫,吸液材料,玻璃珠,毛细,

(滤芯 s 套管)

11	CNTXT	1223	1 and 2 and (3 s 10) /-----负压材料分支总结果-----/
12	CNTXT	2264423	or 阀,泵
13	CNTXT	2330301	or 气门,塞子,塞堵构件,闭合,开关
14	CNTXT	173	1 and 2 and (3 5D 13)
15	CNTXT	1676	1 and 2 and (3 3D 12)
16	CNTXT	1704	14 or 15 /-----阀分支总结果-----/

SIPOABS：

编号	所属数据库	命中记录数	检索式
1	SIPOABS	7099	B41J2/17556/cpc
2	SIPOABS	7966	B41J2/17596/cpc
3	SIPOABS	7620	B41J2/17503/CPC
4	SIPOABS	154906	(ink or liquid or fluid) 4D stor???
5	SIPOABS	8935352	cartridge? or box or tank? or container? or cas???? or reservoir?
6	SIPOABS	8030282	valve? or pump? or clicket? or SUCTION+ or plug+ orstopple? or

switch+

7	SIPOABS	33807	/cpc (B41J2/03 or B41J2/045 or B41J2/055 or B41J2/04581 or

B41J2/14032 or B41J2/14201 or B41J2/14209 or B41J2/14233 or B41J2/14274 or B41J2/1607 or B41J2/ 1609 or B41J2/1612 or B41J2/1652 or B41J2/16526)   /-----去噪声分类号-----/

8	SIPOABS	9547	7 and pd＝2012：2016
9	SIPOABS	9546	7 and pd＝2007：2011
10	SIPOABS	9122	7 and pd＝2000：2006
11	SIPOABS	5590	7 and pd<2000

12　　SIPOABS　　3795662　　（press＋S（balanc＋or counterpois??? or equation or equilibri?? or equipois＋or pois＋or control＋or accommodat＋or modulat＋））or vacuum or compress＋or（differen???? 3D press＋）

13　　SIPOABS　　1821248　　polyaminoester? or polyurethane or foam??? or expand＋or bubble or wicking or imbibition? or（（（bead?? or pearl?）2D glass）S capillar＋）or（（filter? or strainer core）s（casing or bushing or sleeve? or cannula））or（negative 1wpress＋）

14　　SIPOABS　　9088325　　extrus＋or distent＋or press＋or（（soft or flexibl＋or flexure or elastic＋or compress）S（bag? or package? or sac?））or bend＋or buckl＋or push＋or distortion orcondensat＋or（（bulk or cubage or volume）s（chang＋or distort＋or diminish＋or reduc＋）））

15　　SIPOABS　　89964　　B41J2/175/ic

17　　SIPOABS　　3997　　（2 or 3 or 15）and 12 and 14 and（4 or 5）　　/－－－－－变形分支－－－－－/

19　　SIPOABS　　8710314　　press＋or vacuum or compress＋or（differen???? 3D press＋）

20　　SIPOABS　　3939　　（2 or 3 or 15）and（19 S 6）and（4 or 5）　　/－－－－－阀、泵分支－－－－－/

21　　SIPOABS　　4240　　（2 or 3 or 15）and（19 S 13）and（4 or 5）　　/－－－－－负压材料分支－－－－－/

22　　SIPOABS　　913　　1 and 19 and 6　　/－－－－－准确的分类号获得的阀、泵分支－－－－－/

23　　SIPOABS　　1221　　1 and 19 and 13　　/－－－－－准确的分类号获得的负压材料分支－－－－－/

24　　SIPOABS　　2725　　1 and 19 and 14　　/－－－－－准确的分类号获得的变形分支－－－－－/

25	SIPOABS	4244	20 or 22　　/－－－－－阀、泵分支总结果－－－－－/
26	SIPOABS	4469	21 or 23　　/－－－－－负压材料分支总结果－－－－－/
27	SIPOABS	5794	17 or 24　　/－－－－－变形分支总结果－－－－－/

JPABS：

编号	所属数据库	命中记录数	检索式

1　　JPABS　　1597　　/ft（2C056KC1＋or 2C056KC27 or 2C056EA26 or 2C056KB0＋or 2C056KB10 or 2C056KB11）

2　　JPABS　　46510　　2C056/＋/ft

3　　JPABS　　66359　　カートリッジ or インクタンク or 墨盒

4　　JPABS　　786473　　バルブ or 閥 or ポンプ or バルブ or バルプ or プラグ or せん or 栓 or スイッチ or 開閉

5　　JPABS　　181456　　ポリウレタン or 発泡 or ポーラス or 多孔 or 泡が or バブル or スポンジ or 海綿

6　　JPABS　　417735　　（（フレキシブル or 柔軟 or 弾性）2w（袋 or 包 or 囊 or 袋 or バッグ or のう））or 折り曲げる or 屈曲 or 回折 or 押し出し or 押出 or 押圧 or ツイ圧 or プッシュ圧 or ひ

ずみ or 变形 or 形变 or 膨らむ or 膨脹 or 膨張 or 収縮 or 縮む or 縮み or（（容积 or 体積 or 容積）S（変える or 変わる or 変えて or 変更 or 変化 or 縮小 or 小さくなる or 小さくなって or 小さくなり））

11	JPABS	85243	压力 or バランス or 平衡 or 负压 or 加压 or 增压
12	JPABS	104	2 and 3 and 4 and 11 　　/-----阀、泵分支-----/
13	JPABS	19	2 and 3 and 5 and 11 　　/-----负压材料分支-----/
14	JPABS	27	2 and 3 and 6 and 11 　　/-----变形分支-----/
15	JPABS	268	1 and 4 　　/-----准确的分类号获得的阀、泵分支-----/
16	JPABS	132	1 and 5 　　/-----准确的分类号获得的负压材料分支-----/
17	JPABS	91	1 and 6 　　/-----准确的分类号获得的变形分支-----/
18	JPABS	118	14 or 17 　　/-----变形分支总结果-----/
19	JPABS	151	13 or 16 　　/-----负压材料分支总结果-----/
20	JPABS	372	12 or 15 　　/-----阀、泵分支总结果-----/

DWPI：

编号	所属数据库	命中记录数	检索式
1	DWPI	105037	（ink or liquid or fluid）4D stor???
2	DWPI	4224395	cartridge? or box or tank? or container? or cas????? or reservoir?
3	DWPI	4262103	valve? or pump? or clicket? or SUCTION+ or plug+ or stopple? or switch+
4	DWPI	17865	/ic（B41J2/03 or B41J2/045 or B41J2/055）
5	DWPI	3227	转库检索 　　/-----去噪分类号转库结果-----/
6	DWPI	3365	转库检索 　　/-----去噪分类号转库结果-----/
7	DWPI	2642	转库检索 　　/-----去噪分类号转库结果-----/
8	DWPI	1274	转库检索 　　/-----去噪分类号转库结果-----/
9	DWPI	7341	5 or 6 or 7 or 8
10	DWPI	27159	B41J2/175/ic
11	DWPI	1999294	（press+S（balanc+ or counterpois??? or equation orequilibri?? or equipois+or pois+or control+or accommodat+or modulat+））or vacuum or compress+or（differen???? 3D press+）
12	DWPI	1178970	polyaminoester? or polyurethane or foam??? or expand+or bubble or wicking or imbibition? or（（（bead?? or pearl?）2D glass）S capillar+）or（（filter? or strainer core）s（casing or bushing or sleeve? or cannula））or（negative 1w press+）
13	DWPI	4976647	extrus+or distent+or press+or（（soft or flexibl+or flexure or elastic+ or compress）2w（bag? or package? or sac?））or bend+or buckl+or push+or distortion or condensat+or（（bulk or cubage or volume）s（chang+or distort+or diminish+or reduc+））
14	DWPI	1060	（1 or 2）and 10 and 3 and 11
15	DWPI	638	（1 or 2）and 10 and 12 and 11
16	DWPI	1688	（1 or 2）and 10 and 13 and 11 　　/-----变形分支 dwpi 结果-----/
21	DWPI	1217	转库检索 　　/-----变形分支 cprsabs 转库结果-----/
22	DWPI	786	转库检索 　　/-----负压材料分支 cprsabs 转库结果-----/
23	DWPI	1277	转库检索 　　/-----阀、泵分支 cprsabs 转库结果-----/
24	DWPI	118	转库检索 　　/-----变形分支 jpabs 转库结果-----/
25	DWPI	148	转库检索 　　/-----负压材料分支 jpabs 转库结果-----/

26	DWPI	349	转库检索	/-----阀、泵分支 jpabs 转库结果-----/
27	DWPI	1919	转库检索	/-----变形分支 sipoabs 转库结果-----/
28	DWPI	1523	转库检索	/-----负压材料分支 sipoabs 转库结果-----/
29	DWPI	1643	转库检索	/-----阀、泵分支 sipoabs 转库结果-----/
30	DWPI	3628	21 or 24 or 27 or 16	/-----变形分支 dwpi 总结果-----/
33	DWPI	4582698	press+or vacuum or compress+or（differen???? 3D press+)	
34	DWPI	1627	（1 or 2）and 10 and（3 S 33）	/-----阀、泵分支 dwpi 结果-----/
35	DWPI	1345	（1 or 2）and 10 and（12 S 33）	/-----负压材料分支 dwpi 结果-----/
36	DWPI	2635	22 or 25 or 28 or 35	/-----负压材料分支 dwpi 总结果-----/
37	DWPI	3312	23 or 26 or 29 or 34	/-----阀、泵分支 dwpi 总结果-----/
38	DWPI	3334	30 not（4 or 9）	/-----变形分支 dwpi 去噪总结果-----/
39	DWPI	2464	36 not（4 or 9）	/-----负压材料分支 dwpi 去噪总结果-----/
40	DWPI	3081	37 not（4 or 9）	/-----阀、泵分支 dwpi 去噪总结果-----/
41	DWPI	5528	38 or 39 or 40	/-----压力平衡系统 dwpi 去噪总结果-----/

墨盒压力平衡西文检索结果：5528 项，其中通过变形分支西文检索结果：3334 项，通过负压材料分支西文检索结果：2464 项，通过阀、泵分支西文检索结果：3081 项

4. 墨盒机械结构

中文检索过程

CNABS：

编号	所属数据库	命中记录数	检索式
1	CNABS	7466	B41J2/175/ic
2	CNABS	2434458	（（ink or liquid or fluid）4D stor???）or cartridge? or box or tank? or container? or cas???? or reservoir? or 储墨 or 耗材 or（（墨 or 流体 or 液体）and（盒 or 罐 or 箱 or 瓶 or 匣 or 槽 or 容器））or（（墨 or 流体 or 液体）4D（存储 or 储存 or 容纳 or 容置））
3	CNABS	8295370	or 装机, 安装, 装配,（型号 s（匹配 or 适配）），卡接, 配接, 联接, 卡位, 插接, 对接, 接口, 接合, 啮合, 扣合, 拆卸, 固定, connect+, joint, juncture, link+, clamp+, insert+, splic+, abutment, coaptat+, joggle, Engage+, emplace, locat+, position, install+, fit+, fix+, split+, match+, adaptat+, assembl+, detachabl+
4	CNABS	4926	1 and（2 s 3）
5	CNABS	8140563	or 卡接, 配接, 联接, 卡位, 插接, 对接, 接口, 接合, 啮合, 扣合, 拆卸, 固定, connect+, joint, juncture, link+, clamp+, insert+, splic+, abutment, coaptat+, joggle, Engage+, emplace, locat+, position, install+, fit+, fix+, split+, match+, adaptat+, assembl+, detachabl+
6	CNABS	4681002	or 卡接, 配接, 联接, 卡位, 插接, 对接, 接口, 接合, 啮合, 扣合, 拆卸, 固定
7	CNABS	4577	1 and（（2 s 5）or（2 5d 6））

CNTXT：

编号	所属数据库	命中记录数	检索式
1	CNTXT	8188	B41J2/175/ic
2	CNTXT	1542820	储墨 or 耗材 or（（墨 or 流体 or 液体）and（盒 or 罐 or 箱 or 瓶

or 匣 or 槽 or 容器））or （（墨 or 流体 or 液体）2D（存储 or 储存 or 容纳 or 容置））

3	CNTXT	3017631	（or 装机,安装,型号,匹配,配接,适配,装配）s（or 联接,卡位,插接,卡接,对接,接口,接合,啮合,安放,定位,扣合,拆卸,固定）
4	CNTXT	4253	1 and 2 and 3
5	CNTXT	4147	1 and（2 p 3）

CPRSABS：

编号	所属数据库	命中记录数	检索式
1	CPRSABS	73796	/TI 再生 or 重注 or 再制造 or 回收 or 余量检测 or 压力平衡
2	CPRSABS	4547	转库检索　　/-----CNABS 转库/
3	CPRSABS	2819	转库检索　　/-----CNTXT 转库/
4	CPRSABS	5046	2 or 3
5	CPRSABS	4940	4 not 1　/-----最终检索结果/

墨盒机械结构中文检索结果：4940 件

西文检索过程

SIPOABS：

编号	所属数据库	命中记录数	检索式
1	SIPOABS	14709	B41J2/17553/cpc
2	SIPOABS	13510	/cpc（B41J2/17503 or B41J2/17526 or B41J2/1753 or B41J2/17533 or B41J2/17536 or B41J2/1754）
3	SIPOABS	156018	（ink or liquid or fluid）4D stor???
4	SIPOABS	8987258	cartridge? or box or tank? or container? or cas???? or reservoir?
5	SIPOABS	33529388	or connect+,joint+,juncture?,link+,clamp+,insert+,splic+,abutment,coaptat+,joggl+,Engag+,emplace,locat+,position+,install+,fit?????,fix??????,split+,match+,adapt+,assembl+,detachabl+
7	SIPOABS	90178	B41J2/175/ic
15	SIPOABS	2163561	（3 or 4）6D 5
16	SIPOABS	17213	（1 or 2 or 7）and 15
17	SIPOABS	9388	16 and pd>2005
18	SIPOABS	7825	16 and pd<=2005
19	SIPOABS	27221	/cpc（B41J2/162+or B41J2/163+or B41J2/164+）　/-----去噪分类号-----/
20	SIPOABS	9380	19 and pd>2008
21	SIPOABS	9677	19 and pd=2003:2008
22	SIPOABS	8163	19 and pd<2003
26	SIPOABS	48538	/cpc（B41J2/135 or B41J2/14+）　/-----去噪分类号-----/
27	SIPOABS	8748	26 and pd>2012
28	SIPOABS	9915	26 and pd=2009:2012
29	SIPOABS	8767	26 and pd=2006:2008
30	SIPOABS	9977	26 and pd=2002:2005
31	SIPOABS	6938	26 and pd=1995:2001
32	SIPOABS	4193	26 and pd<1995

JPABS：

编号	所属数据库	命中记录数	检索式
1	JPABS	58751	2C056+/ft
2	JPABS	66359	カートリッジ or インクタンク or 墨盒
3	JPABS	3603386	or 接続, リンク, 連結, つながる, 通じる, 和結, カード次の, カードの位, ジャック, ドッキング, ジョイント, 結合, かみ合い, 噛み合い, インストール, 取り付け, 安置する, 配置, 安置, 位置決め, 定位, ポジショニング, 係合, 分体, アダプタ, 配合, マッチング, 組立, 組み立て, 取り外し, 解体, 分解, 固定, 连接, 连通, 卡接, 卡位, 插接, 对接, 接合, 啮合, 安装, 安放, 定位, 扣合, 分体, 固定, 匹配, 装配, 拆卸, 适配
4	JPABS	2077	1 and（2 S 3）
5	JPABS	531	/ft（2C056KC04 or 2C056KC05 or 2C056KC06）
6	JPABS	2405	4 or 5

DWPI：

编号	所属数据库	命中记录数	检索式
1	DWPI	27240	B41J2/175/ic
2	DWPI	105789	（ink or liquid or fluid）4D stor???
3	DWPI	4246714	cartridge? or box or tank? or container? or cas???? or reservoir?
4	DWPI	17765387	or connect+, joint+, juncture?, link+, clamp+, insert+, splic+, abutment, coaptat+, joggl+, Engag+, emplace, locat+, position+, install+, fit?????, fix???????, split+, match+, adapt+, assembl+, detachabl+
11	DWPI	2168	转库检索　　　/-----JPABS 转库结果-----/
13	DWPI	4397	转库检索　　　/-----SIPOABS 部分转库结果-----/
14	DWPI	2669	转库检索　　　/-----SIPOABS 另一部分转库结果-----/
15	DWPI	1586043	（2 or 3）6D 4
16	DWPI	7722	1 and 15
17	DWPI	10662	13 or 14 or 16 or 11
22	DWPI	3052	转库检索　　　/-----SIPOABS 去噪 CPC 分类号（B41J2/162+or B41J2/163+or B41J2/164+）转库结果-----/
23	DWPI	2637	转库检索　　　/-----SIPOABS 去噪 CPC 分类号（B41J2/162+or B41J2/163+or B41J2/164+）转库结果-----/
24	DWPI	1874	转库检索　　　/-----SIPOABS 去噪 CPC 分类号（B41J2/162+or B41J2/163+or B41J2/164+）转库结果-----/
29	DWPI	10459	17 not（22 or 23 or 24）
30	DWPI	3002	转库检索　　　/-----SIPOABS 去噪 CPC 分类号（B41J2/135 or B41J2/14+）转库结果-----/
31	DWPI	3884	转库检索　　　/-----SIPOABS 去噪 CPC 分类号（B41J2/135 or B41J2/14+）转库结果-----/
32	DWPI	3250	转库检索　　　/-----SIPOABS 去噪 CPC 分类号（B41J2/135 or B41J2/14+）转库结果-----/
33	DWPI	2981	转库检索　　　/-----SIPOABS 去噪 CPC 分类号（B41J2/135 orB41J2/14+）转库结果-----/
34	DWPI	2150	转库检索　　　/-----SIPOABS 去噪 CPC 分类号（B41J2/135 or

B41J2/14+）转库结果-----/

35　　DWPI　　　818　　　　　转库检索　　　/-----SIPOABS 去噪 CPC 分类号（B41J2/135 or B41J2/14+）转库结果-----/

36　　DWPI　　10250　　29 not（30 or 31 or 32 or 33 or 34 or 35）　　/-----最终结果-----/

墨盒机械结构西文检索结果：10250 项

二、喷头

1. 喷头结构

中文检索过程

CNABS：

编号	所属数据库	命中记录数	检索式
1	CNABS	3370	B41J2/14/ic
2	CNABS	1341	B41J2/135/ic
3	CNABS	1578007	（or 喷嘴，（喷 2w（孔 or 口）），基板，基底，衬底，（（喷 or 打印）2w 头）），nozzle?，opening?，orifice?，aperture?，substrate，base，plate，（（（Ink 1w jet）or Record??? Or print??? or Inkjet）2w head?））S（or 结构，形状，布置，柱状，圆柱，锥形，圆锥，角度，configuration，Structure，Shape，Arrangement，cylind+，round，circle，taper???，angle?，cone）
4	CNABS	604	2 and 3
5	CNABS	470858	（or 腔室，供墨室，压力室，墨腔，墨室，墨水室，墨水腔，集管，岐管，通道，流路，路径，Chamber?，manifold，container，reservior，store，supply，passage，path，channel）S（or 结构，形状，布置，configuration，Structure，Shape，Arrangement）
6	CNABS	214	2 and 5
7	CNABS	2151	（（or 喷嘴，（喷 2w（孔 or 口）），（（喷 or 打印）2w 头），nozzle?，opening?，orifice?，aperture?，（（（Ink 1w jet）or Record??? or print??? or Inkjet）2w head?））2D（or 表面，处理，涂层，涂布，施加，surface，treat，coat，apply））s（or 拒水，疏水，排斥，排水，亲水，亲油，粗糙，光滑，突起，凸，凹，伸出，hydroph+，repuls???，repell，roughness，smooth，protu+，project???，convex，recess，concave）
8	CNABS	35	2 and 7
9	CNABS	3585	1 or 4 or 6 or 8

CNTXT：

编号	所属数据库	命中记录数	检索式
1	CNTXT	2757	B41J2/14/ic
2	CNTXT	920	B41J2/135/ic
3	CNTXT	604674	（or 喷嘴，（喷 2w（孔 or 口）），基板，基底，衬底，（（喷 or 打印）2w 头））S（or 结构，形状，布置，柱状，圆柱，锥形，圆锥，角度）
4	CNTXT	523433	（or 腔室，供墨室，压力室，墨腔，墨室，墨水室，墨水腔，集管，岐管，通道，流路，路径）S（or 结构，形状，布置）
5	CNTXT	2441	（（or 喷嘴，（喷 2w（孔 or 口）），（（喷 or 打印）2w 头））2D（or 表面，涂层，涂布，施加））s（or 拒水，疏水，排斥，排水，亲水，亲油，粗糙，光滑，突起，凸，凹，伸出）
6	CNTXT	758	2 and（3 or 4 or 5）
7	CNTXT	3409	1 or 6

CPRSABS

编号	所属数据库	命中记录数	检索式	
1	CPRSABS	3571	转库检索	/-----CNABS 转库/
2	CPRSABS	2089	转库检索	/-----CNTXT 转库/
3	CPRSABS	3693	1 or 2	/-----最终结果/

喷头结构中文检索结果：3693 件

西文检索过程

SIPOABS：

编号	所属数据库	命中记录数	检索式

1　SIPOABS　52656　/cpc or B41J2/14008，B41J2/14016，B41J2/14024，B41J2/14032，B41J2/1404，B41J2/14048，B41J2/14056，B41J2/14064，B41J2/14072，B41J2/1408，B41J2/14088，B41J2/14096，B41J 2/14104，B41J2/14112，B41J2/1412，B41J2/14129，B41J2/14137，B41J2/14145，B41J2/14153，B41J2/14161，B41J2/14201，B41J2/14209，B41J2/14233，B41J2/14274，B41J2/14282，B41J2/1429，B41J2/14298，B41J2/14314，B41J2/1433，B41J2/14427，B41J2/14451，B41J2002/14169，B41J2002/14177，B41J2002/14169，B41J2002/14217，B41J200214225，B41J2002/14241，B41J2002/1425，B41J2002/14258，B41J2002/1425，B41J2002/14306，B41J2002/14435，B41J2002/14443，B41J2002/14193，B41J2002/14322，B41J2002/14338，B41J2002/14346，B41J2002/14354，B41J2002/14362，B41J2002/1437，B41J2002/14379，B41J2002/14387，B41J2002/14379，B41J2002/14403，B41J2002/14411，B41J2002/14419，B41J2002/14459，B41J2002/14467，B41J2002/14475，B41J2002/14483，B41J2002/14491

2　SIPOABS　2905978　（or nozzle?，opening?，orifice?，aperture?，substrate，base，plate，（（（Ink 1w jet）or Record??? or print??? or Inkjet）2w head?））S（or configuration，Structure，Shape，Arrangement，cylind+，round，circle，taper???，angle?，cone）

3　SIPOABS　823777　（or Chamber?，manifold，container，reservior，store，supply，passage，path，channel）S（or configuration，Structure，Shape，Arrangement）

4　SIPOABS　5408　（（or nozzle?，opening?，orifice?，aperture?，（（（Ink 1w jet）or Record??? or print??? or Inkjet）2w head?））2D（or surface，treat，coat，apply））s（or hydroph+，repuls???，repell，roughness，smooth，protu+，project???，convex，recess，concave）

5	SIPOABS	4835	/cpc B41J2/135 or B41J2/14
6	SIPOABS	821	5 and（2 or 3 or 4）
7	SIPOABS	52843	1 or 6
8	SIPOABS	9699	7 and pd<2000
9	SIPOABS	8033	7 and pd＝2000:2003
10	SIPOABS	9302	7 and pd＝2004:2006
11	SIPOABS	9312	7 and pd＝2007:2009
12	SIPOABS	7676	7 and pd＝2010:2012
13	SIPOABS	8821	7 and pd>2012

JPABS：

编号	所属数据库	命中记录数	检索式

1　JPABS　5056　/ft or 2C056HA02，2C056HA03，2C056HA05，2C056HA19：2C056HA22，2C057AG+，2C057AK+，2C057BA+，2C057BB+，2C057BC+，2C57BD+，2C057BE+，2C057BF+

2　JPABS　75760　/ft 2C056+or 2C057+

| 3 | JPABS | 630407 | プリントヘッド or 記録ヘッド or インクジェットヘッド or ノズ |

ル or 開口 or 吐出口 or 吐出孔

| 4 | JPABS | 13987 | or 液室,圧力なまり,圧力発生室,インク室,(インク S (流路 or 通 |

路))

5	JPABS	4264936	構造 or 配置 or 結構 or 構成
6	JPABS	2936	3 s 4 s 5
7	JPABS	1607	2 and 6
8	JPABS	6299	1 or 7

DWPI：

编号	所属数据库	命中记录数	检索式
1	DWPI	10083	B41J2/14/ic
2	DWPI	3963	B41J2/135/ic
3	DWPI	2070285	(or nozzle?, opening?, orifice?, aperture?, substrate, base, plate,

(((Ink 1w jet) or Record??? or print??? or Inkjet) 2w head?)) S (or configuration,Structure,Shape,Arrangement,cylind+,round,circle,taper???,angle?,cone)

| 4 | DWPI | 922 | 2 and 3 |
| 5 | DWPI | 565259 | (or Chamber?, manifold, container, reservoir, store, supply, passage, |

path,channel) S (or configuration,Structure,Shape,Arrangement)

| 6 | DWPI | 189 | 2 and 5 |
| 7 | DWPI | 4182 | ((or nozzle?, opening?, orifice?, aperture?, (((Ink 1w jet) or |

Record??? or print??? or Inkjet) 2w head?)) 2D (or surface,treat,coat,apply)) s (or hydroph+,repuls???,repell,roughness,smooth,protu+,project???,convex,recess,concave)

8	DWPI	97	2 and 7
9	DWPI	10838	1 or 4 or 6 or 8
10	DWPI	2383	转库检索　　　/-----Sipoabs pd<2000 转库/
11	DWPI	2831	转库检索
12	DWPI	3122	转库检索
13	DWPI	3839	转库检索
14	DWPI	3520	转库检索
15	DWPI	2994	转库检索　　　/-----Sipoabs pd>2012 转库/
16	DWPI	6101	转库检索　　　/-----JPABS 转库/
17	DWPI	3093	转库检索　　　/-----CNABS 转库/
18	DWPI	1906	转库检索　　　/-----CNTXT 转库/
19	DWPI	19607	9 or 10 or 11 or 12 or 13 or 14 or 15 or 16 or 17 or 18

/-----最终结果/

喷头结构西文检索结果：19607 项

2. 喷头安装

中文检索过程

CNABS：

编号	所属数据库	命中记录数	检索式
1	CNABS	1341	B41J2/135/ic

| 2 | CNABS | 194915 | （or 喷嘴,（喷 2w（孔 or 口）),（（喷 or 打印）2w 头）,nozzle?, |

orifice?,aperture?,（（（Ink 1w jet）or Record??? or print??? or Inkjet）2w head?））s（or 安装,mount+,

monuting,montage,instal+,rig+,fix+,set+,assemb+,build+）

| 3 | CNABS | 372 | 1 and 2 |

CNTXT：

编号	所属数据库	命中记录数	检索式
1	CNTXT	920	B41J2/135/ic
2	CNTXT	132699	（or 喷嘴,（喷 2w（孔 or 口）),（（喷 or 打印）2w 头））s 安装
3	CNTXT	355	1 and 2

CPRSABS：

编号	所属数据库	命中记录数	检索式
1	CPRSABS	448	/ic or B41J2/145,B41J2/15,B41J2/155
2	CPRSABS	371	转库检索　　/-----CNABS 转库/
3	CPRSABS	220	转库检索　　/-----CNTXT 转库/
4	CPRSABS	911	1 or 2 or 3
5	CPRSABS	256	转库检索　　/-----SIPOABS 转库/
6	CPRSABS	283	转库检索
7	CPRSABS	0	转库检索　　/-----JPABS 转库/
8	CPRSABS	1264	转库检索　　/-----DWPI 转库/
9	CPRSABS	1378	5 or 6 or 8
10	CPRSABS	1603	9 or 4　　/-----最终结果/

喷头安装中文检索结果：1603 件

西文检索过程

CNABS：

编号	所属数据库	命中记录数	检索式
1	CNABS	1341	B41J2/135/ic
2	CNABS	194915	（or 喷嘴,（喷 2w（孔 or 口）),（（喷 or 打印）2w 头）,nozzle?,

orifice?,aperture?,（（（Ink 1w jet）or Record??? or print??? or Inkjet）2w head?））s（or 安装,mount+,

monuting,montage,instal+,rig+,fix+,set+,assemb+,build+）

| 3 | CNABS | 372 | 1 and 2 |

CNTXT：

编号	所属数据库	命中记录数	检索式
1	CNTXT	920	B41J2/135/ic
2	CNTXT	132699	（or 喷嘴,（喷 2w（孔 or 口）),（（喷 or 打印）2w 头））s 安装
3	CNTXT	355	1 and 2

CPRSABS：

编号	所属数据库	命中记录数	检索式
1	CPRSABS	448	/ic or B41J2/145,B41J2/15,B41J2/155

SIPOABS：

编号	所属数据库	命中记录数	检索式
1	SIPOABS	12104	/cpc or B41J2/145,B41J2/15,B41J2/155

| 2 | SIPOABS | 610 | /cpc B41J2/135 |

| 3 | SIPOABS | 524416 | （or nozzle?，orifice?，aperture?，（（（Ink 1w jet）or Record??? or print??? or Inkjet）2w head?））s（or mount+，monuting，montage，instal+，rig+，fix+，set+，assemb+，build+） |

4	SIPOABS	118	2 and 3
5	SIPOABS	12116	1 or 4
6	SIPOABS	7961	5 and PD<2010
7	SIPOABS	4155	5 not 6

JPABS：

编号	所属数据库	命中记录数	检索式
1	JPABS	448	/ft 2C056HA07：2C056HA10
2	JPABS	59615	/ft 2C056+
3	JPABS	19228	（プリントヘッド or 記録ヘッド or インクジェットヘッド or ノズル or ライン or シリアル or 回転ドラム or シャトル）and（or 造作，付ける，取付）
4	JPABS	433	2 and 3
5	JPABS	854	1 or 4

DWPI：

编号	所属数据库	命中记录数	检索式
1	DWPI	3371	/ic or B41J2/145，B41J2/15，B41J2/155
2	DWPI	3963	B41J2/135/ic
3	DWPI	299064	（or nozzle?，orifice?，aperture?，（（（Ink 1w jet）or Record??? or print??? or Inkjet）2w head?））s（or mount+，monuting，montage，instal+，rig+，fix+，set+，assemb+，build+）
4	DWPI	693	2 and 3
5	DWPI	3976	1 or 4
6	DWPI	1737	转库检索　　/-----Sipoabs pd<2010 转库/
7	DWPI	1407	转库检索
8	DWPI	834	转库检索　　/-----JPABS 转库/
9	DWPI	320	转库检索　　/-----CNABS 转库/
10	DWPI	199	转库检索　　/-----CNTXT 转库/
11	DWPI	5830	5 or 6 or 7 or 8 or 9 or 10　　/-----最终结果/

喷头安装西文检索结果：5830 项

3. 喷头制造

中文检索过程

CNABS：

编号	所属数据库	命中记录数	检索式
1	CNABS	1981	B41J2/16/ic
2	CNABS	1341	B41J2/135/ic
3	CNABS	56833	（喷头 or 喷嘴 or（喷 2w（孔 or 口））or（（（（液体 or 流体 or 液滴）2w（喷射 or 喷出 or 沉积））or 喷 or 打印 or 印刷）2w（装置 or 机 or 头）））S（制造 or 加工 or 生产 or 蚀刻 or 气相沉积 or 涂敷 or 涂覆 or 涂布 or 粘接 or 光刻 or 模制 or 溅射 or 喷溅 or CVD or 切削 or 切割 or 溶解 or 去除模型 or 电镀 or 堆叠 or 层叠 or 黏合 or 干蚀 or 湿蚀 or 机加工 or 牺牲成型 or 薄膜成形 or 薄膜成型 or 牺牲成形）

| 4 | CNABS | 562 | 2 and 3 |
| 5 | CNABS | 2161 | 1 or 4　　/-----CNABS 结果-----/ |

CNTXT：

编号	所属数据库	命中记录数	检索式
1	CNTXT	1710	B41J2/16/ic
2	CNTXT	920	B41J2/135/ic
3	CNTXT	185496	（喷头 or 喷嘴 or（喷 2w（孔 or 口））or（（（（液体 or 流体 or 液滴）2w（喷射 or 喷出 or 沉积））or 喷 or 打印 or 印刷）2w（装置 or 机 or 头）））S（制造 or 加工 or 生产 or 蚀刻 or 气相沉积 or 涂敷 or 涂覆 or 涂布 or 粘接 or 光刻 or 模制 or 溅射 or 喷溅 or CVD or 切削 or 切割 or 溶解 or 去除模型 or 电镀 or 堆叠 or 层叠 or 黏合 or 干蚀 or 湿蚀 or 机加工 or 牺牲成型 or 薄膜成形 or 薄膜成型 or 牺牲成形）
4	CNTXT	665	2 and 3
5	CNTXT	2224	1 or 4　　/-----CNTXT 结果-----/

CPRSABS：

编号	所属数据库	命中记录数	检索式
1	CPRSABS	1308	转库检索　　/-----CNTXT 转库结果-----/
2	CPRSABS	2156	转库检索　　/-----CNABS 转库结果-----/
3	CPRSABS	2287	1 or 2　　/-----最终结果-----/

喷头制造中文检索结果：2287 件

西文检索过程

SIPOABS：

编号	所属数据库	命中记录数	检索式
1	SIPOABS	28751	/CPC（B41J2/16 or B41J2/160+or B41J2/161+or B41J2/162+or B41J2/163+or B41J2/164+）
2	SIPOABS	13603	B41J2/135/ic
3	SIPOABS	2674081	（nozzle? or opening? or orifice? or aperture? or（（Droplet or liquid or fluid）1w（discharg??? or eject???））or（Ink 1w jet）or Record??? or print??? or Inkjet）S（manufactur+ or process+or produc+or etch+or CVD or Coat+or stack+or bond??? or bind+or adhesi+or photolithograph+or machin+or mold+or sputter+or electroform+or divid+or（film 3w form+）or deposit+or plat??? or spincoat??? or（spin 2w coat???））
4	SIPOABS	6912	2 and 3
5	SIPOABS	32543	1 or 4　　/-----SIPOABS 中结果-----/
6	SIPOABS	8952	5 and pd>2009
7	SIPOABS	9968	5 and pd=2005:2009
8	SIPOABS	9746	5 and pd=1996:2004
9	SIPOABS	3876	5 and pd<1996

JPABS：

编号	所属数据库	命中记录数	检索式
1	JPABS	95	2C056HA16/ft　　/-----准确分类号 1-----/
2	JPABS	2855	/ft（2C057AF93 or 2C057AP0+or 2C057AP1+or 2C057AP2+or 2C057AP3+or 2C057AP4+or　2C057AP5+or 2C057AP6+or 2C057AP7+or 2C057AP8+or 2C057AP90）

/------准确分类号 2------/

| 3 | JPABS | 20971 | 2C057+/ft |

4　JPABS　12909　（（（記録 or ジェット or プリント or 液体吐出 or 液体噴射）2w（ヘッド or 装置））or ノズル or 駆動素子）4D（製造 or 作製 or 加工 or 積層 or 切削 or 切断 or レーザー加工 or 接合 or 接着 or エッチング or 溶解 or 電鋳 or 薄膜形成 or CVD or 蒸着 or メッキ or 塗布 or 表面処理）

| 5 | JPABS | 3919 | 3 and 4 |

6　JPABS　627　/ft（2C057AG83 or 2C057AG84 or 2C057AG85 or 2C057AG86 or 2C057AG87 or 2C057AG88 or 2C057AG89 or 2C057AG90）　/------准确分类号 3------/

| 7 | JPABS | 6016 | 1 or 2 or 5 or 6　/----- JPABS 中结果-----/ |

DWPI：

编号	所属数据库	命中记录数	检索式
1	DWPI	13932	B41J2/16/ic
2	DWPI	3963	B41J2/135/ic

3　DWPI　1522479　（nozzle? or opening? or orifice? or aperture? or（（Droplet or liquid or fluid）1w（discharg??? or eject???））or（Ink1w jet）or Record??? or print??? or Inkjet）S（manufactur+ or process+or produc+or etch+or CVD or Coat+or stack+or bond??? or bind+or adhesi+or photolithograph+or-machin+or mold+or sputter+or electroform+or divid+or（film 3w form+）or deposit+or plat??? or spincoat??? or（spin 2w coat???））

4	DWPI	2901	2 and 3
5	DWPI	15820	1 or 4　/------DWPI 中结果------/
6	DWPI	3273	转库检索　/-----SIPOABS 转库结果 1-----/
7	DWPI	3533	转库检索　/-----SIPOABS 转库结果 2-----/
8	DWPI	3033	转库检索　/-----SIPOABS 转库结果 3-----/
9	DWPI	915	转库检索　/-----SIPOABS 转库结果 4-----/
10	DWPI	5818	转库检索　/----- JPABS 转库结果-----/
12	DWPI	1947	转库检索　/----- CNABS 转库结果-----/
13	DWPI	1215	转库检索　/----- CNTXT 转库结果-----/

14　DWPI　18185　5 or 6 or 7 or 8 or 9 or 10 or 12 or 13　/-----DWPI 中最终结果-----/

喷头制造西文检索结果：18185 项

4. 喷头维护

中文检索过程

CNABS：

编号	所属数据库	命中记录数	检索式
1	CNABS	2203	B41J2/165/ic
2	CNABS	1341	B41J2/135/ic

3　CNABS　85110　（喷头 or 喷嘴 or（喷 2w（孔 or 口）））or（（（（液体 or 流体 or 液滴）2w（喷射 or 喷出 or 沉积））or 喷 or 打印 or 印刷）2w（装置 or 机 or 头）））S（维护 or 堵塞 or 堵住 or 阻塞 or 加湿 or 湿润 or 润湿 or 干燥 or 清洁 or 清洗 or 冲洗 or 洁净 or 净化 or 擦拭 or 擦除 or 脏 or 污染 or 腐蚀 or 异物 or 墨雾 or 飞溅 or 恢复）

4　　CNABS　　268　　2 and 3

14　　CNABS　　117354　　（喷头 or 喷嘴 or（喷 2w（孔 or 口）） or（（（（液体 or 流体 or 液滴）2w（喷射 or 喷出 or 沉积）） or 喷 or 打印 or 印刷）2w（装置 or 机 or 头））） and（帽 or 盖 or 罩 or 刮片 or 刮板 or 刮刀 or 刷子 or 海绵 or 纤维 or（墨 S（回收 or 空排 or（预 2w 排）））））

15　　CNABS　　356　　2 and 14

16　　CNABS　　509　　4 or 15

17　　CNABS　　2569　　1 or 16

CNTXT：

1　　CNTXT　　1989　　B41J2/165/ic

2　　CNTXT　　920　　B41J2/135/ic

5　　CNTXT　　204428　　（喷头 or 喷嘴 or（喷 2w（孔 or 口）） or（（（（液体 or 流体 or 液滴）2w（喷射 or 喷出 or 沉积）） or 喷 or 打印 or 印刷）2w（装置 or 机 or 头）））S（维护 or 堵塞 or 堵住 or 阻塞 or 加湿 or 湿润 or 润湿 or 干燥 or 清洁 or 清洗 or 冲洗 or 洁净 or 净化 or 擦拭 or 擦除 or 脏 or 污染 or 腐蚀 or 异物 or 墨雾 or 飞溅 or 恢复）

9　　CNTXT　　476614　　（喷头 or 喷嘴 or（喷 2w（孔 or 口）） or（（（（液体 or 流体 or 液滴）2w（喷射 or 喷出 or 沉积）） or 喷 or 打印 or 印刷）2w（装置 or 机 or 头））） and（帽 or 盖 or 罩 or 刮片 or 刮板 or 刮刀 or 刷子 or 海绵 or 纤维 or（墨 S（回收 or 空排 or（预 2w 排）））））

10　　CNTXT　　774　　2 and（5 or 9）

11　　CNTXT　　2689　　1 or 10

CPRSABS：

编号	所属数据库	命中记录数	检索式
1	CPRSABS	214142	（表面处理 or 制造）/ti
2	CPRSABS	1292	B41J2/165/ic
3	CPRSABS	28	1 and 2
4	CPRSABS	214114	1 not 3　　/-----去噪因素-----/
5	CPRSABS	1723	转库检索　　/-----CNTXT 转库结果-----/
6	CPRSABS	2553	转库检索　　/-----CNABS 转库结果-----/
7	CPRSABS	2782	5 or 6
8	CPRSABS	2581	7 not 4　　/-----去噪后结果-----/

喷头维护中文检索结果：2581 件

西文检索过程

SIPOABS：

编号	所属数据库	命中记录数	检索式
1	SIPOABS	24736	/cpc（B41J2/165 or B41J2/16505 or B41J2/16508 or B41J2/16511

or B41J2/16517 or B41J2/1652 or B41J2/16523 or B41J2/16526 or B41J2/16532 or B41J2/16535 or B41J2/16538 or B41J2/16541 or B41J2/16544 or B41J2/16547 or B41J2/16552 or B41J2/16579 or B41J2/16585 or B41J2/16588 or B41J2002/16502 or B41J2002/16514 or B41J2002/16529 or B41J2002/1655 or B41J2002/16555 or B41J2002/16558 or B41J2002/16561 or B41J2002/16564 or B41J2002/16567 or B41J2002/1657 or B41J2002/16573 or B41J2002/16576 or B41J2002/16591 or B41J2002/16502 or B41J2002/16582 or B41J2002/16594 or B41J2002/16597）

2　　SIPOABS　　13603　　B41J2/135/ic

3　　SIPOABS　　846802　　　　（nozzle？or opening？or orifice？or aperture？or （（Droplet or liquid or fluid）1w（discharg？？？or eject？？？））or （Ink1w jet）or Record？？？or print？？？or Inkjet）S （maintain+or Maintenance or block+or clog+or moisten+or humidify+or dry？？？or spit？？？？？or Clean+or wash+or wip+or recover+or priming or flush+or purg+or eras？？？or dirt+or contaminat+or stain+or pollut+or erosion or corrosion or inoperative or malperform+）

4　　SIPOABS　　2129865　　　（nozzle？or opening？or orifice？or aperture？or （（Droplet or liquid or fluid）1w（discharg？？？or eject？？？））or （Ink 1w jet）or Record？？？or print？？？or Inkjet）and （cap+or cover？or lid？or spit？？？？？or blade？or kni#e？or scraper？or doctor+or brush？？or sponge？or cloth？？or fiber or fibre or （（mist or fog）S （spray+or splash+））or （ink S （collect+or suct？？？））or （（idle or idly）S （discharge+or eject+））or （（discharge+or eject+）S （fail+or defect+））or （non 1w discharg+）or （non 1w operat+）or （non 1w firing））

5　　SIPOABS　　2680　　　　2 and （3 or 4）
6　　SIPOABS　　27183　　　1 or 5　　/-----SIPOABS 中结果-----/
10　SIPOABS　　9090　　　　6 and pd>2009
11　SIPOABS　　9088　　　　6 and pd＝2004；2009
12　SIPOABS　　9005　　　　6 and pd<2004

JPABS：

编号	所属数据库	命中记录数	检索式

1　　JPABS　　2682　　　　/ft （2C056EA14 or 2C056EA20 or 2C056EA16 or 2C056EA17 or 2C056EA18 or 2C056EB40 or 2C056HA23 or 2C056JA0+or 2C056JA1+or 2C056JA2+or 2C056JB0+or 2C056JB1+or 2C056JC00 or 2C056JC17 or 2C056JC18 or 2C056JC2+）

2　　JPABS　　429　　　　/ft （2C057AG26 or 2C057AF61 or 2C057AF71 or 2C057AF72 or 2C057AF73 or 2C057AF74 or 2C057AF75 or 2C057AM29）

4　　JPABS　　1415　　　　（ジェット or プリント or 液体吐出 or 液体噴射 or 噴射ミス）5D （洗浄 or 汚染 or クリーニング or 清掃 or 摺擦 or 目詰まり or 乾燥）

5　　JPABS　　59615　　　2C056+/ft
6　　JPABS　　20971　　　2C057+/ft
9　　JPABS　　484　　　　（5 or 6）and 4
10　JPABS　　3415　　　　1 or 2 or 9　　/-----JPABS 结果 2-----/

DWPI：

编号	所属数据库	命中记录数	检索式

1　　DWPI　　11182　　　B41J2/165/ic
2　　DWPI　　3963　　　　B41J2/135/ic

3　　DWPI　　542506　　　（nozzle？or opening？or orifice？or aperture？or （（Droplet or liquid or fluid）1w（discharg？？？or eject？？？））or （Ink 1w jet）or Record？？？or print？？？or Inkjet）S （maintain+or Maintenance or block+or clog+or moisten+or humidify+or dry？？？or spit？？？？？or Clean+or wash+or wip+or recover+or priming or flush+or purg+or eras？？？or dirt+or contaminat+or stain+or pollut+or erosion or corrosion or inoperative or malperform+）

4　　DWPI　　1151530　　（nozzle？or opening？or orifice？or aperture？or （（Droplet or liquid or fluid）1w（discharg？？？or eject？？？））or （Ink 1w jet）or Record？？？or print？？？or Inkjet）and （cap+or cover？or lid？or spit？？？？？or blade？or kni#e？or scraper？or doctor+or brush？？or sponge？or cloth？？or fiber or fibre or （（mist or fog）S （spray+or splash+））or （ink S （collect+or suct？？？））or （（idle or idly）S （discharge＋or eject＋）） or （（discharge＋or eject＋）S（fail＋or defect＋）） or （non 1w discharg＋） or （non 1woperat＋） or （non 1w firing））

5	DWPI	1351	2 and（3 or 4）
6	DWPI	12282	1 or 5　　/-----DWPI 中结果-----/
7	DWPI	3194	转库检索　　/-----SIPOABS 转库结果 1-----/
8	DWPI	3002	转库检索　　/----- SIPOABS 转库结果 2-----/
9	DWPI	2424	转库检索　　/----- SIPOABS 转库结果 3-----/
11	DWPI	3365	转库检索　　/----- JPABS 结果 2 转库-----/
14	DWPI	2245	转库检索　　/-----CNABS 转库结果-----/
15	DWPI	1556	转库检索　　/-----CNTXT 转库结果-----/
16	DWPI	16125	6 or 7 or 8 or 9 or 11 or 14 or 15　　/-----DWPI 最终结

果-----/

　　喷头维护西文检索结果：16125 项